Finale 实用宝典

高松华　编著

北京航空航天大学出版社

内 容 简 介

本书介绍计算机音乐打谱软件 Finale 的应用。书中的部分疑难乐谱制作内容在国内第一次讲解，并第一次将 300 多种打击乐名翻译成中文，同时列出 Finale 特有乐器字符输入键表格等，对从初学打谱到专业打谱都具有一定的实用价值。由于国内使用的计算机主要是 PC 机种，本书只介绍 Finale for Windows 的操作，不介绍 Finale for Macintosh 的使用。

本书的读者对象为各年龄层、不同音乐专业且识五线谱的音乐爱好者、中小学及幼儿音乐教师、各音乐类院校师生、表演团体的乐务、作曲家、编曲家和五线谱出版者等。

图书在版编目(CIP)数据

Finale 实用宝典 / 高松华编著. --北京：北京航空航天大学出版社,2017.6
ISBN 978-7-5124-2430-2

Ⅰ.①F… Ⅱ.①高… Ⅲ.①记谱法—音乐软件 Ⅳ.①J613.2-39

中国版本图书馆 CIP 数据核字(2017)第 119038 号

版权所有，侵权必究。

Finale 实用宝典
高松华　编著

责任编辑　胡晓柏　剧艳婕

*

北京航空航天大学出版社出版发行

北京市海淀区学院路 37 号(邮编 100191)　http://www.buaapress.com.cn
发行部电话：(010)82317024　传真：(010)82328026
读者信箱：emsbook@buaacm.com.cn　邮购电话：(010)82316936
北京时代华都印刷有限公司印装　各地书店经销

*

开本：787×960　1/16　印张：33　字数：739 千字
2017 年 7 月第 1 版　2017 年 7 月第 1 次印刷
ISBN 978-7-5124-2430-2　定价：89.00 元

若本书有倒页、脱页、缺页等印装质量问题，请与本社发行部联系调换。联系电话：(010)82317024

序

  从 2002 年起，本人"换笔"了，改用计算机 Finale 软件作曲，以往多年积攒和珍藏的一大摞五线谱纸便统统"下岗"，闲置在文件柜的最底层了。

  自从用了 Finale 软件，15 年过去了。我体会到，不论是创作新作品，还是修改整理以往的旧作品，作品的保存、打印、编辑出版，分谱和图形文件的制作，还有作品的传递、交流……凡此种种，使用 Finale 软件异常方便。从初学到能够比较熟练地运用，再到逐步升级到能够打出交响乐曲总谱或者声部变化错综复杂、含有文字的歌剧谱，从学习最基本的方法到逐步学到一些快捷键的使用等花样、窍门，我就这样边学边用、学用结合，不仅解决了很多问题，收获多多，还常常感到兴趣盎然！如果有人问我："Finale 软件好用吗？"我的回答肯定是："好用得很！"并且会现身说法，把我的体会一一讲给他听。

  Finale 软件的确好用得很，它制成的乐谱精准美观，堪称一流，我国的国家级音乐出版社——人民音乐出版社的出版物，一看便知是用 Finale 软件制版的。Finale 软件的设置齐备、功能完美强大，我的感觉真是："只有你想不到的，没有它做不到的。"而且该软件年年有改进，有新的版本推出。我所学到、用到的恐怕仅仅是它的一小部分，也是最常用的部分，即使这最常用的部分，也在不断地改进升级，使之使用起来更加顺手快捷。

  "Finale 软件好用吗？"除了这个问题外，我的朋友们接下来便会问道："是不是很难学？"我说："任何复杂的东西，都是由最简单的部件组合而成的。只要你耐心，一步一步地学下去，不久就会用了。再学，再用，并扩展你的应用范围，用不了多久，便熟练了。"这便是我的体会。其实，仅仅努力下功夫还不成，还需要教师和教材的引领。我很幸运，教师和教材都在身旁，那就是中国音乐学院作曲系的高松华教授和他写的书。

  我认识高松华教授已有 23 年，在我任中央歌剧院院长期间的 1995 年，有位日本私企总裁资助我们制作了普契尼歌剧《图兰朵》以及其后多场公演，高松华教授那时是日方聘请的翻译。另外，15 年前他编著的中国首部《Finale 电脑打谱速成》便是我学习的教材。我一边读《Finale 电脑打谱速成》，一面当面请教，便与高松华教授有了更多的交往。最近他的新作《Finale 实用宝典》将要出版，问我能否写个序，我就毫不犹豫地答应了。原因源自两年前，高松华教授就是否要写此书曾征求过我的意见。他说：有出版社请他写一部有关 Finale 打谱的书，此书他是写还是不写？他有些犹豫。他曾向几位同事征求过意见，回答也各不相同，他想听听我的意见。他讲他时常有作曲的委约，正处在创作状态中，要停下他习惯、喜欢的工作来写书，有点儿不习惯，因为来回变换思路要花费时间和精力。我对他讲："创作是你个人和该类作品听众的

'小众'事情，编写一部介绍、讲解 Finale 打谱书籍是面向全国广大音乐工作者的'大众'的大好事，是为繁荣中国音乐创作作贡献。Finale 由于其功能强大而被认为是较难使用的打谱软件，要让其充分发挥作用，还需要有人去开发它的更多、更新、更全的功能和解答疑难问题。你在中国音乐学院开设了 10 多年的 Finale 选修课，一直处在 Finale 的讲授、应用和开发的前沿。既然是出版社一再邀请你编写，你又编写过此类书籍，我建议你还是把握住机会完成它，为中国音乐界的'小众'做贡献吧！"高松华教授认真考虑了我的意见后，投入了大量的时间和精力，于 2016 年完成了这本《Finale 实用宝典》的写作。

翻开高松华教授这 10 章的《Finale 实用宝典》，这部书既全面又新颖，因为依托于近年来 Finale 计算机打谱软件的最新版本，很多内容对我来说也需要重新学习。我想我所需要的内容，可能也是作曲家、编曲家所需要的内容。这里面有太多实用乐谱制作实例，有你不看此书可能永远不会想到的乐谱制作方法等。作曲家创作的音乐各不相同，甚至无奇不有，所需要的乐谱也是变换多端、非常庞杂的，为了应对形态如此变换多端的乐谱，这部书列举了相当丰富的制谱方法和乐谱谱例。如果这些乐谱制作技术能被作曲家尤其是现代音乐作曲家认可，对广大音乐工作者来说也就够用了。

在此我向高松华教授表示衷心的感谢和祝贺！感谢他多年来给我的帮助，祝贺这部图书的出版为音乐创作、音乐制作以及表演、音乐出版和音乐院校教学提供了精彩的理论基础。

王世光

2017 年 2 月 20 日于北京

王世光：《音乐创作》主编、中央歌剧院原院长、中国音乐家协会副主席、全国政协委员和著名作曲家。

前 言

Finale，是由美国 MakeMusic 公司研制的一款专业的音乐打谱软件。如今，Finale 因其功能强大、自由灵活度高、功能齐全和绘制的五线谱更为美观等因素，一直备受众多（约260万）音乐工作者的推崇和厚爱。国内很多人在购买 Finale 软件后，因难懂其操作介绍而影响了使用效果，或做了一些繁琐的操作，这些操作本可利用某些快捷键来完成从而减少劳动量与时间的。虽然国内众多音乐工作者的计算机中装有不同版本的 Finale 软件，但系统讲解 Finale 的书籍和切磋 Finale 应用的研究社团很难遇到。

本人2003年3月出版了全球首部中文介绍 Finale 的书籍。25年来 MakeMusic 公司陆续研制发行了 Finale 1997～2012、Finale 2014 和近期的 Finale version 25 等20余版本的 Finale 软件。在这里我讲的是 Finale for Windows 版本的软件。MakeMusic 公司除了 Finale 软件之外，还公开发售过两款级别、价格、功能比 Finale 低一些的 Allegro 和 Print Music 乐谱软件。近15年来我也出版过三本书，分别是《Finale 电脑打谱速成》、《Finale 电脑打谱速成2》、《Finale 2007 电脑打谱速成》，制作过多款 Finale 的中文汉化程序，随着该软件功能的提升，我还编写与制作过多部相应的实践与练习（打谱）的例集。本人在中国音乐学院开设了"Finale 乐谱制作研究与实践"的选修课，由于我讲课和作曲写谱的需要，我曾把从 Finale1998 版本至 Finale version 25 版本，约16个版本的 Finale 软件，先后装入计算机中进行体验和应用，目睹了从 Coda Music Technology 公司到现称为 MakeMusic 公司，Finale 软件成长的历程等。

现今的音乐工作者不会电脑打谱等同于不会电脑打字，尤其是作曲家，学用电脑打谱是时代所需。在当今世界两大打谱软件中，如果选择 Finale 软件无异于一步到位选择了世界顶级的打谱软件。Finale 会使广大的音乐工作者、教育者、音乐专业的学生、研究者、演出团体的乐务与乐谱出版者等如虎添翼。Finale 毕竟是发达国家半个多世纪的研发成果，它凝聚着无数研发者、音乐家们的聪明才智与汗水。Finale 是音乐工作者的一个得力助手。Finale 不仅仅能代替我们写谱与打印乐谱，还可以为我们做如下工作：

（1）可解决对作品修改后的重新抄写与整理等问题，极大地方便了我们对已完成作品乐谱的修改。Finale 集创作、写谱、编辑、修改、播放乐谱谱面的声音和导出音频文件等于一体，使用它能一步到位地获得出版级别的稿件，并实现网上传递、投稿与相互交流等，缩短从创作、演出到编辑修订及导成 PDF 出版文件的时间等，加快优秀作品从演出、出版、流通、提高、繁荣到经济发展和创收等的进度。

（2）Finale 能在所输入的（多声部的）总谱中自动、精确地分离出各声部（独立）的分谱，并在分离、显示出的分谱页面上自由地进行页面内容的再修改、编辑并打印出精美的乐谱。例如，一份（已输入完的）演奏时长 25 分钟左右、拥有 30 个声部的总谱，使用 Finale 可在半小时内制作并打印出它的所有分谱，这是过去我们连想都不敢想的计算机科技。而且用电脑打出来的分谱既准确又美观，小节号、排练号、声部名称、作品名称等全部自动显示在所打印分谱的各页面上。其效率极高，可节省大量的人力、财力、物力、时间，以及缩短作品上演和出版与流通的周期。

（3）用各种形式输出、录入和扫描得到的乐谱，包括同一部乐曲（总谱内）声部各异的调性、调号和节拍各异的乐谱等，都可以自由地进行各种上、下移调或移位。它可以方便和搞活各乐种、声种之间的演奏、使歌唱家们发挥各自的最佳音域、状态。比如，有些中音声部的声、器乐音乐家可利用 Finale 中的快速移调，将其他声部用的名曲移植到自己能胜任的最佳演奏、演唱的状态与音域中；针对所教授的演唱、演奏对象，把作品调整到他们能发挥的最佳音域等。北京市西城区教委曾请我为金融街少年宫的合唱教室安装了 Finale，然后教师们使用 Finale 横滚动视图进行播放，教与学的效果极佳。

（4）对初学五线谱和音乐的儿童和老年人，可以选择 Finale 中的彩色音符显示功能和音名符头或者唱名符头的显示样式，使学习音乐和五线谱变得简单、有效率和有兴趣等，Finale 可成为幼儿园音乐老师和老年合唱团指挥的音乐教具等。

（5）从 Finale 2011 版开始，该软件增加了两款打击乐器和打击乐使用的各种锥捶图形符号等，使全球不标准、不规范的打击乐器用语标记变得简单、易懂和通用了。

（6）Finale 自动地为指定的旋律线配置（多个声部的）和声。此功能可为某些音乐家提供一些和声选配的参考，帮助一些非职业的即兴伴奏者演唱、演奏，为作曲者提供部分编曲和声配置的参考依据。

（7）Finale 自动地为指定的和声标注国际标准的和声记号，而且还可自由地选择全球几种通用的和声标记法中的某种符号进行标记，为国际化的创作与合作、音乐比赛、音乐考试、全球音乐家之间的交流等提供了方便，还可处理我国音乐学习者出国深造遇到有和声标记差异时的不便与互换标记等情况。

（8）Finale 为所输入或指定的旋律线自动地编制各种变奏（变奏的数量不限）。此功能可为部分演奏家、演唱家提供演奏、演唱与创作发挥的选择。作曲家也可以借此吸取一些变奏的灵感。

（9）Finale 为所输入、选定的旋律线自动地生成或制作成该旋律的逆行、倒影、逆行倒影等方面的旋律和乐谱。可在旋律生成前指定其调性、移位的音程，或者在生成后再进行各种移调、移位等。这为有此类音乐作品创作的作曲家和作曲专业的学习者进行复调、赋格曲音乐的写作、练习、研究等带来了极大的方便。而且对不便弹奏的多声部复杂的赋格音乐作品，可利用 Finale 声音部分功能来听其声音(织体)效果等。

(10) Finale 为所输入、指定的旋律线自动地编配、填充多声部的伴奏内容,为临时有演出任务的歌唱家、演奏家、即兴伴奏者等解决燃眉之急。用 Finale 生成的自动伴奏内容,虽然有点儿模式化,但它囊括了世界多民族音乐中的多种风格,可给音乐家和作曲家诸多的灵感与借鉴等。

(11) Finale 自动地为所选作品的某一段或整曲,按指定的节拍时值,进行节拍时值的紧缩与扩大。对于不习惯使用以 16 分音符或 32 分音符为一单位节拍(例如,4/16、7/32 等)的音乐作品的学习者,可借助 Finale 把该类乐谱的时值整个放宽到以 4 分音符为一节拍的乐谱进行练习,待练习完毕再恢复到原乐谱节拍的样式。或者把原 2/2、4/2 等节拍时值的乐谱紧缩成 5/8、4/16 时值的乐谱进行演奏、演唱训练等。

(12) Finale 为所输入、指定的旋律线自动地在其下方生成一行吉他专用的六线曲谱,还可选择在该六线乐谱的上方再自动地生成吉他的指板图与和声指法图等,极大地方便了一些只习惯识吉他六线谱的吉他学习者、演奏者和吉他类乐谱的出版者。

(13) Finale 把多声部的总谱自动地缩编成钢琴谱。把钢琴谱的多个音符内容自动地分配到指定的多声部的总谱中。学习者可把钢琴谱编配成合唱谱,乐队合奏、重奏乐谱等进行音乐学习训练。

(14) 在休息较长声部进入演奏、演唱之前,Finale 可自动地为将要进入演奏的声部生成(添加)一条该作品的主旋律(小音符的)提示乐谱,还可以利用此功能在总谱中单独生成一行主旋律谱等。用 Finale 会自动地为所选总谱生成(或称制出)主旋律谱。

(15) Finale 能自动地删除总谱中未被输入音符的空白(无音乐演奏空白)部分,有效地减少总谱的页数,降低乐谱出版的成本,减少指挥家频繁翻阅总谱的麻烦。

(16) Finale 在所输入的普通音符上,自动地生成(用空菱形音符标注的)弦乐器所使用的(人工和自然)泛音标记。一次性生成泛音音符的数量不限。这种方式具有用手书写无法比拟的快捷、准确,生成的泛音标记美观等优点,而且被标记泛音的乐谱在乐谱播放时还会按着实际演奏的音高效果播放出来。

(17) Finale 为指定的音符时值自动地生成多种类型的振音、颤音的记谱与标记。生成振音符的乐谱也会按着实际音响效果播放出来,还可选择所设振音符的时值的演奏个数与快慢。

(18) Finale 自动地检测所选声部(乐器、人声)的音域,并提示声部超出音域的部分。对于学习配器的学生,可借助 Finale,自动检测其对乐器法学习掌握的情况。演奏或演唱者还可自行设置所需要的音域范围,以检测某部作品自己是否可以胜任,并把该作品移位到自己可胜任的最佳音域。

（19）Finale 能精确地计算出所选范围的乐谱或整曲的演奏时间、音符与小节的数量。对有限定演奏、演唱时间的音乐比赛、投稿、演出、表演与配乐创作等，可利用 Finale 对乐谱进行查看、调整、编辑并保存为音频文件，刻录成音乐 CD、MP3 等。

（20）Finale 能自动检测和声进行中的平行五、八度。对于和声学习者而言，控制古典合唱音乐写作训练中的平行五、八度的出现，会使声部进行的丰满、有推动力。用 Finale 做和声习题或写作古典合唱音乐等于请了位老师，利用 Finale 播放所做的和声音乐、习题，会提高学习者对和声进行音响的感知力。借助 Finale 可解决诸多院校多年来和声课程教与学中，谱面创作多于实际弹奏与听辨识别的弊端。

（21）在 Finale 的谱面中插入图片、特殊字符、微标等是众多音乐工作者常需要做的事情。例如，制作现代音乐的乐谱、出音乐考试试题、制作课堂讲稿、编写教材、制作演出预告、设计乐谱封面、出版图文并茂的儿童音乐读物、曲集、制作新年、圣诞节的歌片、制作献给长者或恋人的精美曲谱等，无不需要选择此功能。Finale 软件本身附带有多套制作各种乐谱所使用的标记与音乐字符，安装 Finale 时会自动地安装。还可以在网上购买其他公司专为 Finale 软件制作的精美乐谱字符和特殊标记等。日文版 Finale 就不用原版 Finale 中的 Maestro 标准字符集，而用 Chaconne 字符集来替换原版 Finale 中 Maestro 字符集。插入到 Finale 谱面中的图片可来自扫描仪、数码相机文件，或购买现成的图文、字符文件等。

（22）美国的 Microsoft Office Word 和中国金山公司的 Office WPS，是当今国人办公与写作应用较广泛的文字处理软件。把用 Finale 制作的精美五线乐谱的整页或部分小节任意地插入到 Word 等文字处理软件的文档中，为音乐工作者、音乐出版者进行文谱并茂的著书、写作论文、制作多媒体讲稿、出考题、编教材、设计带五线乐谱的海报、设计图书封面等，带来了极大的方便，也把过去大多数音乐工作者在此方面头疼的事变得轻而易举了。目前，新版 Finale 软件的乐谱图片输出格式，从早期的 TIFF 和 EPS 两种提升到了多种（例如，DPS、GPN、JG、TIFF、EPS），极大地方便了乐谱的网络传递、播放与随处打印等。

（23）Finale 有五种输入乐谱音符的方式：① 用电脑键盘或者加上 MIDI 键盘进行音高的辅助输入（简易音符输入）；② 用 MIDI 键盘＋电脑键盘进行音符输入（快速输入或快捷输入）；③ 设定好节拍与速度后，用演奏 MIDI 键盘的形式进行实时的音乐录入；④ 用扫描仪把待输入的五线谱扫入电脑（Finale 软件）中；⑤ 通过麦克风把演奏、演唱的音高节拍等信号转换成乐谱。对于以上五种中任何一种方式所输入的乐谱内容，Finale 都可以进行编辑、重排、播放，保存为音频，出片和制版打印（用于出版）等。

（24）Finale 打谱软件从 2007 版开始可以播放多种格式的视频文件，而且还可以选择视频文件单独放映以及电影视频与乐谱音乐同时播放两种方式，这无疑又增加了 Finale 的魅力，也是众多音乐工作者所需要的，尤其为影视、舞蹈、舞剧、歌剧、音乐剧等作曲、配乐的音乐工作者提供了极大的方便,同时也节省了诸多的财力、物力、人力与时间等。过去需要几个软件合起来才能干的工作,现在仅使用 Finale 一个软件就可实现了。

  Finale 不仅能播放出用电脑键盘输入乐谱,用 MIDI 键盘实时演奏,演唱录入乐谱和用扫描仪扫入乐谱的音响效果,也能播放出乐谱上所标记的滑音、振音、顿音、连音、泛音以及渐强渐弱等记号的音响效果等,可以自由地更换各声部的音色、乐器种类等。如果使用外置音源或在电脑中安装软插件音源等,还可以播放出所有中国民族乐器音色的音响效果。Finale 从 2004 版以后,还可以把谱面的音符内容自动地转换成音频(wav)格式文件、MP3 音乐格式文件,这极大地方便了我们把乐谱内容的音频文件刻录成音乐 CD 或 DVD 光盘。如果有需要,还可以把乐谱转换成 MP3 文件,存放在随身听或手机中以便随时欣赏,或用于网络传送与宣传等。这极大地方便了广大音乐工作者、学习者参与各种音乐交流、演出、制作、教学、科研与出版等活动。在当前时间犹如金钱的时代,音乐工作者、学习者还可以借助 Finale 的播放功能进行演出、考核和音乐录制前的准备、练习与编创等。比如我们可以把总谱中旋律声部的播放暂时设置成哑音,跟随伴奏部分的播放进行演奏、演唱练习;我们可以把重奏、重唱、合唱、合奏总谱中的某个声部或某几个声部的播放暂时设置成哑音,然后跟随所选声部的播放进行同步练习等。总之,学用、活用 Finale 犹如给广大音乐工作者增添了一位通往成功的好帮手。

高松华

2017 年初于北京

目　　录

第一章　谱面显示的相关操作 ………………………………………… 1
　　1.1　谱面的放大与缩小 ……………………………………………… 2
　　1.2　按比例调出谱面的尺寸 ………………………………………… 2
　　1.3　乐谱显示的样式 ………………………………………………… 4
　　1.4　工作室页面显示 ………………………………………………… 5
　　1.5　查看编辑中的页面 ……………………………………………… 6
　　1.6　查看编辑中的声部 ……………………………………………… 7
　　1.7　查看编辑中的总谱 ……………………………………………… 8
　　1.8　设置开机显示的默认值 ………………………………………… 9

第二章　五线乐谱制作的相关操作 …………………………………… 11
　　2.1　依向导开始新乐谱制作 ………………………………………… 12
　　2.2　借助乐谱模板选取新谱纸 ……………………………………… 16
　　2.3　自制模板谱纸的存储与调用 …………………………………… 18
　　2.4　调取软件预制的谱纸与样曲 …………………………………… 20
　　2.5　Finale 的预制工作表 …………………………………………… 23
　　2.6　总谱中声部的插入与删减 ……………………………………… 26
　　2.7　五线谱的隐藏与显示 …………………………………………… 30
　　2.8　隐藏页面内分声部行的五线 …………………………………… 32
　　2.9　隐藏总谱中整个声部的五线 …………………………………… 35
　　2.10　单线打击乐谱的调制 ………………………………………… 36
　　2.11　声部乐器的改换 ……………………………………………… 38
　　2.12　总谱中声部的重排 …………………………………………… 40
　　2.13　同声部中途乐器的改换 ……………………………………… 41
　　2.14　移调乐器的变更 ……………………………………………… 43
　　2.15　声部名称的编辑与调制 ……………………………………… 46
　　2.16　五线的放大与缩小 …………………………………………… 50
　　2.17　五线粗细的调制 ……………………………………………… 52
　　2.18　五线间距的编辑与设定 ……………………………………… 54

- 2.19 声部组括弧的添加与删除 ······ 59
- 2.20 声部组括弧的编辑与修改 ······ 62
- 2.21 总谱系统分隔符的添加 ······ 70
- 2.22 总谱系统分隔符的编辑与删除 ······ 74

第三章 特殊乐谱 ······ 77

- 3.1 TAB 谱 ······ 78
- 3.2 日式连横 TAB 谱的编制 ······ 82
- 3.3 TAB 谱和五线谱间距一致的调整 ······ 84
- 3.4 让 TAB 谱表的整个声部显示 ······ 85
- 3.5 TAB 谱的简单输入 ······ 87
- 3.6 用简易输入法制作 TAB 谱 ······ 88
- 3.7 用快速输入法制作 TAB 谱 ······ 89
- 3.8 TAB 谱的编辑与修正 ······ 90
- 3.9 和弦品格号符的左右移动 ······ 91
- 3.10 给品格号符头加圈 ······ 92
- 3.11 TAB 谱其他符头的制作 ······ 94
- 3.12 TAB 谱的泛音记号 ······ 98

第四章 打击乐谱 ······ 103

- 4.1 Finale 中打击乐器的分类 ······ 104
- 4.2 Pitched Percussion 部分所包含乐器 ······ 104
- 4.3 Finale 中的鼓和组鼓 ······ 109
- 4.4 用简易输入法输入组鼓符 ······ 117
- 4.5 用快速输入法输入组鼓符 ······ 119
- 4.6 用 MIDI 键盘输入组鼓符 ······ 120
- 4.7 确认鼓组的 MIDI 音色和编号 ······ 123
- 4.8 打击乐符头标记位置的编辑 ······ 126
- 4.9 组鼓声部的播放 ······ 130
- 4.10 播放设备的选择 ······ 134
- 4.11 播放的速度和风格 ······ 136
- 4.12 乐谱中速度标记的添置 ······ 137
- 4.13 播放速度的渐变 ······ 138
- 4.14 无音高打击乐涉及的乐器 ······ 140
- 4.15 Finale 打击乐相关的字符列表 ······ 147

| 4.16 Finale 打击乐字符的应用 ·· 153

第五章　调与调号 ··· 159
| 5.1 调的变换 ·· 160
| 5.2 小节中途的换调 ·· 161
| 5.3 显示与隐藏行末的转调提示 ·· 163
| 5.4 强制在曲中显示调号 ··· 166
| 5.5 隐藏首行之后的调号 ··· 167
| 5.6 去除转调记号前的还原记号 ·· 168
| 5.7 转调小节处的双小节线 ·· 169
| 5.8 不用调号而用临时记号的显示 ··· 170
| 5.9 同曲非同调的制作 ·· 173
| 5.10 只移动音符和调号的转调 ·· 174
| 5.11 更改或添加移调乐器 ·· 176
| 5.12 MIDI 键盘输入中变化音的指定 ·· 179
| 5.13 用同调与原调写总谱 ·· 181
| 5.14 十二音作品创作变调乐器的处理 ··· 183
| 5.15 法式转调提示还原号的放置 ··· 185
| 5.16 有调与无调打击乐声部的混用 ·· 188
| 5.17 非调性音乐关系的记号标记 ··· 191
| 5.18 非常规调号制作的举例 ·· 193

第六章　节拍与拍号的相关操作 ·· 197
| 6.1 拍号的输入 ·· 198
| 6.2 混合拍子的输入 ··· 200
| 6.3 弱起小节的制作或删除 ·· 201
| 6.4 拍号 4/4、2/2 及其简写 ·· 203
| 6.5 显示与隐藏行末的提示拍号 ·· 204
| 6.6 特定拍号的指定 ··· 206
| 6.7 末尾不完全小节的制作 ·· 208
| 6.8 用点线分割混合拍子 ··· 210
| 6.9 双点线小节线的制作 ··· 213
| 6.10 扩大拍号的制作 A ··· 217
| 6.11 扩大拍号的制作 B ··· 222
| 6.12 扩大拍号的制作 C ··· 226

6.13	散板拍号的制作	232
6.14	无节拍号乐谱	234
6.15	引子段落的拍号	238
6.16	华彩乐段的拍号和小节号	241
6.17	华彩乐段的节拍与拍号	246
6.18	依据拍号修整休止符的幅宽	250
6.19	同曲非同拍号的制作	253

第七章 音符与休止符的输入 … 257

7.1	用电脑自身键盘的简易输入	258
7.2	音高的输入	258
7.3	音符和休止符时值的输入	259
7.4	双音和多音的输入	263
7.5	变音记号的输入	264
7.6	重升与重降音记号的输入	265
7.7	还原音记号的输入	265
7.8	三连音的输入	266
7.9	多连音的输入	267
7.10	多声部的输入	269
7.11	装饰音的输入	271
7.12	音符的删除	272
7.13	同音与异名音的处理	274
7.14	改变符尾的朝向	276
7.15	延音连线	277
7.16	连线的制作	278
7.17	延音连线和连音线的翻转	279
7.18	音符与休止符的隐藏与显示	280
7.19	简易输入的光标移动	282
7.20	简易输入的 MIDI 键盘使用	283
7.21	简易输入用键键位图	285
7.22	快速音符与休止符的输入	290
7.23	音符时值与音高的键位	292
7.24	延音连线、连线与符点的输入	292
7.25	符点的输入与删除	294
7.26	音符与休止符的删除	294

7.27	临时记号的输入	295
7.28	三连音和多连音的输入	296
7.29	符尾的简单编辑	297
7.30	音符的插入	297
7.31	非 MIDI 键盘的多音输入或删除	298
7.32	快速输入的 MIDI 键盘使用	299
7.33	快速输入专用键位图	300

第八章 音符与休止符的相关操作 ·········· 303

8.1	对已输入音符与休止符时值的更改	304
8.2	合并复声部层相同节拍位置的休止符	305
8.3	自动调整休止符的上下位置	307
8.4	自动插入休止符	309
8.5	移　调	311
8.6	音符时值的缩放	317
8.7	音符尺寸的缩放	318
8.8	用彩色符头显示	324
8.9	使用音名和唱名符头	325
8.10	只显示音符的符头或符尾	326
8.11	TAB 谱数字符头的缩放与编辑	330
8.12	音符与符头的其他变更	335
8.13	去除音符的加线	339
8.14	符尾的上下翻转或固定	340
8.15	特殊符头的符尾调整	341
8.16	符尾长度与角度的编辑	344
8.17	以拍为单位相连横符尾的编辑	348
8.18	十六分音符以上横符尾的编辑	350
8.19	依据歌词编辑符尾	352
8.20	横符尾跨小节的制作	354
8.21	跨页面横符尾的制作 A（室内乐）	355
8.22	跨页面横符尾的制作 B（管弦乐）	358
8.23	跨五线行横符尾的制作	361
8.24	复制和多重粘贴	366
8.25	指定内容的复制	369
8.26	声部层的复制或移动	371

8.27	两个乐谱文件之间的复制	374
8.28	指定内容的删除	375
8.29	非同时值3连音的制作	377
8.30	批量去除3连音的数字	378
8.31	枝杈符尾的制作	380
8.32	弦乐泛音的制作	384
8.33	1/4微分音记号的添加	389
8.34	振(颤)音的制作	395
8.35	跨五线的振(颤)音的制作	397
8.36	竖琴刮(滑)音的制作 A	402
8.37	竖琴刮(滑)音的制作 B	405
8.38	竖琴刮(滑)音的制作 C	408

第九章 歌词输入的相关操作 411

9.1	直接往乐谱上输入歌词	412
9.2	通过鼠标单击输入歌词	413
9.3	特殊字符的输入	414
9.4	对已输入歌词的修改	417
9.5	歌词的删除	418
9.6	歌词音引线的编辑	419
9.7	歌词窗口简介	421
9.8	歌词位置的垂直调整	422
9.9	歌词位置的水平调整	424
9.10	更改和指定歌词的字体	428
9.11	歌词段落号的自动插入	432
9.12	歌词段落号的手动输入	433
9.13	多段歌词中的括弧使用	435
9.14	歌词的复制	437
9.15	歌词的导出	439

第十章 Finale version 25 简介 443

10.1	启动窗口的界面变化	444
10.2	五线总谱中的声部重排	444
10.3	符头的更换	446
10.4	乐谱图片输出中的汉字	449

| 10.5 | 同一调性输入省去了 8 度移谱 | 450 |
| 10.6 | Finale version 25 工具和面板的图标和图形 | 452 |

附　录 ……………………………………………………………… 455

  Ⅰ. 我与 Finale 打谱软件 …………………………………… 456

  Ⅱ. 示例曲谱 ………………………………………………… 459

  Ⅲ. Finale 2014 相关的快捷键操作 ………………………… 471

后　记 ……………………………………………………………… 505

参考文献 …………………………………………………………… 507

第一章

谱面显示的相关操作

打开 Finale 软件后,首先遇到的就是与谱面显示相关的操作。由于视力、习惯以及所制作乐谱的内容、形式、纸张尺寸,随着音乐作品的编制、声部数量的不同而变化,经常会需要不同大小的谱面(显示)。熟练地掌握 Finale 软件的操作,随心所欲地查看各种大小的乐谱(面)状况,编辑制作内容不同的乐谱是很有必要的,也是快速完成乐谱制作所必不可缺的。本章就谱面显示的操作与快捷键的运用等加以说明。

| Finale 实用宝典

1.1　谱面的放大与缩小

打开 Finale 软件后,首先遇到的就是谱面显示尺寸的调整,即放大与缩小。
（1）缩小谱面:按住 Ctrl 键的同时,按右侧小键盘区右上角的"－"号；
（2）放大谱面:按住 Ctrl 键的同时,按右侧小键盘区右上角的"＋"号；
（3）按住 Ctrl 键的同时,按全键盘上的"＋"与"－"号也可实现谱面的放大与缩小。
见下图箭头所指处。

1.2　按比例调出谱面的尺寸

（1）按住 Ctrl 键的同时,按数字键 1,显示谱面的 100％；
（2）按住 Ctrl 键的同时,按数字键 2,显示谱面的 200％；
（3）按住 Ctrl 键的同时,按数字键 3,显示谱面的 75％。
见下图画圈和箭头所指处,以及图右侧的第三个框内所显示内容。

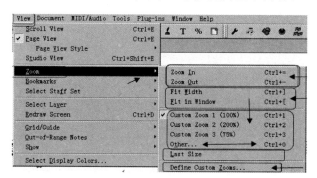

(4) 按住 Ctrl 键的同时,按数字键 0,会弹出如右图所示的 Zoom(缩放)对话框,在文本框内自行填入所需的乐谱页面的显示比例,见右图箭头所指处。

(5) 按住 Ctrl 键的同时,按"]（右括弧键）",变为最大化显示。如果设置了书本样式的横预览显示,Finale 将使页面显示最大化,见左下图。

(6) 按住 Ctrl 键的同时,按"[（左括弧键）",在显示器内尽可能完整地显示,见右下图。

(7) 单击主要菜单栏中的 View(显示),在其下拉菜单(Zoom)的子菜单中选择最下面的选项 Define Custom Zooms,见上 2 图。打开的对话框见下图。

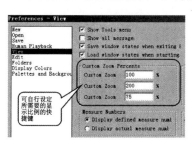

(8) 在左图的对话框中,可自定义所需要的 Ctrl＋1,Ctrl＋2,Ctrl＋3,固定快捷键缩放比例的数值,见左图画圈和箭头所指处。

(9) 如右图所示,选择 Window→View Palette 菜单项,在打开的 View Palette 对话框的显示工具栏中,大多是我们制作乐谱所需要的快捷的显示工具及相关按钮。下图按钮从左到右依次为,页面预览、横卷轴预览、50%预览（查看）、75%预览、100%预览、200%预览、400%预览、自定义缩放尺寸、缩放、页面最大预览、完整预览、尽可能单页占满显示器的操作等,见下图鼠标箭头所指处。

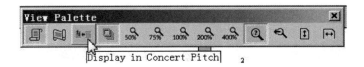

1.3 乐谱显示的样式

（1）单击主要菜单栏中 View（显示）选项，在其下拉菜单的上半部分，有 3 项乐谱显示的选择样式和 8 项页面显示的选择样式，见下图。

（2）Scroll View 是卷轴横滚动预览。

（3）Page View 是页面显示。

（4）Studio View 工作室页面显示。

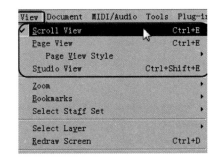

以上三种显示样式，根据不同的制作需要，有不同的用处和各自的方便之处，也是必不可少的。切换时，除了在 View 选项的下拉菜单中选择各单项之外，如 Scroll View、Page View、Studio View 等，在各菜单项的右侧都标有其对应的快捷键，见上图。

（5）Ctrl＋E 键是 Scroll View 和 Page View 之间切换的快捷键。

（6）Ctrl＋Shift＋E 键是调出 Studio View 选项的快捷键。

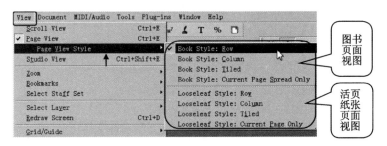

（7）在 View（显示）下拉菜单中 Page View Style（页面视图样式）的子菜单中，可选择所需的页面视图的样式，见上图的右侧。

在 Page View Style（页面视图样式）子菜单的上半部分是"按书本翻页样式视图"：① 横向图书页面视图；② 纵向图书页面视图；③ 视图样式；④ 只显示编辑中的图书页面。

（8）上图右侧下半部分是非书本样式的"活页纸张样式视图"：① 横向活页纸张页面视图；② 纵向活页纸张页面视图；③ 视图样式；④ 只显示编辑中的单页纸张谱面。

第一章 谱面显示的相关操作

横向图书页面视图

横向活页纸张页面视图

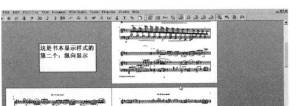

纵向图书页面视图　　　　　　纵向活页纸张页面视图

以上 4 张图，只展示了图书和活页纸张视图中的第一、第二两项，即横向视图和纵向视图，因为部分乐谱的制作需要这两种视图，也因它涉及演奏时自行翻页制作的查看等。

1.4 工作室页面显示

（1）在主要菜单栏 View（显示）选项的下拉菜单中，单击 Studio View（工作室视图预览）选项（快捷键是 Ctrl ＋ Shift ＋ E），则弹出如右图所示的界面。

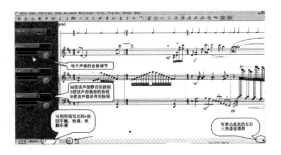

（2）在工作室视图页面的左侧是模拟硬件的控制设备，见下图所标注内容。

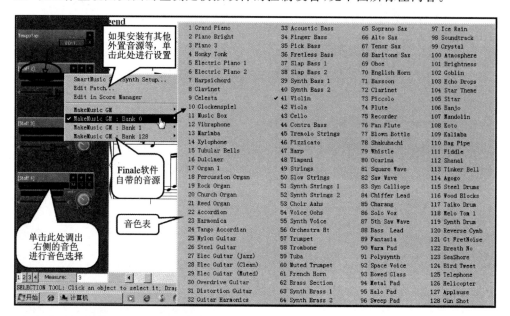

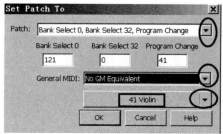

（3）单击上图对话框中的 Edit Patch（音色编辑）选项会弹出左图的对话框，单击右侧的下三角，在下拉列表中可选择和设置所需要使用的 Finale 音源或外置音源设备的编号、MIDI 音色设备编号（因 MIDI 的设备、厂商的不同会有所不同）。

1.5　查看编辑中的页面

　　大型音乐作品，如管弦乐、交响乐、歌剧、音乐剧、舞剧等的总谱，从几十页至几百页不等，比较频繁的翻页是件麻烦且耗时间的事，比较快捷的操作（翻页、查看）可参考如下内容。

　　（1）单击页面（Finale 软件显示屏幕）下方左右两端的小三角来左右移动乐谱，这是最直观、最简单的操作，但是移动的速度慢，适用于页数较少的乐谱；

　　（2）按 Home 和 End 键，将左右翻阅前、后页面的内容；

　　（3）按 Page Up 和 Page Down 键，将上、下预览本页面的内容；

　　（4）按 Alt＋Home 键和 Alt＋End 键，将左、右半（微）翻阅前、后页面的内容；

（5）按 Alt＋Page Up 键和 Alt ＋Page Down 键,将是上、下微调本页面的内容。

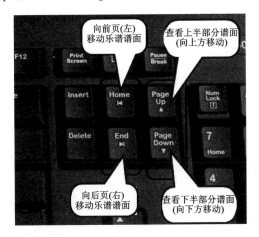

1.6　查看编辑中的声部

（1）单击主要菜单栏中的 Document（文档）选项,在其下拉菜单 Edit Part（编辑分谱）的子菜单中,选择要查看、编辑的（总谱中）声部,见右图画圈和箭头所指处。

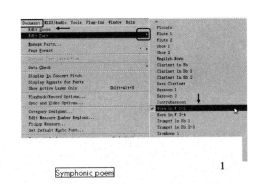

(2）然后出现所选择的声部,见上图。编辑、修改完成后,单击 Edit Score 选项,将返回正在制作编辑中的总谱页面。也可用此选项直接制作或者打印所制作的分谱以及所有的分声部谱,并且可在打开的总谱或者分谱页面状态下直接输出该乐谱的图像文件等。

（3）单击主要工具栏中的选择工具按钮（箭头图标样式),再单击所要选择的五线谱（声部)左侧的头部,见右图画圈和箭头所指处。所有页面的总谱中的该声部,将全部被选中,然后对所选择的声部进行查看、复制、移调、移位、移动、改变符头、改变时值、设置与制作等,见右图画圈和箭头所指处。

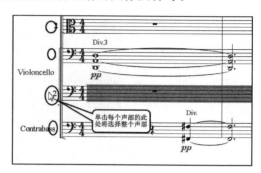

1.7 查看编辑中的总谱

（1）按住 Ctrl 键的同时,再按 Page Up 或 Page Down 键,可查看总谱的前、后页面;
（2）在窗口左下方的文本框中,填入所要查看的页码,按回车键,将打开所选页面;
（3）单击窗口左下方几个小三角按钮,逐一向前或者向后翻页,并调出总谱首、尾页码。见下图箭头所指处。

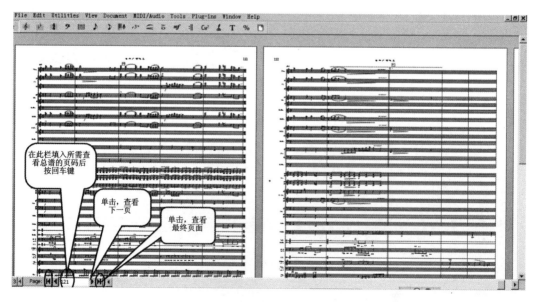

1.8 设置开机显示的默认值

设置开机显示的默认值,也就是定制Finale软件打开时,所显示的样式、视图、显示比例等的默认值。

(1)单击主要菜单栏中的Edit(编辑)选项,在其下拉菜单中选择Preferences(设定),见右图箭头所指处。

(2)在打开的对话框中,设置Finale软件开机视图、显示模式、显示比例、图书与活页纸张的样式等默认值,见下图画圈和箭头所指处。

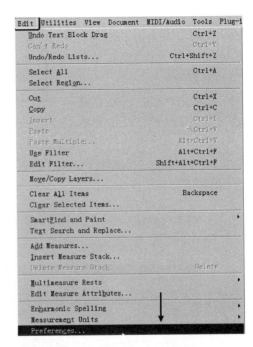

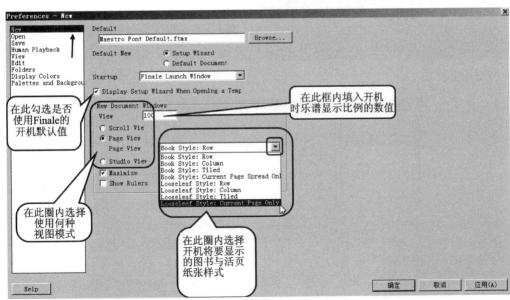

（3）在右图 Preferences（设定）对话框中选择需要定制的内容。

（4）选中是否使用 Finale 软件默认的开机设置向导等，见右图画圈和箭头所指处。

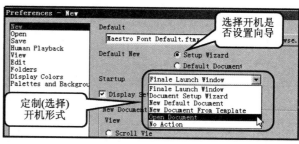

Preferences（设定）对话框还可以通过其他工具按钮打开设置，见下面的两张图。

（5）单击主要菜单栏中的 View 选项，在其下拉菜单 Zoom（缩放）子菜单的最下方单击 Define Custom Zooms（创建自设尺寸）选项，会打开 Preferences－View（显示环境设置）对话框，见下图画圈和箭头所指处。

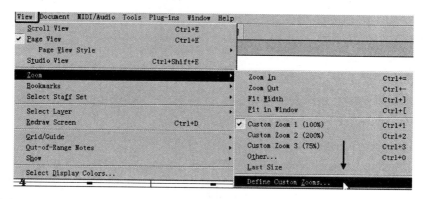

（6）在打开的 Preferences－View（显示环境设置）对话框中，设置所需要的内容，见下图画圈和箭头所指处。

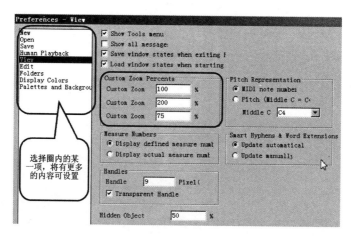

第二章

五线乐谱制作的相关操作

在熟练地掌握使用 Finale 软件调整乐谱屏显尺寸的快捷键操作方式后，就可以开始对五线乐谱等进行其他方面的操作了。本章就五线乐谱的设置、变更、编辑、重置以及运用"五线谱"（或称"五线"工具）的高级操作等，讲解乐谱实例调制的方法。本章内容既是最基本的又是非常实用的。若无法掌握本章内容（实例），使用 Finale 制作乐谱就会受到一些限制，或者可以说该使用者只是一位初、中级的 Finale 软件应用者。

Finale 实用宝典

2.1 依向导开始新乐谱制作

打开 Finale 软件时,首先弹出的是运行窗口(或者称"乐谱制作设置向导"),见下图画圈和箭头所指处。

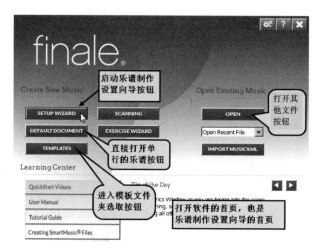

(1)单击上图中的 SETUP WIZARD("运行窗口"或者"称乐谱制作设置向导"窗口)按钮,然后出现下面("乐谱制作设置向导"的第二页)的对话框,见下图画圈和箭头所指处。

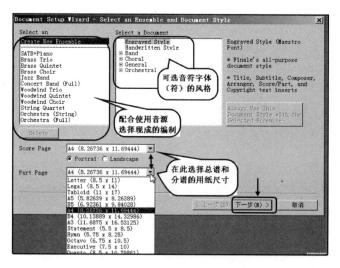

在上图中,一般情况只选择纸张的大小(尺寸)。对话框的左侧虽然有现成的常用音乐创作所用的编制、编配形式选择栏,但若不安装 Finale 原版配带的 VST 音源,播放时会出问题,若用最新版的 Finale 软件音源,对播放乐谱的声音可稍微放心些(因它做了些改制)。Finale 原版配带的 VST 软件音源,是项供选择的安装件。因为比较占硬盘的空间和较挑剔设备等因素,对于初学者或者较陈旧的电脑,不推荐安装该软件音源。上图右侧栏框是音符字体和风格选择,一般情况不推荐操作它(尤其对于初学者),见上图画圈和箭头所指处。

(2)上图中,选择完乐谱用纸的尺寸后,单击"下一步"按钮,出现"乐谱制作设置向导"第三页,见下图。

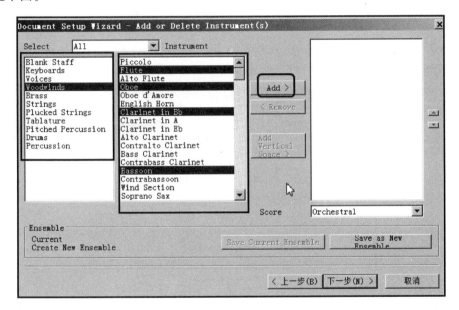

(3)设置如下:

① 在上图最左侧栏框内,选择乐谱制作所涉及的声部组;

② 在中间栏框中会出现该声部组所涉及的各种乐器(每个声部组的乐器数量不等);

③ 用鼠标一一选择后,再单击 Add(添加)按钮,将所选择的乐器添加到右侧栏框中,右侧栏框是将要制作完成(定稿)的五线乐谱的声部(乐器)内容;

④ 在中间栏框中也可以按住 Ctrl 键的同时,一连单击选择几个声部(乐器)后再单击 Add (添加)按钮,几个声部同时添加到右侧的栏框中。右侧栏框内是将要完成的谱纸的声部(行)的显示内容,见下图箭头所指处。

(4)如果已添加到右侧栏框中的声部(行)顺序需要调整,单击所需要上下移调的声部,使其成为相反颜色,再单击右侧上、下小三角按钮,调整声部排列的上下顺序,见下图数字 5 和画圈以及箭头所指处。

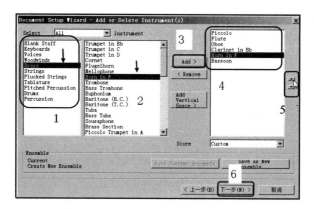

（5）单击下图上侧的下三角按钮，在其下拉菜单中可选择乐谱播放的风格。如果安装了多个音源或音源外置，可以在此进行设置，见下图画圈和箭头所指处。

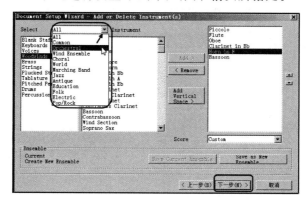

（6）在设置向导的第4页中，填入作品标题、副标题、作曲家姓名、编曲者、歌词作者和版权等信息，见下图。

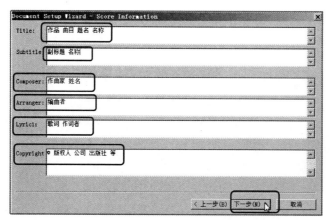

（7）在下图（设置向导的第 5 页）中，选择拍号、调号、小节数、文字表情记号标记、速度、弱起小节等，单击"完成"按钮，完成设置，见下图。

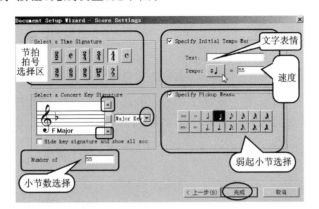

（8）下图乐谱是从最初的"乐谱制作设置向导"开始，一步步（约 5 个对话框）制成的西洋室内乐编制的木管五重奏乐谱。当然用同样的方法，根据不同的需要可制成各种编制的乐谱。

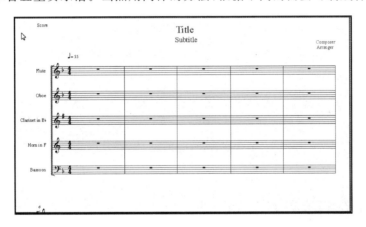

另外，右图的 Launch Window 运行窗口（或称为"乐谱设置向导"），还可以随时在 File 文件选项下的菜单中打开，不用重新启动 Finale 软件。单击主要菜单栏中的 File（文件）选项，在其下拉菜单中单击 Launch Window（运行窗口），或直接用快捷键 Ctrl＋Shift＋N，见右图箭头所指处，即可进入运行窗口（乐谱制作设置向导）界面。

2.2 借助乐谱模板选取新谱纸

Finale 软件中,有个专门存放标准成品乐谱(模板)的文件夹,里面存有上百个已经制好的常用的各类形式总谱纸的模板。它是按类别放在几个子文件夹中的,大体分为:乐队乐谱相关模板,合唱、唱诗类乐谱模板,教堂类乐谱模板,教育类乐谱模板,普通类乐谱模板,吉他相关乐谱模板和管弦乐队类乐谱模板等。有的国家根据自己国家的使用情况还添加了部分本国常用乐种编制的乐谱模板。有三种方式打开选取模板乐谱文件。

(1)启动 Finale 软件时,在出现的运行窗口(或称为"乐谱制作设置向导")中,单击 Templates(模板),见左图箭头所指处。

(2)单击左图对话框右侧的 OPEN(打开)按钮,也可以查找模板文件夹,并选取模板文件中所需的乐谱。

(3)单击主要菜单栏中的 File(文件)选项,在其下拉菜单 New(新建)选项的子菜单中,单击 Document From Template(从模板文件中新建),见下图画圈和箭头所指处。

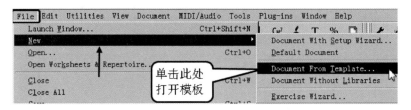

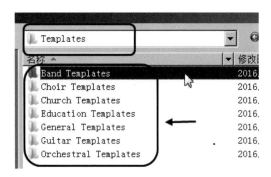

左图中七个文件夹的内容如下:
① 乐队乐谱相关模板;
② 合唱、唱诗类乐谱模板;
③ 教堂类乐谱模板;
④ 教育类乐谱模板;
⑤ 普通类乐谱模板;
⑥ 吉他相关的乐谱模板;
⑦ 管弦乐队类乐谱模板。

（4）不管使用以上哪种途径打开 Templates（模板）文件夹，都会先进入 Templates 文件夹。整个模板乐谱文件，分七类保存在各自的文件夹中，见上图画圈和箭头所指处。

Templates（模板）文件夹，一般是随 Finale 软件一起安装，它安装在 C 系统盘中。应用者也可以将它放在电脑的其他硬盘中，或者装在移动硬盘里或 U 盘中，以便永久保存和随时使用等，见左下图 Templates 文件夹的路径。

（5）打开 Templates 模板文件夹，在 7 个子文件夹中单击 Band Templates（乐队乐谱相关模板）文件夹后，可见该文件夹中的 6 个乐队乐谱相关模板文件，见右下图鼠标箭头所指处。单击 Beginning Band 文件会出现下图。

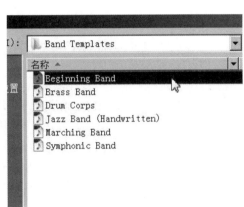

Templates 文件夹下的 7 个（类）子文件夹中，大约每类文件夹中都有类似数量的乐谱模板文件。

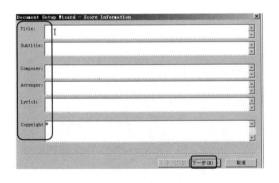
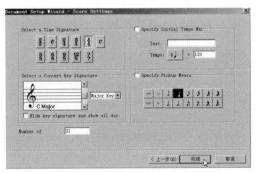

（6）单击 Beginning Band 文件，出现上两图的对话框，在左上图对话框中填入总谱所需的文字信息，如：作品标题、副标题、作曲家姓名、编曲者、歌词作者以及版权等信息。在右上图的对话框中选择乐谱所需的节拍、小节数、文字表情记号、是否要设置、弱起小节等。单击"完成"按钮，将进入乐谱的页面。上面两个图对话框的内容，也可在以后乐谱制作过程中和音符输入

17

完毕再设定。

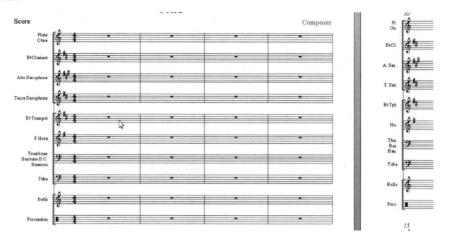

（7）上图是打开的 Beginning Band 乐谱模板的文件。

大模板文件夹中的七类小乐谱模板文件夹中，约有上百个不同类型的总（乐）谱文件，对于非专业的作曲者来说是可以借鉴和参考的。比如要想创作军乐团或者爵士乐团演奏的作品，可以直接打开该编制的乐谱模板，在上面直接写谱创作。该乐谱模板称得上世界标准编制的乐谱、格式和声部编排等。

2.3 自制模板谱纸的存储与调用

（1）将常用总谱纸的样式制作好，如左下图的中国民族管弦乐总谱纸。

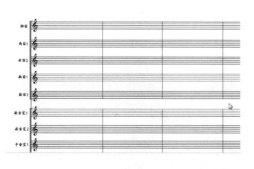 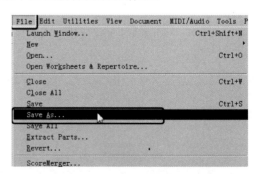

（2）单击主要菜单栏中的 File（文件）选项，在其下拉菜单中选择 Save As（另存为），见右上图画圈和箭头所指处。

（3）单击 Save As（另存为）对话框右下方小三角按钮，在下拉选项中选择"保存类型"为模板文件,见下图箭头所指处,将 B4 尺寸的中国民族管弦乐总谱保存为模板文件。

2014 版 Finale 软件模板(Templates)文件的后缀是"∗.ftmx",比旧版的"∗.ftm"尾部少了"x"。它一般保存在电脑系统中,但最好不要只保存在电脑系统中,因为电脑容易出问题,另外用 U 盘存放更好,包括重装电脑系统甚至换电脑也不受影响。

(4)调用模板文件的操作同前面介绍的打开模板文件的基本一样:

① 从打开 Finale 软件时的运行窗口进入,打开 Templates 文件;

② 单击主要菜单栏中的 File 选项,在其下拉菜单中选择 OPEN(打开)选项;

③ 在 OPEN 对话框的"查找范围"处查找所要打开乐谱的模板文件,找到后直接单击打开该文件即可,见下图箭头所指处。

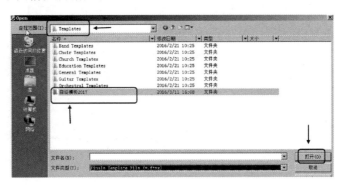

2.4 调取软件预制的谱纸与样曲

2014版Finale软件主要菜单栏，File(文件)的下拉菜单中，增加了Open Work sheets & Repertoire(打开工作表或曲目)内容。17年前，若用户购买Finale 2000版软件，随光盘在所购买软件之外会附赠若干用Finale软件制作的各类曲谱，这对初学音乐或初学Finale软件的人来讲是有参考、帮助价值的。近年来随着软件编程技术的发展，Finale软件的功能变得越来越丰富、全面、实用和人性化了。2014版Finale中添加的这项"打开工作表或曲目"内容对初识Finale软件和音乐教育者来讲，是有较大的帮助与参考价值的。打开Open Worksheets & Repertoire的顺序如下：

(1) 单击主要菜单栏的File(文件)选项，在其下拉菜单中，单击Open Worksheets & Repertoire(打开工作表或曲目)选项，见左下图箭头所指处。

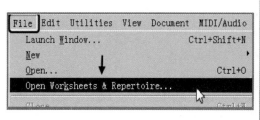 

(2) 单击Open Worksheets & Repertoire选项后，打开的对话框中有Worksheets(工作表)和Repertoire(曲目)两项内容的文件夹，见右上图箭头所指处。

(3) 单击打开Repertoire(曲目)文件夹，又包括七类内容的文件夹，见下图。其中，在"手抄谱"文件夹中有多篇制作好的空白五线谱纸可利用，这就是我把此内容放在本章讲的缘由。

右图中的七个文件夹的内容如下：

① 古典音乐；
② 民间传统音乐；
③ 假日爱国乐谱；
④ 爵士音乐；
⑤ 大合奏；
⑥ 手抄谱(有多篇制作好的空白五线谱纸可利用)；
⑦ 排练记号。

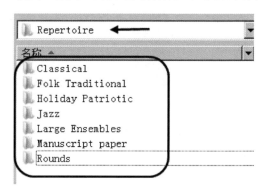

（4）单击 Repertoire（曲目）文件夹中的 Classical（古典音乐）文件夹，见下图箭头所指处，又会出现三个与古典音乐相关的文件夹。打开其中的 Instrumental 文件夹。

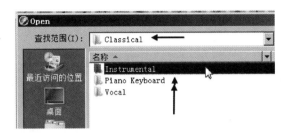

（5）在下图 Instrumental 文件夹内有 11 项内容。

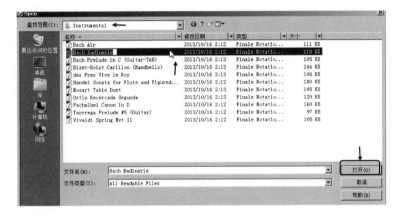

（6）单击 Instrumental 文件夹的第二个文件，就是古典作曲家巴赫的室内乐 Badinerie 的乐谱，见下图。

在 Finale 软件中可以播放、欣赏、研究、讲解、移调、改变、背谱、出分谱、演奏它,同时还可以出图片和打印等。

随意打开几个 Repertoire(曲目)或者若干文件夹中的部分乐谱、谱纸等内容供读者参阅。这些 Repertoire(曲目或称样曲、谱纸文件夹)的内容非常丰富(几乎能打印成一本书),在此打开 11 张页面。

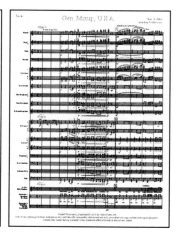

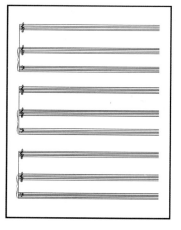

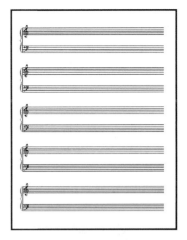

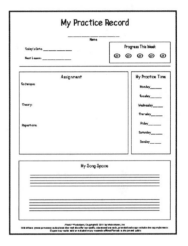

2.5　Finale 的预制工作表

　　Finale 中的 Worksheets(工作表)文件,主要是供从事音乐教育人员应用参考、借鉴等。它里面有乐理、视唱练耳、演奏训练和教材编写等资料,利用好它将会效率倍增。打开、调取 Worksheets 的顺序如下:

　　(1) 单击主要菜单栏 File(文件)选项,在其下拉菜单中单击 Open Worksheets & Repertoire(打开工作表或曲目),其他和前面介绍的打开 Repertoire 曲目、谱纸的文件相同。

（2）打开 Open Worksheets & Repertoire 文件后，单击打开 Worksheets 文件，见下图箭头所指处。

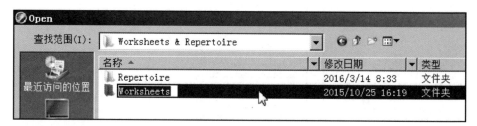

（3）打开的 Worksheets 文件夹内，有 10 个子文件夹，见下图。每个子文件夹中也含有诸多的内容。

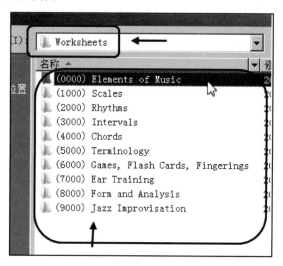

左图的 10 个子文件夹内容如下：

音乐元素

音节

节奏

音程

和弦

专业术语

游戏、Flash 卡片、指法

练耳

曲式分析

爵士即兴创作

（4）打开 Worksheets 的子文件夹(0000)Elements of Music(音乐元素)，该文件夹内包含 44 个文件，见下面所展示的图片内容。

第二章 五线乐谱制作的相关操作

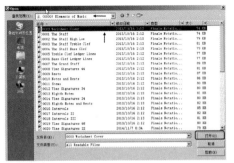 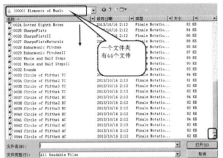

  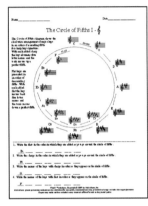

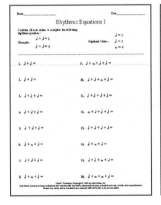  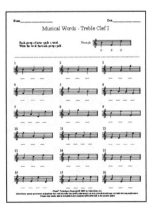

以上6图(谱面)是在Worksheets文件夹中随意打开的(乐谱)文件。在Worksheets的10个子文件夹中还含有大量丰富的各类五线乐谱文件,因本书的篇幅有限在此就不一一展示了。它非常好用实用,自制五线乐谱无法比拟其优点,有的文件稍微加工或者移调等即可打印、出图,成为讲稿或作业、考题等。活用、善用、编改其中的部分五线乐谱内容,会让你感到意想不到的方便、带劲和舒坦。

2.6 总谱中声部的插入与删减

总谱声部的插入与删减也是五线谱的插入与删除,不过,这涉及声部名称和该声部音色数据。一般约有四种情况:一、总谱初期编制设定时进行的声部增减(如在设置向导的第三页中进行操作);二、在调用现成编制总谱模板对声部调整时,进行的声部增减;三、在作品的创作中与演出后对总谱修改时,进行的声部增减;四、在总谱将要出版前,按照出版社要求进行的声部增减。下面介绍这几方面的操作。

(1) 声部的插入:比如在乐谱运行窗口第三页的第一步,选择西洋木管五重奏编制的谱纸。单击"下一步"按钮,见下图画圈和箭头所指处。

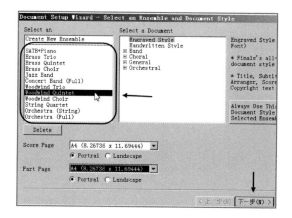

(2) 显示所选西洋木管五重奏中所包含或涉及的(乐器)声部。比如我们想在此编制的基础上插入或添加一个短笛乐器的声部,其顺序详见下图所标记的数字和箭头所指处。

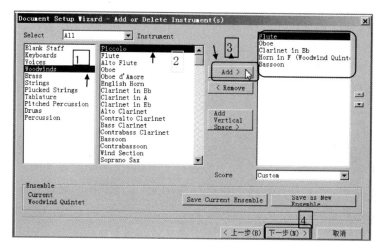

① 在数字 1 处，选择声部组；
② 在数字 2 处，显示该声部组所（包含）涉及的乐器；
③ 单击 Add(添加)按钮，将所选声部(乐器)添加(插入)到所要制作的总谱纸中。
（3）删除总谱声部的操作：
① 将设置向导的对话框，右侧栏内将要删除的声部选中（见数字 1 处）；
② 单击 Remove 按钮，所选声部即可删除，见下图数字 2 处。

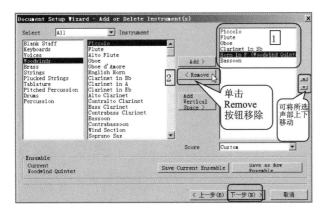

（4）创作中途如果想在下面木管重奏的总谱中插入一支英国管，其操作顺序如下：
① 单击选择主要工具栏五线谱工具的按钮（下图中数字 1 处）；
② 单击主要菜单栏中的 Window(窗口)选项，在其下拉菜单中，单击打开 Score Manager (总谱管理)对话框，见下图中的数字 2 和箭头所指处。

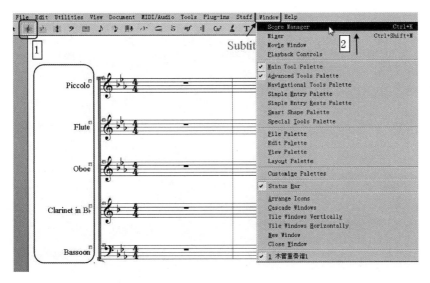

| Finale 实用宝典

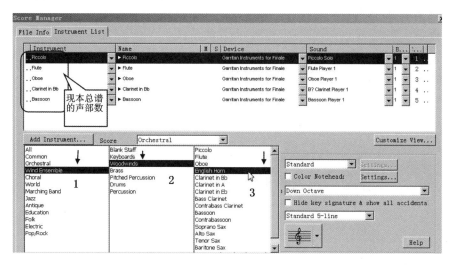

（5）打开 Score Manager(总谱管理)对话框(上图)，单击 Add Intrument(添加乐器)按钮，在其下拉菜单中选中木管乐器组(上图对话框中的数字 1、2 处)；在木管乐器组所包含的乐器中双击英国管(上图数字 3 处)，想要插入的乐器声部将会插入(添加)到总谱中。

（6）删除或移除总谱中的声部：

① 单击主要工具栏中的五线谱工具按钮，见右图箭头所指处。然后每行五线谱的左上角(五线谱表旁)会出现该行五线的控制点(小方框)，右击该行五线的控制点，会出现如下图所显示的菜单。

② 单击该菜单的 Delete Staves(删除五线谱)按钮，总谱中的该声部就会被删除，见左图画圈和箭头所指处以及五线谱控制点的右键菜单内容。

（7）另一种删除总谱声部的方法：

① 单击主要菜单栏 Window(窗口)选项，在其下拉菜单的第一个选项 Score Manager(总谱管理)对应的对话框中选择所要执行的内容；

② 单击要删除声部谱行设备最右侧"X"的按钮即可删除该行声部，见下图画圈和箭头所指处(下图中的"X"按钮，印记显示不清楚)。

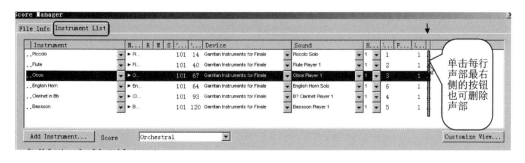

（8）一般的声部添加：

① 单击主要工具栏的五线谱工具按钮（见下图数字1）。

② 在 Staff 五线谱的下拉菜单中，选择添加新五线谱选项，见下图数字2、3和箭头所指处。

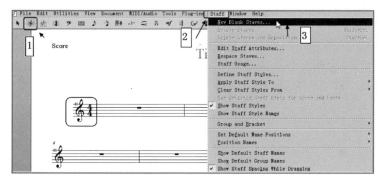

（9）单击上图中的添加新五线谱选项后，就会出现在左下图的对话框，填上需要的五线声部的行数2，单击 OK 按钮，就会在原五线谱的下方增加两行新的五线（声部），见右下图。

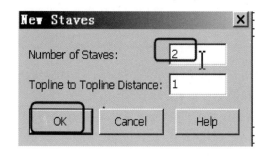 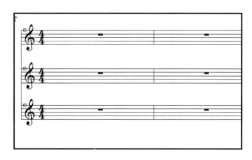

2.7 五线谱的隐藏与显示

五线谱(声部)的隐藏与显示,也是(五线)声部的隐藏与恢复(显示)。
有以下几种情况:
① 页面中整行的隐藏与恢复;
② 在谱的行中只隐藏部分小节;
③ 总谱中大面积声部的隐藏与恢复;
④ 隐藏后的声部是留有原来的空间,还是余下的声部自动重排乐谱的空间;
⑤ 只隐藏五线谱的谱线,音符还显示。

保留并隐藏整个五线原声部空间(间距):

(1) 单击主要工具栏的五线谱工具按钮,见右图箭头所指处。

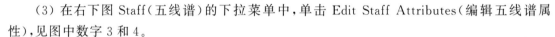

(2) 在需要隐藏五线(声部)的左头部单击,该声部所有小节将会被选中,见左下图画圈和箭头所指处。

(3) 在右下图 Staff(五线谱)的下拉菜单中,单击 Edit Staff Attributes(编辑五线谱属性),见图中数字 3 和 4。

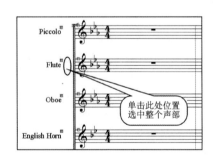
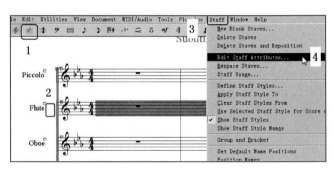

(4) 在左下图 Staff Attributes(五线谱属性)对话框的右下方,将 Staff Lines(五线谱线)选项小方框内的"√"去掉,见左下图画圈、数字 1 和箭头所指处。

(5) 右下图长笛声部的五线被隐藏了,但是原五线的空间和休止符还在。如果想让休止符也隐藏,请见下一项操作。

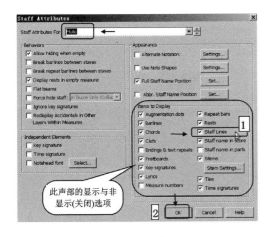

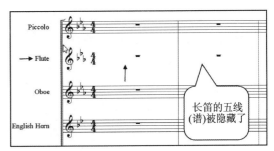

（6）想让五线中不显示休止符（不管五线选中与否）：

① 打开 Staff Attributes（五线谱属性）对话框；

② 把对话框左侧 Display rests in empty measure（将未输入小节用全休止符表示（或填充））选项的"√"去掉，见右图画圈和箭头所指处。

（7）Staff Attributes（五线谱属性）对话框，总谱的每个声部都有一个这样的对话框，它很重要，也很常用。对该对话框除了上述打开和设置方式之外，还可以用其他几种方式打开与设置，见左下图。

（8）右击所选声部左上方的控制点，在出现的菜单中选择 Edit Staff Attributes（编辑五线谱属性），见右下图画圈和箭头所指处。

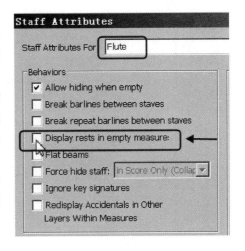

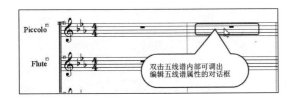

（9）恢复（显示）被隐藏的五线谱：

① 单击五线谱工具按钮；

② 在 Staff（五线谱）按钮的下拉菜单中选择 Edit Staff Attributes（编辑五线谱属性）；

③ 在打开的对话框中，选中 Staff Lines（五线谱线）选项（勾选小方块）即可，参见上图。

2.8 隐藏页面内分声部行的五线

（1）单击五线谱工具的图标按钮；

（2）用鼠标把需要隐藏的五线谱区域选中（1 小节至几百小节不等）使其变为相反颜色（见下图）；

（3）在所选区域内右击；

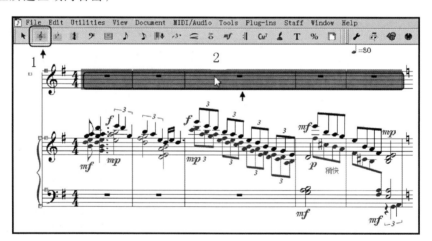

（4）在右键菜单中，选择第 13 项，Force Hide Staff（Collapse）（强制隐藏五线（并重排）），见右图箭头所指处；

（5）原乐谱中未输入音符的空白五线被强制隐藏了（原五线的空间被重新排列了），见下图（乐谱"花影"）箭头所指处。

如在右图右键菜单中选择了第 12 项，强制隐藏五线（空白），则所的隐藏五线的空间将留存在那里而不进行重新排列。

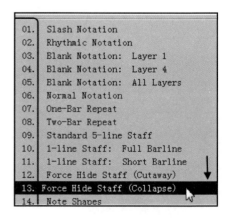

下面给出五线谱工具按钮右键菜单的翻译,很实用,供学习者参考。其使用顺序如下:
① 单击五线谱工具的图标按钮;
② 选择要改变的声部、小节范围;
③ 在选中的五线谱范围内右击即会出现下图的菜单。

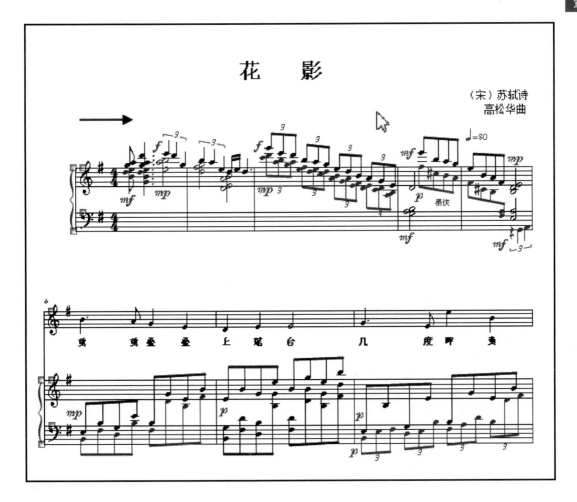

Define Staff Styles...	
Apply Staff Style To	▶
Clear Staff Styles From	▶
Use Selected Staff Style for Score and Parts	
01. Slash Notation	
02. Rhythmic Notation	
03. Blank Notation: Layer 1	
04. Blank Notation: Layer 4	
05. Blank Notation: All Layers	
06. Normal Notation	
07. One-Bar Repeat	
08. Two-Bar Repeat	
09. Standard 5-line Staff	
10. 1-line Staff: Full Barline	
11. 1-line Staff: Short Barline	
12. Force Hide Staff (Cutaway)	
13. Force Hide Staff (Collapse)	
14. Note Shapes	
15. Stemless Notes	
16. Lyrics and Chords Only	
17: X-Noteheads	
18. Blank Notation with Rests: Layer 1	
19. Blank Notation with Rests: Layer 4	
20. Apply Finale AlphaNote Notenames	
21. Apply Finale AlphaNotes Solfege	

左图内容译成中文如下：

定义五线谱样式
应用五线谱样式
清除五线谱样式
总、分谱同期选择样式
01. 音符头用斜线标记
02. 符头节奏型标记
03. 空白小节:第1声部层
04. 空白小节:第4声部层
05. 空白小节:所有声部层
06. 普通的记谱
07. 1小节重复标记
08. 2小节重复标记
09. 标准的五线谱
10. 一线谱:完整小节线
11. 一线谱:短小节线
12. 强制隐藏五线(空白)
13. 强制隐藏五线(重排)
14. 特殊音符头:自设样式
15. 去音符尾
16. 只显示歌词和弦记号
17: X型音符头
18. 空白小节全休符填第1层
19. 空白小节全休符填第4层
20. 用音名音符头
21. 用唱名音符头

2.9　隐藏总谱中整个声部的五线

隐藏整个声部的操作一般不常用，但在某些情况下还是会用到的。在总谱中整个声部被隐藏了，但是该声部还存在，只是为了练习方便和减少页面篇幅等，不影响该声部的分谱制作和出版等。

（1）单击主要工具栏五线谱工具按钮；

（2）右击要隐藏五线声部行左上角的控制点处；

（3）在出现的菜单中选择 Edit Staff Attributes（编辑五线谱属性），见左下图标记处；

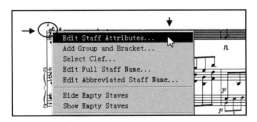 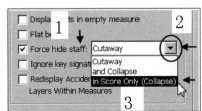

（4）右上图 Staff Attributes（五线谱属性）对话框的局部，在 Force hide staff（强制隐藏五线）选项的下拉菜单中，选择 in Score Only（Collapse）（仅在总谱中（重排总谱）），如果选择 Cutaway（留白），则不重新排列总谱，见右上图中的数字和箭头所指处；

（5）下图的乐谱中，原声乐的整个声部被强制隐藏起来了；

（6）如果要恢复和显示被隐藏的声部，则把右上图五线谱属性对话框中 Force hide staff 左侧小方框的"√"去掉；

（7）上面所述是隐藏了整个声部的五线，也可以在五线谱工具按钮的右键菜单里制作：

① 单击五线谱工具的图标按钮；

② 单击要隐藏声部行的左头部（选中整个声部）；

③ 右击该声部，在打开的菜单中选择第 12 选项，强制隐藏五线（该声部不重新排列，留有空白）见上图和右图，或者选择第 13 选项，强制隐藏五线（该声部重新排列，不留有空白）。

上图是五线谱工具按钮右键菜单的第 12 选项，强制隐藏五线（空白），"空白"是指隐藏或者删除五线之后，不进行五线总谱的重新排列，保持原来的排列位置，见上图中的数字和箭头所指处。

2.10 单线打击乐谱的调制

在运行窗口开始时设定所制成的总谱，当选择了无具体音高的打击乐器时，总谱上是一条线的打击乐器的节奏谱，也叫一线谱（或"单线谱"），不需要调制；当选择的是有音高的普通乐器或者有音高的打击乐器时，如果只让它演奏纯节奏或者用某件有音高的正常乐器临时只演奏一段节奏,则把乐谱变成一线谱会让人更清楚和方便些。有两种方式可以把正常的五线调制成 1 条线的节奏谱(一线谱)。

(1) 单击主要工具栏中五线工具的图标按钮;

(2) 用鼠标把将要调成一线谱声部的区域选中,使其变为相反颜色;

(3) 在该声部的五线中右击,在弹出的快捷菜单中选择第 10 项 1-line Staff:Full Barline (一线谱:完整小节线),见左下图和右下图的数字和箭头所指处。

(4) 把整个声部从头到尾改制成一线谱的顺序:

① 单击主要菜单栏 Window(窗口)选项;

② 在其下拉菜单中选择 Score Manager(总谱管理)(或按 Ctrl+K),见右图箭头所指处,直接打开总谱管理的对话框。

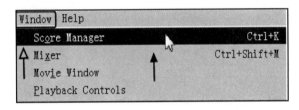

③ 在下图 Score Manager(总谱管理)对话框中,先单击选择要改成一线谱的声部(第Ⅱ小提琴);

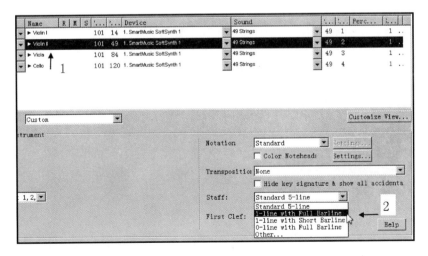

④ 在 Staff(五线谱)选项的下拉菜单中,选择 1-line Staff Full Bar line(一线谱完整小节线),见上图数字和箭头所指处;

⑤ 下图中的 Vln.Ⅱ(第Ⅱ小提琴)声部的原五线谱,从头到尾整个声部被改成了一线谱,见下图乐谱箭头所指处。

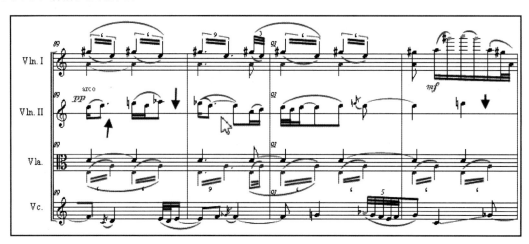

2.11 声部乐器的改换

对已制作好的总谱或已演出作品的总谱,要想改换其中的乐器,至少有两种方法实现:一是插入一行要更换的乐器的五线声部,然后把它的原乐谱音符的内容复制到新插入声部行上,再把原声部的五线删除;二是在 Score Manager(总谱管理)对话框中,直接双击想要改换的新乐器的名称即可。因为 2014 版 Finale 和旧版本这一部分的软件操作完全不同,这里介绍一下 2014 版 Finale 改换乐器(声部)的操作顺序:

(1) 单击主要菜单栏 Window(窗口)选项;

(2) 在其下拉菜单中选择 Score Manager(总谱管理)或按 Ctrl+K,见下页第一幅图画圈和箭头所指处,打开总谱管理的对话框;

(3) 在 Score Manager(总谱管理)对话框中,把总谱上的第二个声部(降 B 调小号)换成 C 调小号,找到 C 调小号乐器的名称后,双击即可,见下页第二幅图数字和箭头所指处。

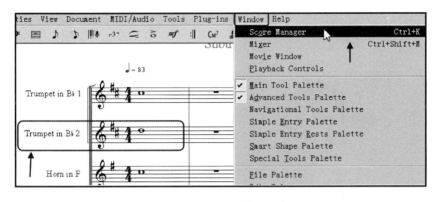

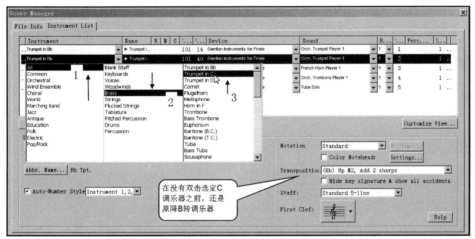

（4）上图中双击选择了 C 调小号后，在对话框的右下方，会自动地转换成非转调乐器，见左下图箭头所指处。右下图乐谱上的名称和音高也自动地变成 C 调小号与 C 调乐谱音符的音高。

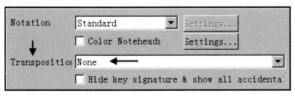

2.12　总谱中声部的重排

在大型作品总谱的打击乐器组,需要重新排列总谱上下声部顺序的情况较多。近三四十年,作曲家发现打击乐的表现力较丰富,越来越多地使用打击乐。全球各交响乐团所拥有打击乐器的演奏员不等,使用打击乐的演奏人数受限制。为了使有限的打击乐演奏人数尽量使用丰富的打击乐器,这就要求作曲家在创作完总谱之后,再重编排一下打击乐器的上下顺序,并根据特定的编制重排总谱等。但这里讲的"重排"是对总谱中已有声部进行的上下重排、移动和编辑等。

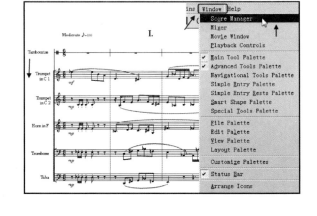

（1）在主要菜单栏中单击 Window(窗口)选项。

（2）在其下拉菜单中选择 Score Manager 或按 Ctrl＋K 键,直接打开总谱管理的对话框,见上图画圈和箭头所指处(此例是把总谱的第一行小军鼓声部谱重排移动到最下面一行)。

（3）将 Score Manager 对话框左上角的 Tambourine(小军鼓)声部(见左上图)用鼠标拖动到最下一行,见右上图箭头所指处。2014 版 Finale 的声部重排,用鼠标按所需要移动的位置在左上图中上、下拖动即可。

（4）重新排列的总谱(声部)顺序,见下图箭头所指处。原打击乐第一声部的 Tambourine(小军鼓)被移动到该声部最下边(声部)就行,其他声部的重排和移动方法也是如此。

2.13　同声部中途乐器的改换

在交响乐作品演奏中,有些特色乐器会由同类乐器演奏家兼奏。由于特色乐器演奏的篇幅(乐谱)有时较短并且总谱纸(五线)声部的行数有限,同一演奏家的乐器兼奏,经常会放在同一行(声部)乐谱中记谱。创作时作曲家可以原音高记谱,之后 Finale 软件会将它自动地移植到所需要转调乐器的调上。

(1) 单击主要工具栏中"选取"工具的图标按钮(箭头样式的图标),见左下图箭头所指处。

(2) 用鼠标选中要更换乐器的乐谱小节的范围,右下图乐谱第二行 Ob.声部的第 2～4 小节,使其成为相反颜色,见右下图箭头所指处。

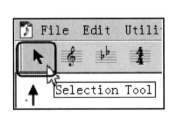

（3）单击主要菜单栏中的 Utilities（实用程序）选项，见下图画圈和箭头所指处。

（4）在其下拉菜单中，单击最下方的 Change Instrument（更换乐器）选项，见下图箭头所指处。

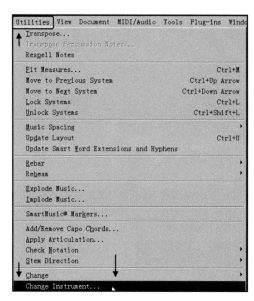

（5）在下图 Change Instrument（更换乐器）对话框中，选择木管乐器组（类）。在木管乐器所包含的乐器中，双击 English Horn（英国管），或者单击英国管，再单击 OK（确定）按钮，见下图画圈和箭头所指处。

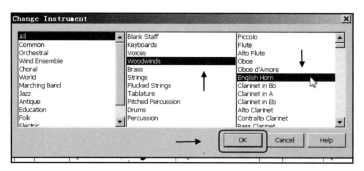

（6）总谱被选中的第二行 Ob.声部的第 2～4 小节，改换成英国管用谱，并自动地由原 C 调移至英国管用的 F 调，音符也上移了 5 度。

（7）单击 mf（表情记号）工具，用该工具添写并加上 English Horn（英国管）的标记会更清楚。

2.14 移调乐器的变更

如果在创作作品时中途更换乐器，比如把大、中、小不同尺寸的萨克斯，换成其他尺寸的萨克斯（有 6 个不同尺寸，对应不同的调），或者将降 B 调单簧管改换成 A 调单簧管，再者就是换成非常规调的乐器等，用 Finale 可随心所欲地实现。

（1）单击主要工具栏中"选择"工具的图标按钮。

（2）在要改换乐器声部的左头部单击，整个声部将被选中，见右图画圈和箭头所指处。

（3）单击主要菜单栏中 Window（窗口）选项；

（4）在其下拉菜单中选择 Score Manager（总谱管理），或按 Ctrl＋K 直接打开总谱管理的对话框。在木管乐器组右侧，找到 A 调单簧管的名称并双击它即可。这样，原来降 B 调的单簧管就会变成 A 调单簧管了，见左下图数字和箭头所指处。

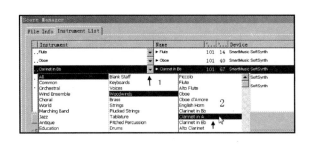 

（5）自动由降 B 调的单簧管换成 A 调单簧管的总谱及乐器的名称，可在右上图箭头所指处查看到。原乐谱的音高也自动地移到 A 调乐器应该演奏的音高上了。

本节（1）～（5）的操作，是将降 B 调单簧管改换成 A 调单簧管。两者都是目前交响乐队的常规使用乐器，乐器连带其名称都会自动地变换过来。如果将下图的 F 调圆号转换成 G 调圆号，那就是非常规乐器转换了，只会转调（成 G 调），不会显示乐器的名称。其操作顺序如下：

（1）单击主要工具栏中的"选择"工具的图标按钮（箭头样式的图标）。

（2）在 F 调圆号声部的左头部单击，然后整个声部将被选中（变成相反的颜色），见下图画圈箭头所指处。

（3）单击主要菜单栏中的 Window 选项。

（4）在其下拉菜单中选择 Score Manager（总谱管理）或按 Ctrl＋K，直接打开对话框。因为 G 调圆号是非常规乐器，需要在该对话框的右下部分的 TranspositionT（变调 T）下拉列表框中进行选择。双击"(G)Up P4, Add 1 Flat"选项，见下页第一幅图画圈和箭头所指处。

（5）原 Horn in F（F 调圆号）声部的乐谱，自动地被换成了 G 调的乐谱（音高向下降低了大 2 度）。由于 G 调圆号是非常规乐器，乐器名称没有自动地改变，需要人工将 F 改成 G，见下页第二幅图画圈和箭头所指处。

第二章 五线乐谱制作的相关操作

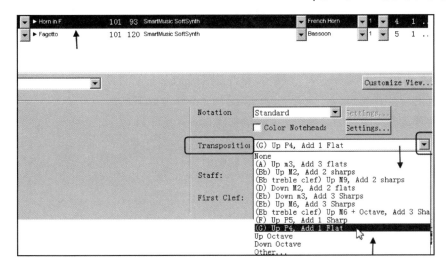

（6）如果在 Score Manager（总谱管理）对话框的右下方，TranspositionT 下拉列表框中没有你要选择的调，就单击最下方的 Other（另外），见左下图画圈和箭头所指处。

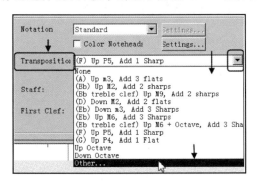
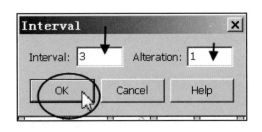

（7）在出现的 Interval（音程）对话框中，填入所希望的音程数，在 Alteration（改变）文本中，填入所希望的音数值。单击 OK 即可，见右上图画圈和箭头所指处。

2.15 声部名称的编辑与调制

声部的名称包括全称和缩写。乐谱的首行或总谱的首行与首页一般用全称,以后的行或者页,用缩写标记。编辑(添加、删除与修改)声部的全称和缩写的地方有三处:
① 五线谱工具右击声部名称的控制点(全称和缩写同样);
② 右击五线声部行的控制点;
③ 窗口按钮下"总谱管理"对话框左下方处的声部全称与缩写处的编辑栏框。
以下是具体操作:
(1) 单击主要工具栏中五线谱工具的图标按钮,在总谱每行声部的头部,会出现三个控制点:
① 声部名称的控制点;
② 五线谱(声部)相关的控制点;
③ 声部组括弧的控制点。
见左下图箭头、数字和画圈处。
(2) 单击主要工具栏五线谱工具的图标按钮。
(3) 右击要编辑的声部(行)名称全称的控制点。
(4) 在出现的菜单中选择 Edit Full Staff Name(编辑五线的全称),见右下图画圈、数字和箭头所指处。

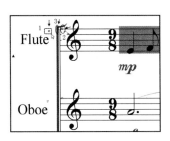
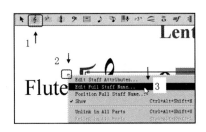

(5) 在出现的 Edit Text(文字编辑)对话框中,添加、删除、修改该声部所需的中、外文名称。编辑完毕单击 OK,见左下图画圈与箭头所指处。
(6) 在右下图中,单击该全称的控制点激活它后,用鼠标拖动或者用上下左右的箭头键,调整名称到合适的位置。
(7) 右击要编辑的声部(行)缩写名称的控制点。
(8) 在出现的菜单中,选择 Edit Abbreviated Staff Name(编辑五线名称的缩写),见下页第三幅图箭头所指处。
(9) 在出现的 Edit Text(文字编辑)对话框中,添加、删除、修改所需的中外文文字,该声

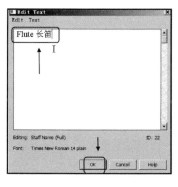
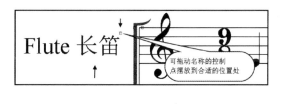

部名称的缩写。编辑完毕按 OK 按钮,见右下图箭头所指处。

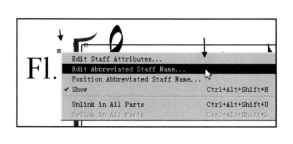

(10) 单击主要工具栏五线谱工具的图标按钮。
(11) 右击要编辑的声部行,左头部的控制点。
(12) 在出现的菜单中选择 Edit Full Staff Name,见左下图画圈和箭头所指处。

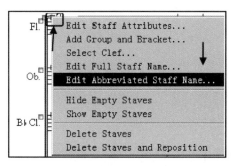

(13) 右击要编辑声部左头部的控制点。
(14) 在出现的菜单中选择 Edit Abbreviated Staff Name(编辑五线名称的缩写),见右上图箭头所指处,在出现的 Edit Text(文字编辑)对话框中,添加、删除、修改该声部所需的中、外文名称的缩写或者全称,编辑完毕按 OK(确定)按钮,声部名称的添加、删除与修改等完成。

47

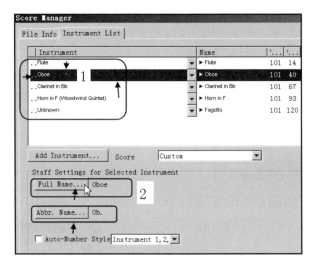

（15）另外一种修改声部名称的操作是：

① 按 Ctrl＋K 快捷键，打开 Score Manager 对话框；

② 单击选择要编辑的声部，使其成为相反颜色；

③ 单击 Full Name 或者 Abbr. Name（缩写），见上图画圈、数字和箭头所指处。

④ 在出现的 Edit Text 对话框中，同样对该声部所需的名称及缩写进行编辑等。单击 Text 选项，在其下拉菜单中还可以为名称的字体、字号等进行更换等，编辑修改完毕，单击 OK，见左下图数字与箭头所指处。

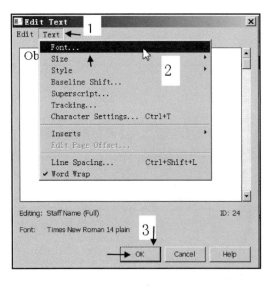 

（16）为大型乐队创作作品时，因总谱的声部行数多，作曲家经常要将两个或多个相同乐

器的声部写在一行乐谱上,然后上下用 1、2 或者用罗马数字Ⅰ、Ⅱ标注声部。但把乐器的名称调整到两个数字的中间位置看着会较舒服些,见左下图中的第 1 行长笛、第 2 行双簧管、第 3 行单簧管声部的上下数字(大多数使用第 1 行 Flute 长笛的标法)。稍美观一点儿的标注的操作步骤为:

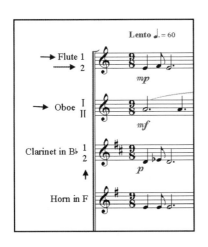

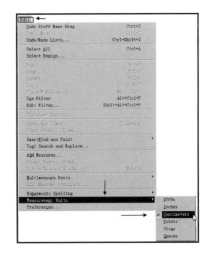

① 单击主要菜单栏的 Edit(编辑)选项,在其下拉菜单 Measurement Units(计量单位)的子菜单中选择 Centimeters(厘米),见右上图箭头所指处;

② 单击主要工具栏五线谱工具的图标按钮;

③ 右击要编辑的声部名称 Oboe(双簧管)的控制点;

④ 在出现的菜单中选择 Edit Full Staff Name(编辑五线的全称),见右图箭头所指处;

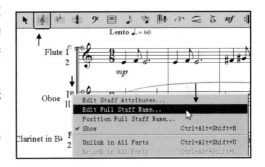

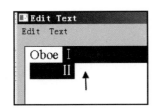

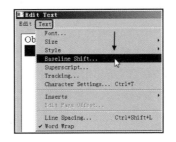

⑤ 在 Edit Text(文字编辑)对话框中输入罗马数字Ⅰ、Ⅱ,之后用鼠标将其选中,使其成为相反的颜色,见左上图箭头所指处;

⑥ 单击右上图的 Text(文字)选项,在其下拉菜单选中 Baseline Shift(基线偏移)选项;

⑦ 在左下图 Baseline Shift(基线偏移)对话框的 Amount(数值)栏中填入 0.15~0.25 cm 的基数数值,这里填入的是 0.21167 cm,单击 OK(确定)按钮操作完成,见右下图箭头所指处。

⑧ 在 EditText(文字编辑)对话框被选中的罗马数字,见左上图;

⑨ 右下图箭头所指处的名称也移至两个数字之间的位置。如果填入阿拉伯数字也是这样调制的。

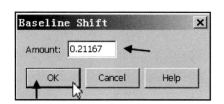
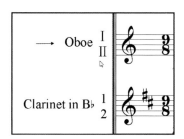

2.16 五线的放大与缩小

五线的放大与缩小大致有三种操作方式:

① 针对普通乐谱,总谱所有(整部作品)页面的五线进行放大与缩小;

② 指定某个页面中(整个页面)的五线进行放大与缩小;

③ 单为某个声部(行)的五线进行放大与缩小。

其操作如下:

(1) 单击(激活)主要工具栏中"%(百分比)"图标按钮。单击页面的左上角,见左下图画圈和箭头所指处;

(2) 在出现的 Resize Page(页面调整)对话框中:

① 填入所需要缩放的百分比的数值;

② 选择要缩放的是总谱还是分谱,或者是连总谱带分谱;

③ 选择要缩放的乐谱页面范围,选择后单击 OK 按钮,见右下图画圈、数字和箭头所指处。

第二章 五线乐谱制作的相关操作

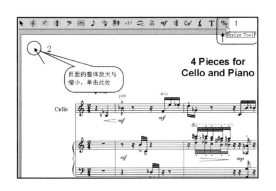
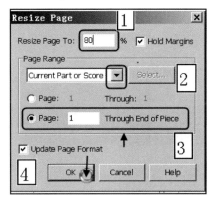

以上两例是整个页面的放大与缩小操作。下面是单行五线(或称单个声部)的放大与缩小操作：

(3) 单击主要工具栏中"％"按钮，单击左下图第一行将要缩放的声部的左头部，也可以单击该声部五线内的空白处，见左下图的箭头所指处；

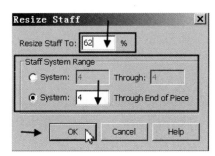

(4) 在右上图 Resize Staff(调整五线)的对话框中：
① 填入该声部所需要缩放的百分比数字；
② 设定所要缩放的行(总谱页中的行，这里不用指定从某小节到某小节)，设定后单击 OK 按钮，见右上图的数字与箭头所指处。

（5）上图的首行声部（第一行的五线）是被缩放成62％之后的乐谱。

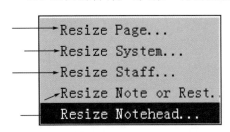

左图是"％"的右键菜单：
① 整页的放大与缩小
② 声部组的放大与缩小
③ 五线的放大与缩小
④ 音符的放大与缩小
⑤ 符头的放大与缩小

2.17　五线粗细的调制

对五线谱谱线粗细进行适当调整，这关系到乐谱的美观和清晰。手写谱也一样，笔尖的粗细、墨迹的浓淡对感观都会有影响。根据用途需要，比如是哪种打印机打印（比如喷墨、激光、彩色、黑白打印机等），是作为底稿纸之后去复印，还是作为课堂讲稿用于投影仪，又或者是作为乐谱出版的图片使用等。因为Finale有此功能，笔者就经常根据用途对五线的粗细进行微调，故在此推荐给需求者。

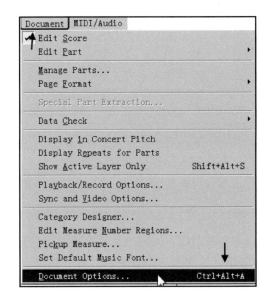

（1）单击主要菜单栏Document（文档）选项，在其下拉菜单中单击Document Options（文档选项）或者按快捷键Ctrl＋Alt＋A打开文档选项的对话框，见右图画圈和箭头所指处。

在Document Options Linesand Curves（文档选项直线和曲线）对话框中，先将该对话框下方的计量单位处选定为EVPUs值，再在Staff Lines（谱线）文本框中填入所需的谱线粗细的数值，见下图画圈和箭头所指处。因为以EVPUs为单位的数值非常小，其值要根据用途而定，最好先打印一张试一下，再微调，最后单击确定完成操作（Finale软件的原五线谱谱线尺寸的默认值是：1.79687EVPUs）。

（2）如果是作乐谱出版用的图片，可将下图Ducumenl Options－Lines and Curves对话框右上角的Curves（曲线）栏框内的选项，选定为Higher resolution－Better（高解析度）。然后Resolution（解析度）文本框内的数值就会自动地由中解析度32自动转换成高解析度64，见下图箭头所指处（低解析度的数值是 16，初学者可不动此项）。

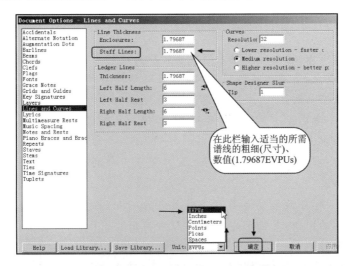

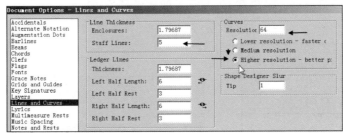

（3）谱线粗细的调整最好是以 EVPUs 为单位，EVPUs 是非常小的数值，笔者常用放大镜来查看打印后的谱线，从 0.8～4.5 EVPUs 是其调整的范围（特殊情况例外）。如果从 1.796875 EVPUs 调到 5 EVPUs，其粗细可用肉眼辨别，比如下面的谱线是调整到 5 EVPUs（在 Staff Lines 处填写），见上图箭头所指处。

（4）下图是 5EVPUs 粗细（尺寸）的谱线的乐谱。

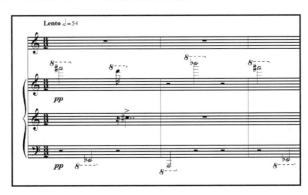

2.18 五线间距的编辑与设定

五线间距的编辑与设定,也是五线声部之间的距离编辑与调整。用"%"工具进行放大与缩小,是整个页面被改变,不是五线之间非相等间距的编辑与调整。

五线间距的调整有三种:

① 手动调整。手动完成一个个声部的调整,其优点是可根据使用的乐器,对其乐谱的高低音进行调整至大小不同的间距。

② 自动调整。有些乐谱需要整齐的间距,尤其是多声部的合唱谱,其优点是整齐、省时和美观。

③ 自动加手动。先自动调整大多数声部所需的间距,再手动微调个别声部之间的间距,其优点是省时、快捷和实用。

(1) 单击主要工具栏 Staff Tool(五线谱)的图标按钮(见右图箭头所指处),然后每行五线(声部)左侧的头部会出现2~3个该声部的控制点,见左下图箭头所指处。

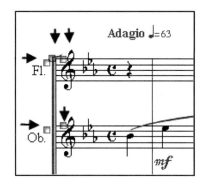

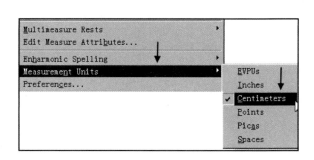

(2) 单击主要菜单栏中的 Edit 按钮,在其下拉菜单 Measurement Units(度量单位)的子菜单中,选择 Centimeters(公分),见右上图箭头所指处。

(3) 在主要菜单栏 Staff(五线谱)选项的下拉菜单中,选择 Show Staff Spacing While Dragging(拖动五线时显示尺寸),见左下图箭头所指处。

(4) 经过步骤(2)和(3)的选择,这样再拖动五线声部的控制点时,各行之间会显示其间距,见右下图箭头所指处。如果不需要显示间距的数据,就省去第(2)和(3)的步骤,直接拖动该行(声部)的控制点调整即可。

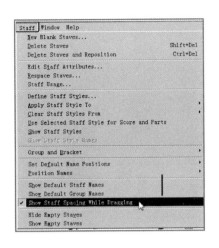

（5）在主要菜单栏 Staff 选项的下拉菜单中，选择 Respace Staves（五线的垂直间距），见左下图箭头所指处。

（6）在 Respace Staves（五线的垂直间距）对话框中，在右侧 Set to（设置到）文本框中填入数值 3 cm，然后单击 OK 按钮，见右下图画圈、数字和箭头所指处。

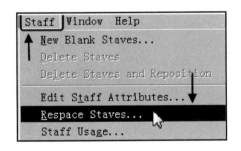
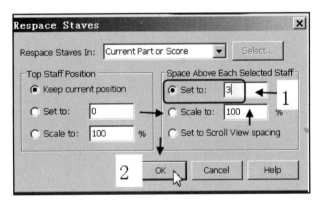

（7）乐谱所有声部的间距会自动变成 3 cm，见左下图数字和箭头所指处。

（8）若想只调整总谱页面中的部分行（声部）、小节或页，先用鼠标将要调整间距的小节或页选中，使其成为相反颜色，见右下图画圈和箭头所指处。

（9）在 Respace Staves 对话框中，在右侧 Set to 文本框中填入所需要的间距数值，然后单击 OK 按钮，见下页第三幅图画圈、数字和箭头所指处。这里填入的数值是 2 cm。

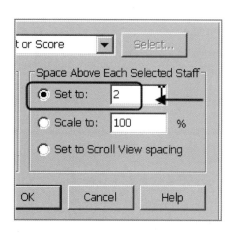

（10）右上图中，原乐谱被选中的部分，其声部（行）之间的垂直距离，就自动地被调整成自己所设定的间距。

（11）如果选择用"％"设置，操作方法同前。先用鼠标将要调整间距的区域选中，使其成为相反颜色,在 Respace Staves 对话框的 Scale to(缩放比例)文本框中填入所需的声部之间比例数值即可,然后单击 OK 按钮,见左下图画圈和箭头所指处。这里填入的是 60%。

(12) 右下图乐谱上行,是 3 cm 的声部间距,缩放成 60% 间距之后的乐谱,见右图下方深颜色显示的部分。

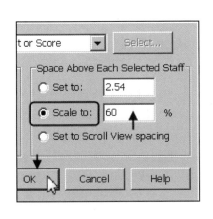

(13) 如果调整左下图乐谱伴奏声部(第 2 和第 3 行)和独奏声部(第一行)的行距,则先将左下图乐谱的第 2 行和 3 行选中,或者选中它们中的 1 行也可以,见下面两图的箭头所指处。

(14) 在主要菜单栏 Staff 选项的下拉菜单中,单击 Staff Usage(五线谱选项),见左下图箭头所指处。

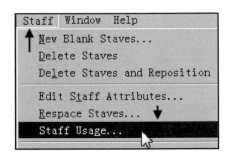
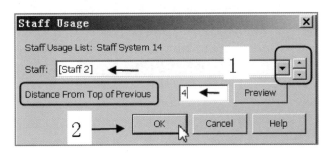

(15) 在右上图中,Staff Usage(五线谱选项)对话框中的 Distance From Top of Previous

（同上行五线的距离）文本框中，填入所需要行距的数值后，单击 OK 按钮，见右上图画圈和箭头所指处。这里填入的乐谱的首行到第二行之间的间距是 4 cm。

（16）上图选择调整第一行和第二行之间的间距。Distance From Top of Previous（同上行五线的距离）选项是选择第一行以下的任何行（声部）同上一行的间距。其范围是多少小节都可以，见上图箭头所指处。

（17）如果要调整整页声部组之间的间距，选择下行的第一声部或者全部声部，见左图乐谱被选中的（深颜色）部分。

（18）在 Staff Usage 对话框中的 Distance From Top of Previous 文本框中，填入 2.5 cm，单击 OK 按钮，见下两图箭头所指处。

 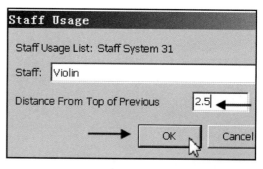

（19）下图的下行同上行五线的间距是 2.5 cm，见下图箭头所指处。

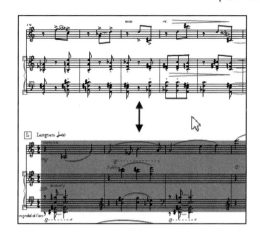

2.19　声部组括弧的添加与删除

声部组的括弧一般是在开始制作谱纸（在运行窗口的第 2～3 页），添加编排声部顺序时，依据选择的声部组类型，自动形成括弧。但打击乐器组的括弧例外，因为我们使用打击乐时，会同时选择有音高与无音高的多种打击乐器，再加上钢琴、竖琴和钢片琴等，这样就必须要编辑、重组这部分的括弧（如添加、删除括弧的操作等）。

（1）在运行窗口的第 3 页制作乐谱时，为了让每个声部组的括弧明显一点，建议各位可在各声部组之间增加一点间距。操作如下：

① 选中"圆号"单击 Add Vertical Space（添加垂直空间）按钮,即可添加木管乐与铜管乐之间的间距，见左下图箭头所指处；

 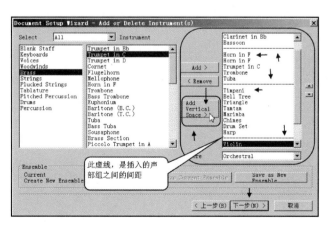

② 选中"小提琴"后,单击 Add Vertical Space 按钮,即可添加弦乐与竖琴(打击乐)之间的间距,见右上图画圈和箭头所指处。

(2) 在左下图中,我们可以清楚地看到声部组之间增加的间距(比如木管组与铜管组、铜管组与定音鼓打击乐组、弦乐组与竖琴),见箭头所指处。

(3) 就打击乐器组而言,因为选择了有音高组、无音高组和键盘乐器及竖琴等,所以无法形成一个整体的括弧和贯穿的小节线,见右下图的乐谱。编辑、修改打击乐器组的括弧操作是:

① 单击主要工具栏的"选择"按钮;

② 选中打击乐器组的乐器,见左下图画圈的部分。

因为括弧是按"页"添加的,如果想让乐谱的所有页面都添加上同样的括弧,就得选中打击乐器组所有的小节。

(4) 单击主要菜单栏中的 Edit 选项,在其下拉菜单中选择 Select Region(区域选择),见下图箭头所指处。

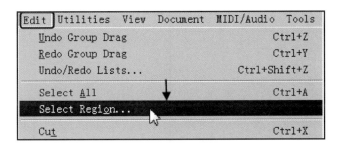

（5）在 Select Region 对话框中，显示的是我们用鼠标选择的乐器范围（如从 Timpani（定音鼓）声部到 Drum Set（组鼓）声部的乐器范围）。我们在下方 Measure（小节）的空中填入 290，意思是从第 1 小节选择到第 290 小节（鼠标选不了），见左下图画圈和箭头所指处。

（6）在乐谱上、中、下部声部的左上角控制点处右击，选择 Add Group and Bracket（添加声部组括弧）选项，见右下图画圈和箭头所指处。

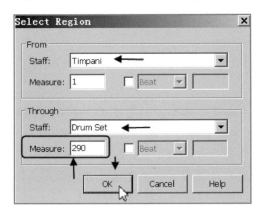

每行五线(声部)都有该声部的控制点

（7）在添加声部组括弧的对话框中，选择需要的声部组括弧类型，选择完毕单击 OK 按钮，见右图数字和箭头所指处。

（8）左下图中的打击乐器声部组添加了一个组的整体括弧，声部组的小节线也被从上到下贯穿起来。

（9）单击五线谱工具的图标按钮，用鼠标将原打击乐括弧的控制点选中，按删除键，把原括弧删除，见右下图画圈和箭头所指处。

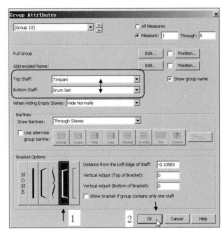

| Finale 实用宝典

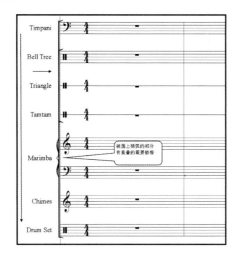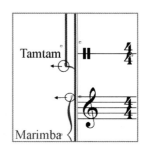

2.20　声部组括弧的编辑与修改

　　众多作曲家在创作不同的作品时,乐谱往往不都是全奏处。如果追求乐谱简洁、清晰,经常会把不全奏时的独奏、重奏的记谱简化,以便减少其总谱的页数。最近几款 Finale 软件,在声部组括弧的编辑与修改方面做了诸多的改进,使使用者方便了许多。下面举一个小提琴与钢琴二重奏的例子供读者参考,其中钢琴伴奏部分的记谱常出现。有时会用 2 行五线偶尔换成 3 行谱后再换回到 2 行五线记谱,这样就涉及到钢琴曲谱括弧的编辑与修改。学会此例后,就会一通百通,并运用到更多乐器编制的乐谱中去。

　　(1) 在制作谱纸时,选中 Piano(钢琴)声部后,单击 Add Vertical Space(添加声部垂直间距),可省去事后手动调整间距,见左下图箭头所指处。

　　(2) 先制成标准的小提琴与钢琴二重奏的三行谱,见右下图。上一步操作中,钢琴和小提琴之间的垂直间距也较清晰。

　　(3) 单击主要工具栏"五线"工具的图标按钮,在第一行小提琴声部左前方(五线谱外)处单击(见左下两图乐谱中数字 1 和箭头所指处),选中整个小提琴声部(因为这样会使整个小提琴声部的乐谱都被选中并添加上括弧)。

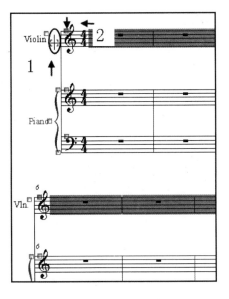

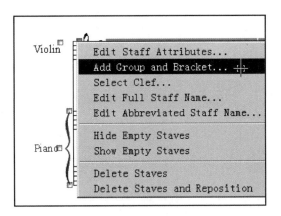

（4）右击该行小提琴声部五线左头部的控制点，见左上图数字 2 和箭头所指处。

（5）在右上图五线控制点的右键菜单中，选择 Add Group and Bracket（添加声部组括弧）选项，见右上图相反颜色部分。

（6）在左下图中，在声部组属性的对话框中按标记的数字操作：

① 选择小提琴声部的括弧类型；

② 将 2 的箭头所指处打上"√"，意思是只是一个声部添加括弧（这个很重要，也是本书为什么选择钢琴和单声部的独奏声部乐谱的缘由）；

③ 选择完毕单击 OK 按钮。

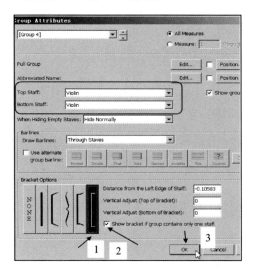
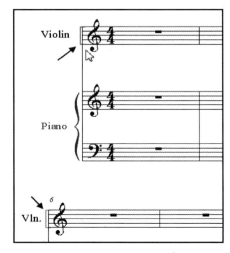

（7）添加了第一行小提琴声部的括弧，因为选择了小提琴声部的所有小节所以各页中的该声部行都有括弧，见右上箭头所指处。

（8）单击主要工具栏的五线谱工具，在 Staff 选项的下拉菜单中单击 New Blank Staves（插入新五线），见下图箭头所指处。因为该钢琴伴奏偶尔要使用 3 行五线来记谱，所以要在创作或者打谱的开始就设置 3 行的钢琴谱。

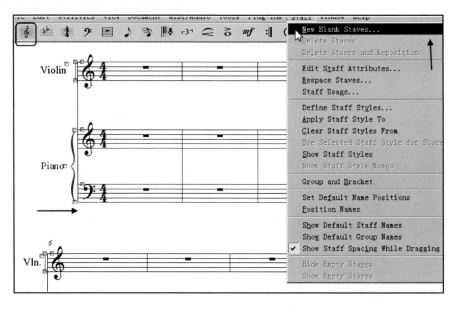

(9) 在 New Staves(新五线)对话框的 Number of Staves(新五线行数)文本框中,填入所需新五线行"1",单击 OK 按钮,见右图箭头文本框所指处。

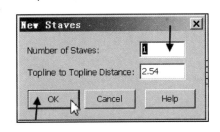

(10) 左下图中的乐谱下方会自动插入一行新的五线,按快捷键 Ctrl+A 选中乐谱的全部小节,将声部组括弧的控制点激活(使其成为粉颜色),按删除键,将删除所有钢琴的括弧包括钢琴的名称,见箭头所指处。

(11) 在主要工具栏"窗口"选项的下拉菜单中,选择第一项"乐谱管理",在其对话框中单击 First Clef(初始谱表)的下拉菜单中,见右下图画圈和箭头所指处。

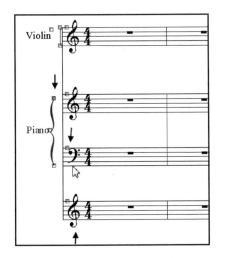

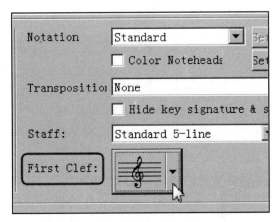

(12) 在弹出的谱表选择栏中,单击想要选择的低音谱表,见下图箭头所指处。

(13) 用鼠标圈起乐谱中原两行钢琴谱的 1~5 小节,使其成为相反颜色。

(14) 右击钢琴声部五线左上角的控制点,在其右键菜单中选择 Add Group and Bracket(添加声部组括弧)选项;

(15) 在出现声部组括弧的对话框中:
① 选中括弧的种类;
② 单击 OK 按钮,见下图 Group Attributes 对话框中画圈、数字和箭头所指处。

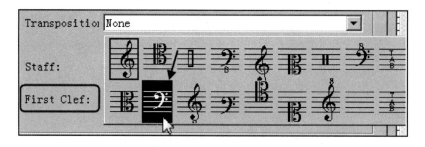

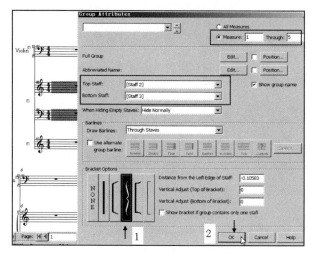

（16）选择的原钢琴谱的第一行(1～5 小节)被自动地添加上了括弧,见左下图箭头所指处。

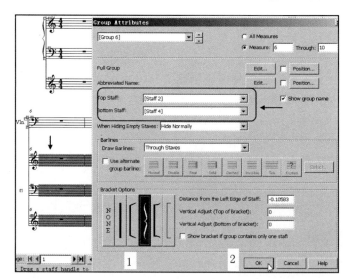

2014 版 Finale 软件是按所选行来添加括弧的,行是由小节组成的,所以也包括所选小节的数量、长度等。

(17) 用鼠标将总谱的第二大行的第 2、3、4 行圈(6～10 小节)起来,使其成为相反颜色。

(18) 右击钢琴声部五线左上角的控制点,在其右键菜单中选择 Add Group and Bracket(添加声部组括弧)选项。

(19) 在出现声部组括弧对话框中(见右上图):

① 选中括弧的种类;

② 单击 OK 按钮,见画圈、数字和箭头所指处。

(20) 单击主要工具栏五线工具的图标按钮(见右图):

① 用鼠标将总谱的第一大行的第 4 行五线(最下行 1～5 小节)圈起来,使其成为相反颜色;

② 右击所选小节任意处,在其右键菜单中选择第 13 项 Force Hide Staff（Collapse）,这样就删除了乐谱第一行不使用的五线。

(21) 添加声部名称:右击钢琴声部五线左上角的控制点,在其右键菜单中选择 Add Group and Bracket 选项见左下图箭头所指处;也可以选择该选项的右键菜单中的第四条 Add Group and Bracket(编辑五线谱全称),给刚才删掉的原钢琴括弧再补上名称。

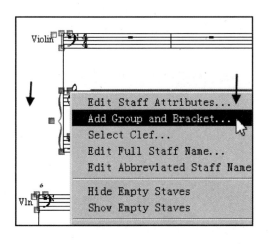
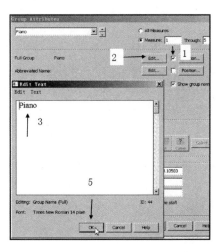

(22) 单击 Group Attributes（声部组括弧属性）对话框上半部分的 Edit，在弹出的 Edit Text（文字编辑）的文本框中写入声部组的全称 Piano；也可以在它的下栏中填入声部组的缩写名称 Pno.。填写完毕单击 OK 按钮，见右上图数字和箭头所指处。

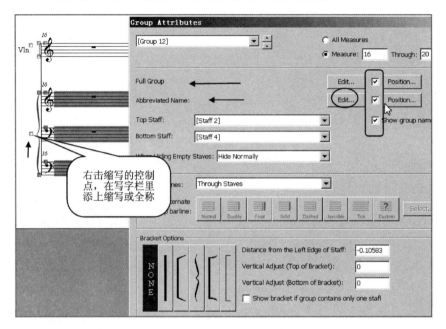

(23) 乐器的名称与声部组括弧相关联，给不同五线行数的钢琴谱添加括弧时，应该按该声部五线的行数来添加括弧和声部的名称。声部（乐器）名称的添加，是在添加声部组对话框中的 Edit 栏中填写的；一个填写全称，一个填写缩写，然后将它右侧选项栏打上"√"，见上图画圈和箭头所指处。

(24) 如果在 Add Group and Bracket 对话框中的 Editr 的右侧打上"√"，则声部组括弧（五线的左头部）名称处会有声部组名称的控制点，右击该控制点，在出现的编辑文字对话框中填入所需内容，见上图箭头所指处。

(25) 下图就是我们这一小节制作的室内乐二重奏乐谱的例子，其重点在钢琴伴奏谱是非常规的记谱用谱，2 行五线和 3 行五线交替地出现单个声部，以及括弧和名称。

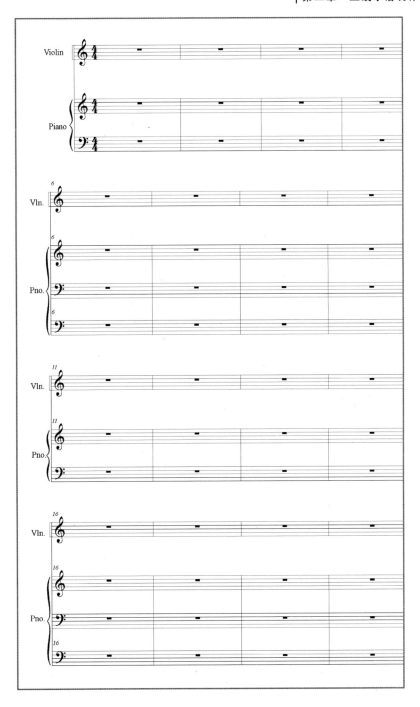

2.21　总谱系统分隔符的添加

在大、小总谱中,为了方便阅读,当一个页面有两行以上乐谱时,在其中间部分设置一个分隔符。本节内容属于两个章节所涉及的内容:

① 本章与五线谱相关;

② 与页面设计相关的章节。因为较常用,在此节中也稍加介绍。

(1) 单击主要工具栏的"选择"工具的图标按钮。在主要菜单栏 Plug–ins(插件)的下拉菜单 Scoring and Arranging(乐谱与编曲)的子菜单中,选择 Score System Divider(总谱系统分隔符),见下图画圈、数字和箭头所指处。

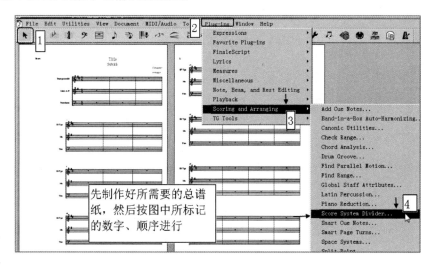

(2) 在左下图 Score System Divider 对话框中:

① 插入分隔符的页数(可选所有页或指定页数的范围);

② 选择插入分隔符到页面的左侧还是右侧,或两侧都插入;

③ 分隔符字号大小的选择;

④ 分隔符的垂直距离,是放在系统中间还是各个五线之间。

见左下图画圈和箭头所指处。

(3) 经左下图设定后便得到右下图的乐谱,也是乐谱插入系统分隔符对话框中的结果。分隔符字号为16,左右的距离为0,页面左侧只添加了一页,垂直偏移为0。

第二章 五线乐谱制作的相关操作

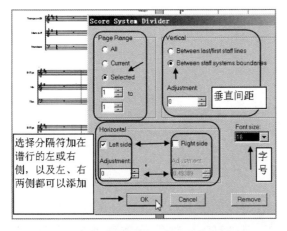

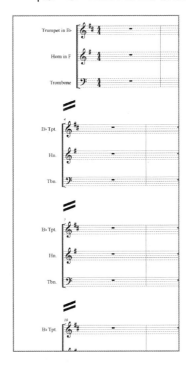

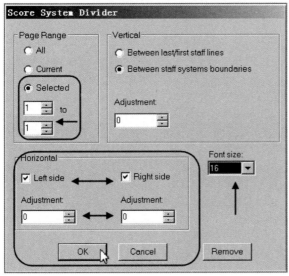

（4）在左上图 Score System Divider 对话框中，如果选择将分隔符插入在乐谱页面的左、右两侧，乐谱就会两侧都显示分隔符，见右上图。举个例子，页面的左、右两侧偏移度值都是 0

71

时，分隔符和乐谱页面的左、右两端是齐的。

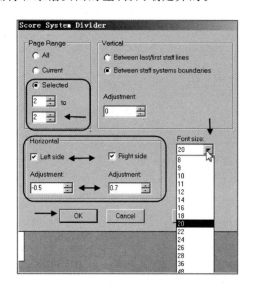 

（5）在左上图 Score System Divider 对话框中，如果将（第二页）左侧乐谱分隔符位置调整至"－0.5"，将右侧分隔符位置调整至"0.7"，分隔符字号选择 20 号，页面左、右两侧的分隔符都向页面左、右的外边缘伸展了，字号也大了些，见右上图。

(6) 乐谱系统的分隔符,大多数人习惯在定稿后或者作品完成之后再添加。有人习惯将分隔符加到页面左侧,有人习惯添加在页面右侧,也有左、右两侧都添加的。乐谱分隔符的添加是以页面为单位总谱系统,为了稳妥起见最好按段落和指定页数来添加,上两图是为已完成的乐谱添加分隔符的。

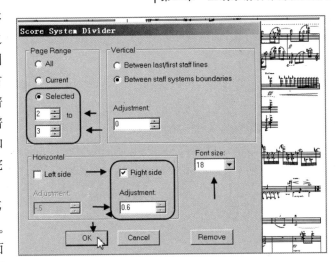

(7) 右图是为下图(乐谱的第2~3页)插入乐谱系统的分隔符。这里选择了只将分隔符添加在页面的右侧,右偏移0.6,字号18,见右图画圈和箭头所指处。

(8) 分隔符被自动地添加在上图,乐谱的第2~3页中,左侧页的系统有四行乐谱,右侧页的系统有五行乐谱,其中一行是被优化掉的只剩下该谱的一行也被添加上了分隔符。其他请对照两页乐谱和插入乐谱分隔符对话框内画圈和箭头所指处。

2.22 总谱系统分隔符的编辑与删除

(1) 单击主要工具栏的"选择"工具按钮,双击总谱上的分隔符号,会出现分隔符的控制点,见左下图画圈和箭头所指处。用鼠标移动,或者单击电脑键盘上的上、下、左、右箭头键,将乐谱系统分隔符移动到理想的位置。

(2) 双击总谱系统分隔符,用鼠标圈起该分隔符,使之成为相反颜色,见右下图画圈和箭头所指处。按住 Ctrl 和 Shift 键的同时按","和"。"键,进行分隔符字符大、小的调整。

 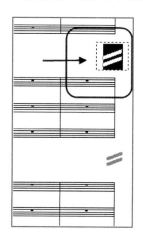

(3) 放大了的分隔符见左下图的箭头所指处。字符尺寸整体的调整是在"总谱系统分隔符"设置的对话框中进行,单个调整用的不多。

(4) 右击分隔符的控制点,会出现左图对话框,此对话框中有指定分隔属性、是否显示、是否和分谱相连以及删除选项。在此我们选择 Edit Frame Attributes(编辑属性设定)选项,见右下图画圈和箭头所指处。

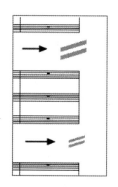 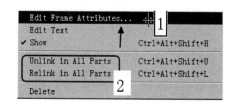

（5）Frame Attributes（属性设定）对话框，是供特殊需求者使用的。比如一个页面有多个部分的乐谱系统，一行就两部分系统的，还有特殊乐谱页等。Finale 默认的分隔符只是常规地插入在页面行的两端；左或者右，或者两端都插入三方面的选择。还有设置此对话框可以将分隔符整齐地添加到上、下、左、右几个方位，或指定的声部等，见下图画圈和箭头所指处。

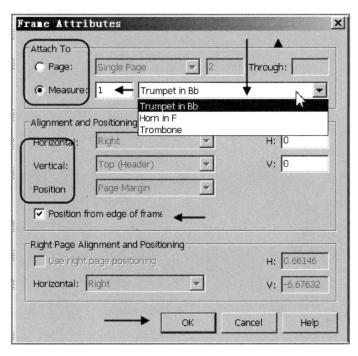

（6）总谱系统分隔符的删除：
① 右击控制点，在弹出的级联菜单中选择 Delete，见下图箭头所指处；
② 在左侧的菜单中去掉 Show 的选择；
③ 单击分隔符的控制点，按 Delete 键即可。乐谱系统分隔符的删除操作即完成。

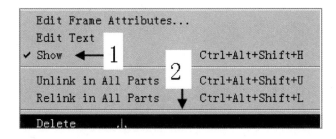

（7）缩小页面，用鼠标圈起所有乐谱系统分隔符的控制点，使其成为激活状态，按一下 Delete 键，删除所选择的分隔符，见下图箭头所指处。

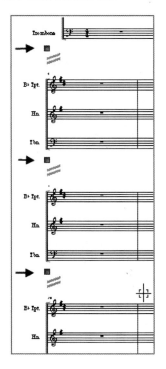

第三章

特殊乐谱

　　这里所讲的特殊,是对学习西洋古典音乐人而言的特殊,而对于当今从事流行音乐的群体来讲并不特殊。在发达国家的书店音乐书架处所见到的乐谱大部分是流行音乐、吉他弹唱的乐谱等。吉他、电贝司和架子鼓,几乎是流行音乐必不可少的乐器。本章就吉他、电贝司等使用的 TAB 谱,作简单的制作介绍。

3.1　TAB 谱

TAB(Tablature)谱是用来记录吉它和电贝斯演奏信息的一种乐谱。与普通五线谱不同的是，TAB 谱不用那些复杂细致的音乐符号和标记，而是用一些简单的 ASCII 字符与数字来标记吉他乐谱。因为网络上的吉它谱和欧美日等发达国家的诸多流行音乐、吉他谱等，使用 TAB 谱记谱、出版，而 Finale 中有这种乐谱的应用，以及用此谱的人群也较庞大等，在此笔者就用点儿笔墨稍加介绍。

TAB 谱(Tablature)多为六线谱，贝司用的是四线谱，另外还有五线和七线的 TAB 谱。上边是第一弦，其他依次向下推算，最下面的是第六弦，分别代表吉他的六根琴弦。欧美式和日本式的 TAB 谱稍有不同。TAB 记谱可告诉你：

① 该弹的哪个音在哪根弦上，弹第几品位；

② 哪里该用钩弦、击弦、推弦、滑音、泛音、揉弦以及变调夹等；

③ 大致的节奏，哪些是音长，哪些是音短。但是，TAB 谱不会告诉你确切的音符时值长短，也不会告诉你，该用哪根手指来按住品位，也不会告诉你，哪里使用分解和弦弹奏，哪里要用慢速弹奏，需要你自己来确定扫、弹之类的细节等。它只是这些简单的 ASCII 字符与数字记录的吉他、贝司等乐器的专用乐谱。

（1）打开 Finale 软件的运行窗口的第 3 个界面（第 3 页），在左侧声部组栏中单击 Tablature(TAB)，就会显示该声部组类所包含 TAB 类等的乐器，见左下图画圈和箭头所指处。

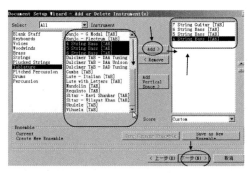

(2) 在 TAB 声部组所包含的约 30 种 Finale 的预制乐器中,选择 4、5、6、7 线的 4 种 TAB 谱后,单击 Add 按钮,将所选的乐器添加到对话框右侧的栏框中。预制谱纸的内容栏,见右上图画圈和箭头所指处。

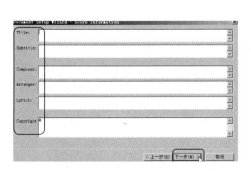
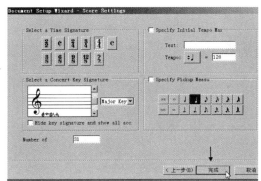

　　(3) 此时就会先后出现上两图的对话框。在这两个对话框中,按需要填入作品名、节拍、调、速度等。

　　(4) 左图就是我们上面选择的 7 线、6 线、5 线、4 线的 4 种 TAB 谱;TAB 谱只有首行有竖体书写的 TAB 字符(类似谱号),第二行以后就没有了。

　　(5) 调出模板中的 TAB 谱:选择 File→New→Document From Template(来自模板文档的新建),见下图箭头所指处。

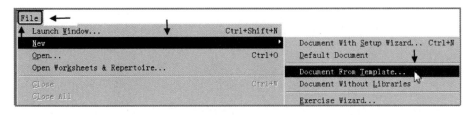

　　(6) 在 Templates(模板)文件夹中,单击 Guitar Templates 选项,见左下图。
　　(7) 在右下图的 Guitar Templates 文件夹中,有 4 个吉他模板文件。随意选择一个 TAB Plus Treble Clef(TAB 加高音谱表)文件,见下两图的箭头所指处。

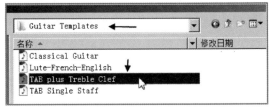

（8）下图乐谱是上面选择的 TAB Plus Treble Clef 文件。

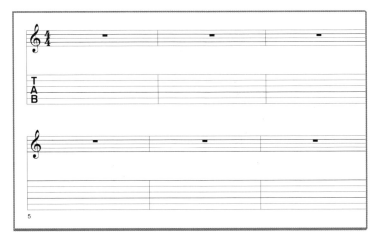

以上介绍了从两处打开和创建 TAB 谱的方法。从乐谱设置向导中可知有 30 个不同声部样式的 TAB 谱,在吉他的模板文件夹中有 4 个不同声部的吉他乐谱,在此我们就不一一打开了。

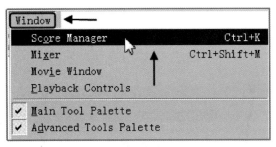

如果在音乐创作过程中突然需要增加一行 TAB 谱,或者用五线谱曲之后,此时需要插入一行 TAB 乐谱,其操作顺序：

（1）单击主要菜单栏 Window 按钮,在其下拉菜单中选择 Score Manager 或者按 Ctrl＋K 键直接打开乐谱管理的对话框,见左图画圈和箭头所指处；

（2）在 Score Manager 对话框的右下角,单击 Add Instrument（添加乐器）选项,在其下拉菜单 Tablature 的子菜单中,选择所需的乐器后双击,在这里我们选择 4 弦的贝司,见下图箭头所指处；

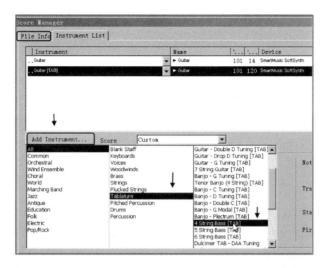

(3) 选择的 4 弦贝司被加入到乐谱的排列中，见下图箭头所指处；

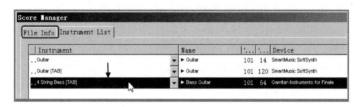

(4) 下图的下行谱，是刚插入的 4 弦贝司用的 TAB 谱。插入后的乐器（谱）被排列到下排了，其排列也可以上下自由摆放，其操作请见第二章所讲的内容。

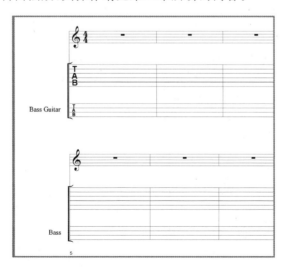

3.2 日式连横 TAB 谱的编制

欧美的 TAB 谱一般不用符尾和音符的横符尾等。日式的 TAB 谱大多带有音符的横符尾和符尾，这对习惯使用传统五线谱和传统音乐理论记谱的演奏人员来讲，方便并严谨。Finale 也给日式 TAB 谱的制成和操作提供了方便（也显示了 Finale 的软件技术和日式的 TAB 谱被众多人的认同等）。左下图是欧美 TAB 谱，右下图是日式 TAB 谱。

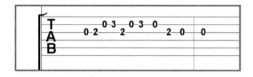
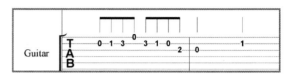

（1）单击主要工具栏中的"五线谱"工具按钮，双击五线内或者右击该行五线声部的控制点，然后会出现下图本行五线 Staff Attributes（五线声部属性）的对话框，见右图箭头所指处；

（2）在下图 Staff Attributes 对话框中，将 Stems（符尾）选项打上对勾，单击 Stems Settings（符尾设定）按钮，见下图画圈、数字和箭头所指处；

(3) 在下图 Staff Stems Settings(五线符尾设定)的对话框中：

① 选择默认值的符尾朝向；

② 在 Units 处选择 Spaces；

③ 在 Use Vertical offset for notehead end of stems 选项前打上"√"，选择从符头开始的位置的文本框内填入"1"和"－1"；

④ 将连横与符头的接续以及从五线开始的位置的栏框去掉"√"。设置完毕单击 OK 按钮。见下图画圈、数字和箭头所指处。

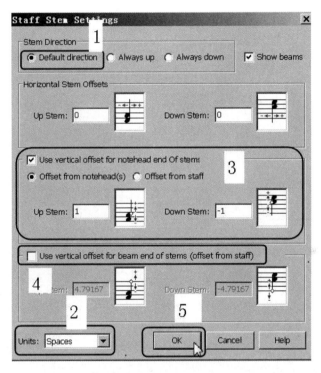

(4) 下图是添加横符尾(日式)的 TAB 谱。通过调整符尾与数字符头的连接，与下图的符尾与数字符头的接续对照一下，便可分清楚，下图我们只添加和调整了符尾。如果需要，在"五线声部属性"对话框的"显示"选项栏中还可以选中让其显示附点、连线、休止符和未输入谱的空白等。

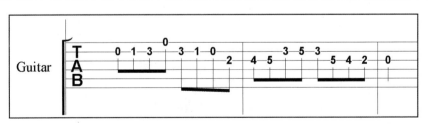

3.3　TAB谱和五线谱间距一致的调整

　　TAB谱的线间距,为了使记谱的数字之间不重叠、易读,通常要比普通五线谱的行间距多出1.5倍左右,见下图。有些出版社为了美观,常把TAB谱和普通五线谱行的间距调制成一致的。在此,特介绍调整TAB谱行距的操作。

　　(1) 单击主要工具栏"五线"工具的图标按钮,在窗口的下拉菜单中选择Score Manager选项,见下图画圈和箭头所指处。

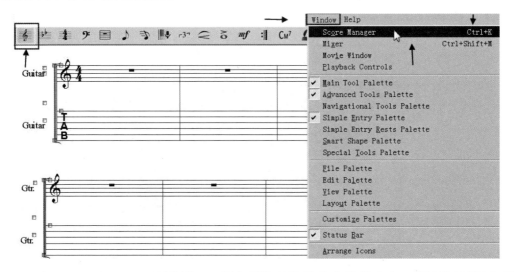

　　(2) 在Score Manager对话框的Staff选项的下拉菜单中选择Other,见下图画圈和箭头所指处。

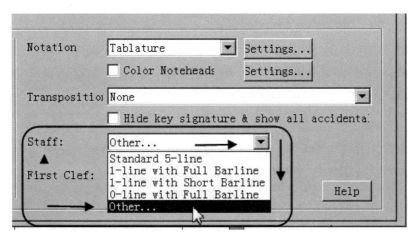

(3) 在左下图 Staff Setup(启动五线谱)对话框中：
① 选择单位；
② 线的距离调到数字 1；
③ 单击 OK 按钮完成操作。
(4) 使 TAB 谱线间距宽度与五线谱谱线宽度一致后的乐谱，见右下图。

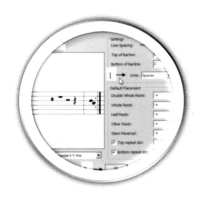
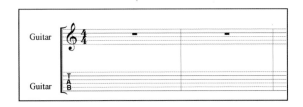

3.4 让 TAB 谱表的整个声部显示

Finale 软件的默认值，TAB 谱的谱号只显示在该声部的首行上(乐谱开始的头部)，第二行以后不显示谱号。这对于习惯使用五线谱的人来讲有点儿不太习惯，全球出版 TAB 谱的出版社也有所不同，有的是每行的头部都显示 TAB 谱的谱号。请见 TAB 谱号的相关操作：

(1) Finale 软件的默认值，TAB 谱的谱号只显示在该声部的首行，第二行以后一般不显示谱号，见左图画圈和箭头所指处；

(2) 在主要菜单栏"窗口"按钮的下拉菜单中选择"总谱管理"选项，在下图"总谱管理"对话框的右下角 Notation(记谱)的下拉菜单中选择 Tablature，见下图画圈和箭头所指处；

Finale 实用宝典

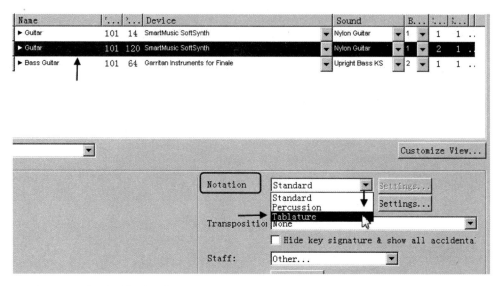

（3）在左下图的对话框中，将 Show clef only on first measure（只在最初小节显示谱表）选项中的对钩去掉，单击 OK 完成此项，见画圈和箭头所指处。然后右下图乐谱第二行及以后的 TAB 谱号就全部显示了。

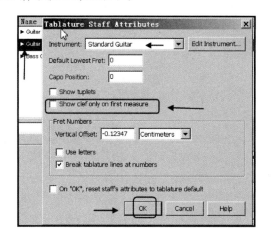
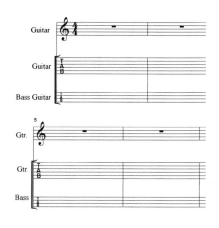

3.5　TAB 谱的简单输入

输入 TAB 谱最简单的办法,就是在要输入的 TAB 谱上方或下方增加一行或几行五线谱。先把需要的音乐输入到五线谱上,然后从五线谱复制到 TAB 谱上即可。例如:

(1) 把将要输入的音乐内容(乐谱、音符)输入到五线谱中,例如歌曲、伴奏、高音或低音等。

(2) 打开"总谱管理"的对话框,在对话框的左下方单击添加声部,选择增加一行或几行 TAB 吉他谱,见下图。单击"选择"按钮,将所需要的乐谱选中,然后拖动到 TAB 谱中即复制完成,见下图数字与箭头所指处。

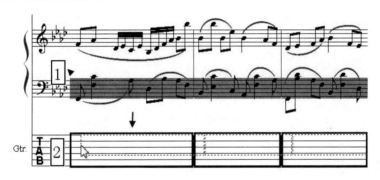

(3) 随后在出现的 Lowest Fret(所用品格的下限)对话框中,选择软件默认的 Specify lowest iiet(指定用品格下限),用默认的 0 即可,见左下图画圈和箭头所指处。

(4) 所输入的乐谱内容,被复制到 TAB 谱中,见右下图下行谱中的内容。Finale 软件默认的 TAB 谱是没有符尾的,如果需要符尾,要在声部属性中选择显示符尾等选项。

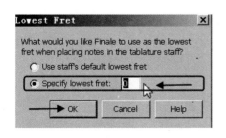

3.6 用简易输入法制作 TAB 谱

用 Finale 中的简易音符输入法输入 TAB 谱。简易音符输入法，在最初的 Finale 版本中主要是以电脑自带键盘为主的音符输入。2009 版以后的 Finale 软件在简易输入法中参入了也 MIDI 键盘，大大加强了原简易输入功能。

（1）单击主要工具栏中的"简易输入"图标（一个 8 分音符），在 Simple Fntry Palette（简易输入面板）中选择所需要的音符时值，如果此面板没有显示，可以在 Window 的下拉菜单中找到。简易输入面板有两个，分别是音符和休止符面板，见左下图箭头所指处。

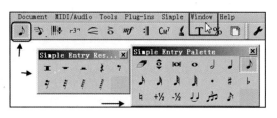 

（2）在 Simple Fntry Palette 中选择一个 8 分音符的时值，在将要输入的 TAB 谱上就会出现待输入的光标，见下图的乐谱。

（3）按电脑键盘上横排的数字 1～6，在 TAB 谱上从第 1～6 线上移动输入光标。同样的操作，按键盘的上下箭头键，也会移动光标去 TAB 谱各条线上的位置，按右侧小键盘的数字是确定各品格的数码，输入则按回车键。换时值需要在 Simple Fntry Palette 中单击选择所需的时值，输入第一个音符要在乐谱上单击，见上图。

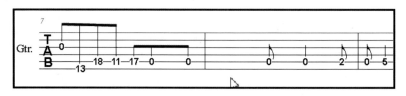

（4）输入数字 11～18 的品格号，按住 Ctrl 键的同时输入数字键。输入休止符:按住 Shift 键的同时按回车键。

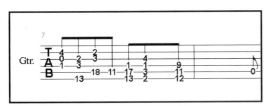

（5）和弦的输入：先在简易输入音符面板中选择相对应的音符时值后，在相应的谱线上单击即可。品格的数字及其更改按键盘右侧的小键盘的数字，见左图。

（6）如果使用的键盘没有右侧的小键盘栏，可按字母 A～I、K～Q 键和数字 0～15 等代替。

3.7　用快速输入法制作 TAB 谱

用快速输入法制 TAB 谱，Finale 有两种常用的输入法，一是简易音符输入，二是快速音符输入。2007 版以前的 Finale 软件，快速输入法主要是以 MIDI 键盘为主的音符输入，2014 版改变并提升了输入法。两种输入法都可以输入得很快而且各个输入法有各自的优点，只是还延续过去的叫法而已。

（1）单击主要工具栏"快速输入"工具的图标按钮（斜音符），轻触该图标会出现 Speedy Entry Tool（快速输入工具），见右图箭头所指处。

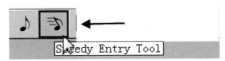

（2）选择了快速输入工具后，主要工具栏会出现快速输入的选项按钮"Speedy"，在 Speedy 的下拉菜单中检查是否选择了 Edit TAB As Standard Notation（用五线谱编辑 TAB 谱），见左下图箭头所指处。如果选择了此项，在 MIDI 键盘输入音符时 TAB 谱上就会显示所输入的音符。

（3）当快速输入方框和指针转到下一小节时，显示音符的符头就变成吉他品格的数字符头，见右下图箭头所指处。

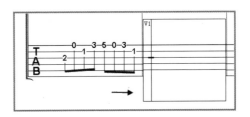

3.8 TAB 谱的编辑与修正

（1）单击主要工具栏中的"简易输入"工具按钮；
（2）按住 Ctrl 键的同时单击 TAB 谱上的数字（符头），使其成为粉色；
（3）然后按所需要的数字键改变 TAB 谱品格数；
（4）按"↑""↓"键进行线位数的修正；
（5）多音符或者大范围的修正：
① 单击主要工具栏的选择工具；
② 选中原来的 TAB 谱上的音符，按 Backspace 键，删掉原来的数字标记；
③ 将上方谱的音符选中使其成为相反颜色，拖动它至下行 TAB 谱中进行复制，见下图箭头所指处。

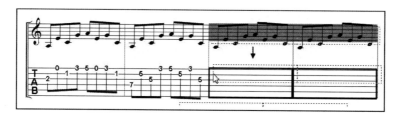

（6）此时会自动出现左下图 Lowest Fret（品格变更使用下限）的对话框，在对话框 Specify lowest fret（指定品格使用的下限）中暂填 2，两小节或者更多小节的品格数字（音符）就会以最低第 2 品格为限自动地整齐一致了，见右下图的乐谱。

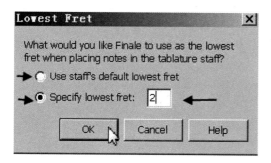

3.9 和弦品格号符的左右移动

因为 TAB 谱的符头是用数字标记的,在柱式和弦中,一串立体数字不易辨认,以及弹奏时它也不完全需要同时发音,将和弦品格数字左右移动一点儿会方便读谱及易辨认些。

(1) 以左下图为例,把已输入的和弦的符头放大一点儿,便于操作;
(2) 单击高级工具栏中的第一项"特殊工具"见右下图箭头所指处;

(3) 在高级工具"特殊工具"的内容栏中选择第 2 项"符头移动工具",见左下图箭头所指处;
(4) 当选择了符头移动工具后,该小节的每个符头上就会出现移动它的控制点,见右下图箭头所指处;

 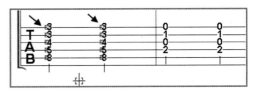

 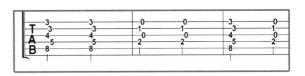

(5) 用鼠标选中要移动符头的控制点,使其成为粉色,按左、右箭头键将其调整到合适的位置,也可以直接拖动符头的控制点左右调整,也可以同时选中几个符头按左右箭头键将其调整到合适的位置,按 Shift 键单击可以同时选择多个符头,见上两图。

3.10 给品格号符头加圈

只用品格数字符头无法辨认该数字音符节拍的长度，有符尾的还好辨认，无符尾的则加上圈，会容易辨认些。尤其是日式 TAB 谱，二分音符以上时值的数字符头加符头圈是正常的，而且日版的 Finale 中安装了这类图形的字体。在主要工具栏"文件"按钮的下拉菜单中，打开 Libraries(文库)可以找到和选择安装该图形字体。下面介绍一下非日版的 Finale 软件，为 TAB 谱中二分音符加符头圈的操作：

(1) 单击主要工具栏"演奏记号"工具的图标按钮，见左下图箭头所指处；

(2) 单击要添加画圈的音符（品格数字符头），见左下图乐谱；

(3) 在随后出现的 Articulation Selection(演奏记号选择)对话框中，单击左下方的 Create 按钮，见右下图画圈和箭头所指处；

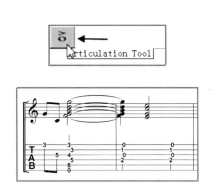
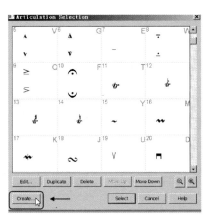

(4) 在随之出现的 ArticulationDesigner(演奏记号设计)对话框中，选择 Shape(图形)，并单击 Main(主要图形)按钮，见左下图画圈、数字和箭头所指处；

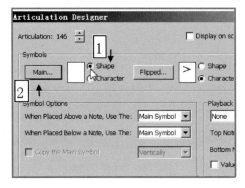
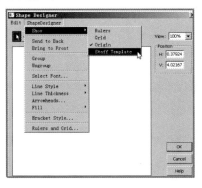

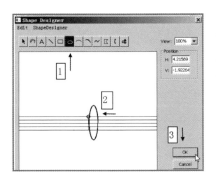

(5) 在 Shape Designer（形状设计）对话框中，为了把符头圈制作的稍微准确合适些，在该对话框中先选择显示以五线为基准，显示五线的操作见右上图箭头所指处；

(6) ① 选择绘制圆圈图形的工具；

② 绘制所需要的圆圈图形；

③ 单击 OK 按钮完成。

见左图箭头所指处。

(7) 单击数字音符或者符头，所制作的圆圈就会加载到音符上，见右图；

(8) 右击乐谱音符上所添圆圈的控制点，在出现的菜单中单击 Edit Articulation Designer（编辑图形设计）选项，见左下图箭头所指处；

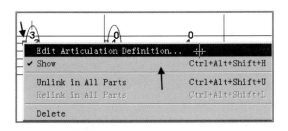

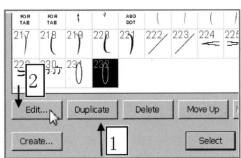

(9) 在出现的对话框中，选中上一步所制作的圆圈，单击 Duplicate（复制）按钮，复制一个刚才制成的圆圈图形，再单击 Edit（编辑）按钮，见右上图画圈、数字和箭头所指处。

(10) 在左下图 Edit Shape Designer（图形编辑设计）文本框中，先单击选择键按钮，再单击所制作的图形，该图形周围会出现编辑调整的控制点，按所需图形的大小进行调整即可，见左下图画圈、数字和箭头所指处。

(11) 单击右下图第 3 个音符，编辑后的圆圈就会自动地套在该音符上。上一步编辑调整后的圆圈比第 4 个音符的圆圈稍大了些，因为符头也比第四个符头多；因为两个音符的圆圈的大小不同，所以它们必须要制作两个。

虽然这节制作的是添加音符符头圆圈，但类似图形和特殊演奏记号等的制作也可以借鉴。此类圆圈的制作，也可以在"mf"编辑设计器（对话框）中制作。

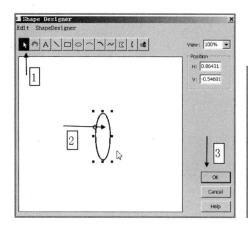
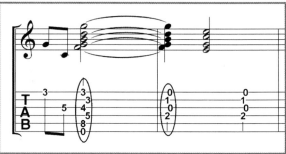

3.11　TAB 谱其他符头的制作

TAB 谱主要是吉他类乐器使用，有些特殊符头的标记，使演奏该类乐器的演奏者使用起来更方便，而且 TAB 就是为吉他类乐器演奏者设计的专用谱。

（1）TAB 谱节奏类符头制作 1：

① 在 TAB 谱上输入所需要的数字符头（包括节奏型等），还可以再把五线谱上输入的乐谱复制到 TAB 谱上。

② 单击主要工具栏"五线"工具的图标按钮，见下图中的数字 1。

③ 选中 TAB 谱中要改变符头的区域，使其成为相反的颜色，见下图中的数字 2。

④ 在选中的五线中右击，在出现的菜单中选择 Rhythmic Notation（标记节奏），见下图的数字 3。

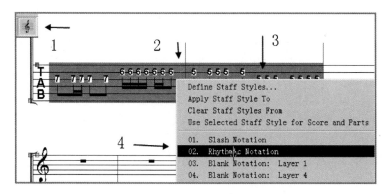

开始输入或者复制到 TAB 谱中的不同音高的数字或音符,都会变成统一高度的节奏符头记号,见下图。

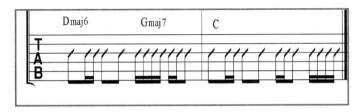

⑤ 原来不同音高的符头,经过 Rhythmic Notation(标记节奏)的处理,变成相同统一高度的符头了。再根据需要标记上和声标记,演奏者就会根据和声标记演奏该节奏的和弦音程等,见上图。

TAB 谱的符头制作,就是变换符头的制作,不论是 TAB 谱还是一般普通五线谱,音符符头的变更大体相同。2014 版 Finale 中有三项操作可以更换符头,本节 TAB 谱其他符头的制作,基本包含了三处可换符头的操作。

(2) TAB 谱节奏类符头制作 2:

① 单击主要工具栏"选择"工具的图标按钮;

② 用鼠标圈起要更改符头的范围,使其成为相反颜色,见右图数字和箭头所指处;

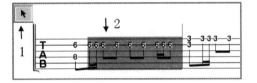

③ 单击主要菜单栏 Utilities(实用设置)选项,在其下拉菜单 Change(调换或译为变更)的子菜单中,选择 Noteheads(符头),见下图画圈、数字和箭头所指处;

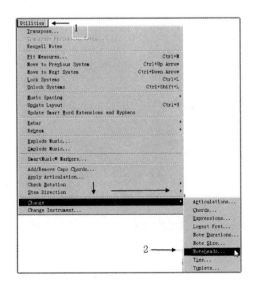

④ 在 Change Noteheads(符头调换)对话框中,选中 Selected notehead(符头选择),然后单击 Selected(选择)按钮,见左下图箭头所指处;

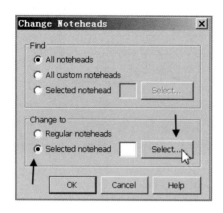
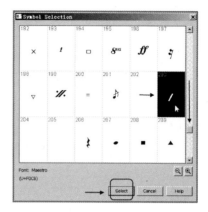

⑤ 在 Symbol Selection(经典符号)栏中,选择 203 号图形,然后单击 Select 按钮,见右上图箭头所指处;

⑥ 左图乐谱中,被选中的数字符头,就会成为斜线式节奏符头,见左图乐谱中的符头。

(3) TAB 谱节奏类符头的制作 3:

① 单击主要工具栏"选择"工具的图标按钮,见右图箭头所指处;

② 用鼠标圈起要更换符头的区域,使其成为相反颜色;

③ 选择 Plug-ins→Note,Beam, and Rest Editing→Change Noteheads,见下图数字和箭头所指处;

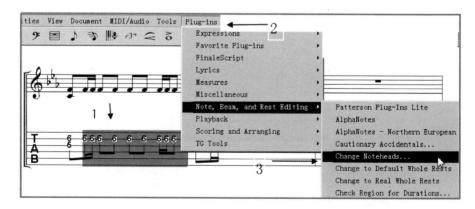

④ 在 Change Noteheads 的对话框中,选择所需要的符头,见下图箭头和英文的各选项内容。有 X 符头、斜竖杠节奏符头、四分音符、二分音符和打开预制的各种符头等。在这里我们选择首项,斜竖杠节奏符头与 X（斜叉）符头,见下图箭头所指处。

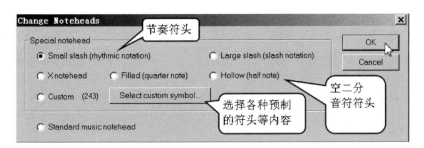

⑤ 右图下行 TAB 谱的两种符头,基本会在 TAB 谱上显示原符头的记谱高度,与其他符头的更换稍有不同,看谱演奏时会同样依照前面演奏双音。乐谱输入时只需要输入单音即可,见它上面的五线谱。

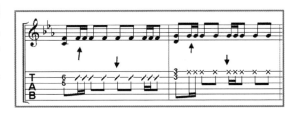

（4）符头与符杆连接的位置微调：

经过以上操作所更换的符头往往与符杆之间的接续不够美观（见下图）,在乐谱出版时需要进行调整。

① 单击高级工具栏 Advanced Tools（高级工具栏）,见左下图箭头所指处；

② 在高级工具栏的工具托盘中选择第二项符头移动工具,见右上图箭头所指处；

③ 用鼠标单击要调整符头的小节,然后该小节的符头会出现可操作的控制点,用鼠标圈

上要移动符头的控制点使其成为相反颜色,按左、右箭头键进行调整,也可以直接拖动符头移动的控制点移动它,见上图乐谱的第三小节。

（5）制作无符头的 TAB 谱：

① 单击主要工具栏"选择"工具的图标按钮；

② 用鼠标圈起要更换符头的区域,使其成为相反颜色；

③ 单击主要菜单栏 Plug-ins→Note Beam, and Rest Editing→ChangeNoteheads 选项；

④ 在更换符头对话框中选择 Custom（固存）,见左下图箭头所指处。单击 Select custom symbol（固存符选择）按钮,会有 Symbol Selection（固存符选择栏）对话框,见右下图箭头所指处；

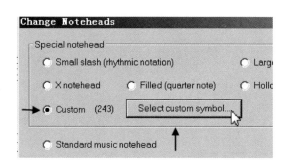
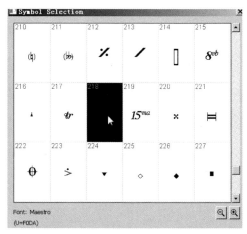

⑤ 在 Symbol Selection 对话框中,选择一处空白符（在此选择标号 218）,单击 OK 按钮完成选择。乐谱的符头就会成为没有符头的无符头音符,见下图。

3.12　TAB 谱的泛音记号

（1）单击主要工具栏 mf（表情记号）工具的图标按钮。

(2) 在制作泛音记号的小节处双击,出现 Expression Selection(选择表情记号)对话框,在该对话框选择 Miscellaneous(杂项)选项,见左下图箭头所指处。

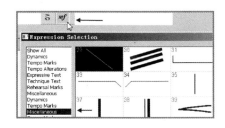 

(3) 在 Expression Selection(选择表情记号)对话框中单击 Crete Miscellaneous(创建各类图形)按钮,见右上图箭头所指处。

(4) 在 ExpressionDesigner(表情记号设计器)对话框中,单击确定按钮,见左下图。

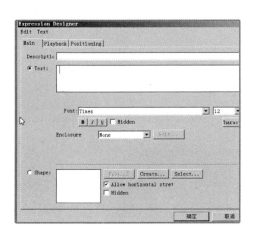 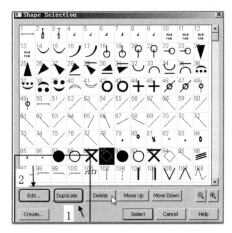

(5) 在 Shape Selection(图形设计器选择)对话框中,选择第 90 号(菱形)图形后,单击 Duplicate(复制)按钮复制一个该图形。单击 Edit 按钮,编辑上一步被复制的这个图形,见右上图画圈、数字和箭头所指处。

(6) 在 Shape Designer(图形设计器)对话框中,先单击"选择"按钮,在右侧显示栏中调整该显示比例为 800%;在 Shape Designer 选项的下拉菜单 Fill(填充)的子菜单中,选择 None(不填充),见左下图画圈、数字和箭头所指处。

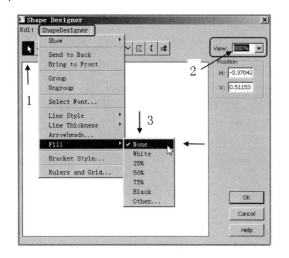 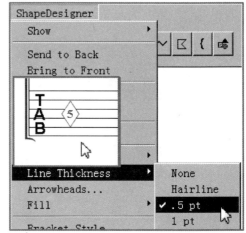

（7）在 Shape Designer（图形设计器）选项的下拉菜单的 Line Thickness（线的粗度）选项中，选择.5pt，见右上图箭头所指处。

（8）把 ExpressionDesigner（表情记号设计器）对话框中的 Allow horizontal strel（根据小节幅宽伸缩）前面的"√"去掉，单击"确定"键，见右图画圈和箭头所指处。

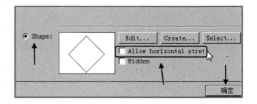

（9）双击所制图形的控制点，出现一圈粉色、可调大小的控制点，见左下图。

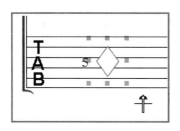 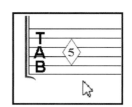

（10）用鼠标托住该图形的控制点，将所制的菱形泛音圈调整到合适的尺寸，再托住它的控制点将它套在数字音符头上即可，见右上图箭头所指处。

（11）如果此泛音标记需要经常使用，为了节省每次调整它的时间，可以将它的摆放位置设定下来。

（12）右击所制图形的控制点，在弹出的级联菜单中选择 Edit Shape Expression Definition（编辑定义图形）选项，见下图箭头所指处。

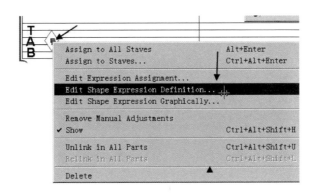

(13) 在 Expression Designer（表情记号设计器）对话框中，选择 Positioning（配置）选项，在配置选项的对话框中选择：

① 选择合适的位置：中心；

② 水平位置基点：整个符头的中心；

③ 垂直位置的基点：音符上；

④ 从音符开始距离：－0.5S。

见下图数字和箭头所指处。

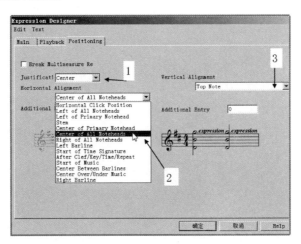

通过以上对 TAB 谱泛音符号的制作，也讲解了用 mf（表情记号）工具，制作图形标记、记号等的操作。

第四章

打击乐谱

这里讲的打击乐谱，多指管弦乐乐谱中打击乐声部等用谱。时代发展、国际交往频繁和信息传递变简便等，作曲家发现了不少过去未见过的、教科书中没有的诸多打击乐器以及它们丰富的表现力。一部当代管弦乐作品中有时要用上十几种甚至几十种打击乐器。为了减少打击乐声部在乐谱中声部的行数、篇幅以及在出分谱时确保准确无误，作曲家和众多音乐工作者都需要学习、掌握相关技能。西洋古典管弦乐所使用的乐器以及打击乐器的名称，过去全球统一用意大利文。Finale 软件搜集了全球大量的打击乐器，有些打击乐名称直接使用了原产国使用的名称（非意大利文）标记或音译名称，给国内的音乐者带来很大的不便，为此笔者翻译成了中文，希望给广大音乐者提供方便。与此同时，介绍组鼓（Drum Set.）声部的选用、巧用、活用以及对它的编辑等。

4.1 Finale 中打击乐器的分类

Finale 在乐谱制作向导中把打击乐器分成了三个部分（见下图）：
(1) Pitched Percussion(有音高的打击乐)组；
(2) Drums(鼓)组；
(3) 打击乐(杂项类)组。
每一组都包含了全球诸多打击乐器及其名称。这三组打击乐器几乎囊括了世界上所有的打击乐器。

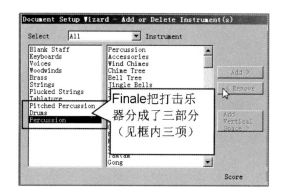

4.2 Pitched Percussion 部分所包含乐器

(1) Finale 乐谱设置向导中的 Pitched Percussion 组中包含的乐器名称。
① 在乐谱设置向导第二页 Document Setup Wizard-Add or Delete(启动窗口-添加与删除乐器)对话框中选择 Pitched Percussion(有音高打击乐)，此时就会出现该打击乐组所包含的乐器，见下图画圈和箭头所指处。

第四章 打击乐谱

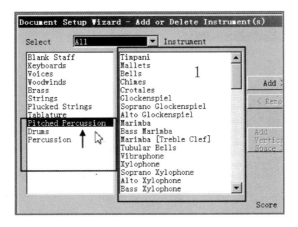

② 由于 Pitched Percussion 包含的打击乐器比较多，故截图展示是种类，见上下标 1～5 的 5 幅图片。

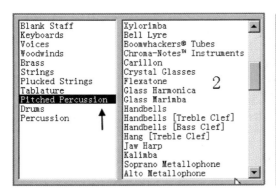

③ Pitched Percussion 组包含的第一栏的乐器，单击 Add 按钮添加到将要制作总谱的页面中，见下图画圈和箭头所指处。

④ 总谱上将出现该打击乐器所使用的乐谱、谱表。这里有一行谱、大谱表、高音谱表和低

105

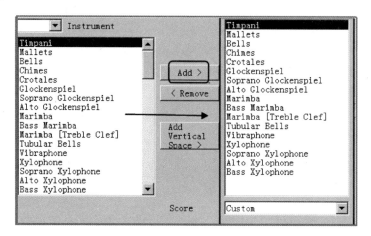

音谱表,下图右侧显示的是该声部名称的缩写。如果按着 Finale 原乐器名称选择乐器将会播放该乐器的音响与音色,而且根据版本的不断升级,所播放的乐器种类越来越全、音色越来越好等。

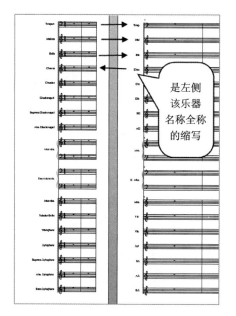

⑤以上 Pitched Percussion 组,软件的第一个画面显示乐器名称的谱表和使用的乐谱等。因为上图有其列表,在此就不将其他乐器的乐谱画面一一地展开了。

(2) Pitched Percussion 组,包含的整个乐器名称的中英文对照见下表。"笔记"栏是为读者标注而留。

Pitched Percussion(有音高打击乐)78 项

序	英　文	中　文	笔　记
1	Timpani	定音鼓	
2	Mallets	三角木琴、泛指键盘打击乐器	
3	Bells	钢片琴	
4	Chimes	管钟	
5	Crotales	古镲;古钹	
6	Glockenspiel	钢片琴	
7	Soprano Glockenspiel	高音钢片琴	
8	Alto Glockenspiel	中音钢片琴	
9	Marimba	马林巴	
10	Bass Marimba	低音马林巴	
11	Marimba〔Treble Clef〕	马林巴(高音谱号)	
12	Tubular Bells	管钟	
13	Vibraphone	颤音琴	
14	Xylophone	木琴	
15	Soprano Xylophone	高音木琴	
16	Alto Xylophone	中音木琴	
17	Bass Xylophone	低音木琴	
18	Xylorimba	马林巴木琴	
19	Bell Lyre	里拉型种琴	
20	Boomwhackers Tubes	律音管	
21	Chroma－Notes Instruments	半音阶乐器	
22	Carillon	钢片琴	
23	Crystal Glasses	玻璃风铃	
24	Flexatone	滑音板	
25	Glass Harmonica	玻璃琴	
26	Glass Marimba	玻璃马林巴	
27	Handbells	手铃	
28	Handbells〔Treble Clef〕	手铃(高音谱号)	
29	Handbells〔Bass Clef〕	手铃(低音谱号)	
30	Hang〔Treble Clef〕	体鸣、飞碟鼓	

续表

序	英　文	中　文	笔　记
31	Jaw Harp	口拨琴	
32	Kalimba	卡林巴、拇指琴	
33	Soprano Metallophone	高音金属琴	
34	Alto Metallophone	中音金属琴	
35	Bass Metallophone	低音金属琴	
36	Musical Saw	乐锯	
37	Slide Whistle	滑音哨	
38	Steel Drums [Treble Clef]	钢鼓（高音谱号）	
39	Steel Drums [Bass Clef]	钢鼓（低音谱号）	
40	Bonang (Gamelan)	锣、奶头锣、铓锣（佳美兰）	
41	Gangsa (Gamelan)	甘瑟琴，一种金属琴（佳美兰）	
42	Gendér (Gamelan)	真德金属琴（佳美兰）	
43	Giying (Gamelan)	甘瑟琴（金属琴）类（佳美兰）	
44	Kantil (Gamelan)	甘瑟琴类，最高音（佳美兰）	
45	Pelog Panerus (Gamelan)	七声音阶帕尼鲁琴（佳美兰）	
46	Pemade (Gamelan)	甘瑟琴（金属琴）类（佳美兰）	
47	Penyacah (Gamelan)	甘瑟琴（金属琴）类（佳美兰）	
48	Saron Barung (Gamelan)	沙龙巴朗琴，中音（佳美兰）	
49	Saron Demong (Gamelan)	沙龙笛梦琴，低音（佳美兰）	
50	Saron Panerus (Gamelan)	沙龙帕尼鲁琴，高音（佳美兰）	
51	Slendro Panerus (Gamelan)	五声音阶帕尼鲁琴（佳美兰）	
52	Slenthems (Gamelan)	真德金属琴类（佳美兰）	
53	Almglocken	阿尔卑斯牛铃；定音牛铃	
54	Angklung	摇竹	
55	Array mbira	美国大型拇指琴	
56	Balafon	巴拉风；西非木琴	
57	Balaphon	巴拉风	
58	Bianqing	编磬	
59	Bianzhong	编钟	
60	Fangxiang	方响（古汉族打击乐器）	
61	Gandingan A Kayo	菲律宾木琴类	

续表

序	英　文	中　文	笔　记
62	Gyil	一种西非木琴	
63	Kubing	菲律宾竹制口簧琴	
64	Kulintang	库林当（东南亚锣类打击乐）	
65	Kulintang A Kayo	菲律宾木琴类	
66	Kulintang A Tiniok	菲律宾金属片琴	
67	Lamellaphone	拨片琴；舌片琴	
68	Likembe	一种东非、中部和西南部非洲的拇指琴	
69	Luntang	菲律宾木琴类	
70	Mbira	拇指琴	
71	Murchang	印度口簧马琴	
72	Ranat Ek Lek	泰国木琴（小）	
73	Ranat Thum Lek	泰国木琴（大）	
74	Sanza	拇指琴；卡林巴等的一种统称	
75	Taiko Drums	太鼓	
76	Temple Bells	教堂大钟	
77	Tibetan Bells	西藏铃、钟	
78	Tibetan Singing Bowls	西藏唱碗	

4.3　Finale 中的鼓和组鼓

（1）在乐谱设置向导 Document Setup Wizard-Add or Delete（启动窗口-添加与删除乐器）对话框中，单击 Drums 组，此时就会出现该 Drums 组包含的乐器名称，见右图。

（2）该 Drums 组的各个乐器名称见标 1～6 的 6 幅图片。

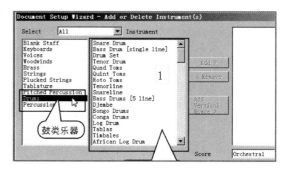

| Finale 实用宝典

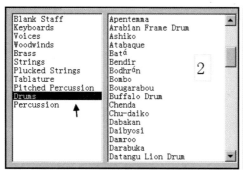 

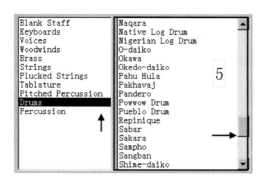

（3）把 Drums 组第一画面内显示的乐器名称，添加到将要制作的谱纸中，见下图画圈和箭头所指处；

（4）下页乐谱是 Drums 组添加在谱纸中的乐器名称的默认用谱，虽然有些无具体音高的乐器，但是也使用五线记谱，该乐谱右侧五线谱的左头部显示的名称是该乐器的缩写名称。乐器名称有用五线记谱的多为套鼓，或者是有大小之分的同类乐器、单独一件无具体音高的打击乐器一般用一线谱记谱。

第四章　打击乐谱

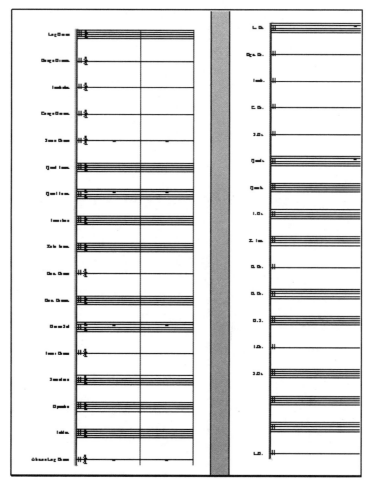

111

(5) Drums 组包含的整个乐器名称的中英文对照见下表。表格中的"笔记"栏是为读者标注而留。

Drum(鼓类)组(103 项)

序	英 文	中 文	笔 记
1	Snare Drum	小军鼓	
2	Bass Drum [single line]	大鼓;低音鼓(单线)	
3	Drum Set	架子鼓;套鼓;组鼓;爵士鼓	
4	Tenor Drum	中音鼓	
5	Quad Toms	四组筒鼓	
6	Quint Toms	五组筒鼓	
7	Roto Toms	轮鼓	
8	Tenorline	中音鼓队	
9	Snareline	军鼓队	
10	Bass Drums [5 line]	大鼓;低音鼓(五线)	
11	Djembe	金贝鼓	
12	Bongo Drums	康佳鼓(用手指敲的小鼓,夹在两腿间)	
13	Conga Drums	康佳鼓(橄榄型)	
14	Log Drum	木桩鼓	
15	Tablas	塔布拉双鼓	
16	Timbales	【法】定音鼓,或拉丁美洲或古巴音乐的天巴力斯鼓	
17	African Log Drum	非洲木桩鼓	
18	Apentemma	一种非洲单面皮圆体木鼓	
19	Arabian Frame Drum	阿拉伯框鼓;手鼓	
20	Ashiko	阿希可鼓	
21	Atabaque	巴西一种鼓,单面皮	
22	Batá	巴塔鼓	
23	Bendir	北非一种框鼓	
24	Bodhrán	爱尔兰窄框手鼓	
25	Bombo	班波(西班牙大鼓)	
26	Bougarabou	布加拉不鼓	
27	Buffalo Drum	水牛皮鼓	

续表

序	英 文	中 文	笔 记
28	Chenda	印度一种圆柱形鼓	
29	Chu-daiko	日本中型太鼓	
30	Dabakan	菲律宾一种单面皮鼓	
31	Daibyosi	日本一种太鼓	
32	Damroo	印度教与西藏佛教用的小型双面皮鼓	
33	Darabuka	达布卡（酒杯状手鼓）	
34	Datangu Lion Drum	中国一种大鼓,用于舞狮与武术	
35	Dhol	美洲双面皮,圆柱形鼓南亚大尺寸圆锥形鼓 一种印度鼓,双面皮、长桶状	
36	Dholak	南亚双面皮手鼓	
37	Dollu	印度一种羊皮鼓	
38	Dondo	西非沙漏形对话鼓	
39	Doun Doun Ba	也称 Dundunba,非洲一种双面鼓,与 Sangban、Kenkeni 组合为一套,用于打击重奏。Dundunba 属大型、低音鼓	
40	Duff	南欧、北非、亚洲、中东一种单面皮手鼓	
41	Dumbek	土耳其酒杯状鼓	
42	Ewe Drum Kagan	埃维人（西非）鼓重奏中音高最高,体积小的鼓	
43	Ewe Drum Kpanlogo 1 Large	埃维人（西非）鼓重奏中的大鼓	
44	Ewe Drum Kpanlogo 2 Medium	埃维人（西非）鼓重奏中的中鼓	
45	Ewe Drum Kpanlogo 3 Combo	埃维人（西非）鼓重奏中的组合鼓	
46	Ewe Drum Sogo	埃维人（西非）鼓重奏中领头鼓之一	
47	Fontomfrom	加纳一种对话鼓	
48	Geduk	马来西亚民间音乐使用的一种双面鼓	
49	Hand Drum	手鼓	
50	Hira-daiko	日本平太鼓	
51	Igihumurizo	卢旺达（非洲）一种鼓,属于 Ingoma 鼓类,参照 Ingoma	
52	Ingoma	非洲一种牛皮或斑马皮鼓,通常以 7 个一组形式呈现	
53	Inyahura	卢旺达（非洲）一种鼓,属于 Ingoma 鼓类,参照 Ingoma	
54	Janggu	韩国传统音乐用的一种沙漏形鼓	
55	Kakko	日本鞨鼓	

续表

序	英文	中文	笔记
56	Kanjira	南印度框鼓	
57	Kendang (Gamelan)	东南亚双面皮鼓(佳美兰)	
58	Kenkeni	非洲一种双面鼓,与 Sangban,Dundunba 组合为一套,用于打击重奏;Kenkeni 属小型、高音鼓	
59	Khol	印度锥形鼓	
60	Ko-daiko	日本小太鼓	
61	Kudum	土耳其一钟铜鼓(一对),半球形	
62	Lambeg Drum	爱尔兰大鼓	
63	Madal	尼泊尔一种圆柱形手鼓	
64	Maddale	印度一种双面羊皮鼓	
65	Morocco Drum	摩洛哥鼓	
66	Mridangam	一种印度鼓,长桶形,双面皮	
67	Naal	Dholak 的一种变体,参照 Dholak	
68	Nagado-daiko	日本酒木桶形的太鼓	
69	Nagara	中东定音鼓	
70	Naqara	纳格拉,阿拉伯小型定音鼓	
71	Native Log Drum	民族木桩鼓	
72	Nigerian Log Drum	尼日利亚木桩鼓	
73	O-daiko	日本大太鼓	
74	Okawa	日本大型沙漏形太鼓	
75	Okedo-daiko	日本一种太鼓	
76	Pahu Hula	夏威夷一种鲨鱼皮鼓	
77	Pakhavaj	印度桶形双面皮鼓	
78	Pandero	铃鼓	
79	Powwow Drum	北美原住民舞蹈用的鼓	
80	Pueblo Drum	美洲原住民生皮鼓	
81	Repinique	一种金属嗵嗵鼓,用于巴西桑巴音乐	
82	Sabar	塞内加尔(西非)一种传统鼓	
83	Sakara	尼日利亚一种陶土制的鼓	
84	Sampho	柬埔寨一种小型双面桶形鼓	

续表

序	英 文	中 文	笔 记
85	Sangban	非洲一种双面鼓,与 Dundunba,Kenkeni 组合为一套,用于打击重奏;Sangban 属中型、中音鼓	
86	Shime-daiko	较窄腔的桶形日本太鼓	
87	Surdo	较大的金属腔嘟嘟鼓	
88	Talking Drum	非洲讲话鼓;对话鼓	
89	Tama	西非一种沙漏形对话鼓	
90	Tamborita	墨西哥一种双面皮鼓	
91	Tamte	南印度变体的 Duff,参照 Duff	
92	Tan-Tan	巴西一种手鼓,用于桑巴音乐	
93	Tangku	中国堂鼓	
94	Taphon	泰国桶形双面鼓	
95	Tar	北非、中东单面皮框鼓	
96	Tasha	西印度一种锅鼓	
97	Thavil	南印度双面鼓(右边水牛皮,左边羊皮)右边高音,左边低音	
98	Tombak	波斯音乐用的酒杯状鼓	
99	Tumbak	印度单面皮酒杯状鼓	
100	Tsuzumi	日本沙漏形太鼓	
101	Uchiwa-daiko	日本团扇太鼓	
102	Udaku	南印度一种沙漏形腰鼓	
103	Zarb	古波斯酒杯状鼓	

Drums 组包含的乐器从头数第三项的 Drum Set,称为架子鼓、套鼓、组鼓、爵士鼓等。在此需要说明一下,由于架子鼓、爵士鼓和组鼓包含 7~8 件乐器,单独分声部的话需要占用较多的乐谱行数,在音乐制作时也需要占用许多音轨,很不方便。30 年前日、美、欧统一制定了一个能容纳约 47 种打击乐器以及模拟音色的 MIDI 音轨。当时只方便制作 16 轨(声部)的音乐,并把这组打击乐声部的音轨约定排在第 10 号音轨上。现在第 10 号音轨已经被全球 MIDI 音乐播放广泛使用,而且很方便。现在普通电脑音乐的播放(是用 MIDI 数字文件的音乐)都带这条打击乐音轨,Finale 软件的乐谱播放更是如此,使用 2014 版 Finale 软件的 VST 音源插件播放等稍例外。

(6)在乐谱设置向导 Document Setup Wizard-Add or Delete(启动窗口-添加与删除乐器)对话框选择 Drums 组,在其包含的乐器中选择第三项 Drum Set,见下图画圈、数字和箭头所指处。这是启动设置时对 Drum Set 的选用。

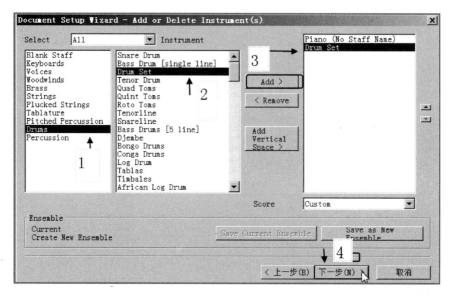

(7) 如果创作中途(已制作好的乐谱)添加鼓组谱:

① 单击工具栏中"窗口"按钮,在其下拉菜单中单击 Score Manager 选项,见右图画圈和箭头所指处。

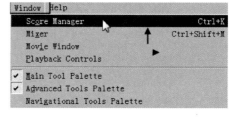

② 在 Score Manager 对话框的左下部分,单击 Add 按钮,在 Drums 子菜单中双击 Drum Set,乐谱就会添加到乐谱中去,见下图数字和箭头所指处。然后在 Score Manager 对话框中拖动想要移动的声部,排一下想要的乐谱顺序。

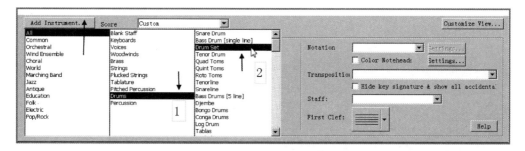

(8) Drum Set 谱,用打击乐谱号,五线记谱。虽用五线记谱但是它不是一般的五线乐谱,尤其它的声音播放使用 MIDI 第 10 号通道。该通道含有 47 个音色,在 MIDI 键盘上从大字一组的 B 音至小字一组 a 包括所有半音,但它是由不同音色的乐器组成,见下图。

4.4 用简易输入法输入组鼓符

(1) 单击主要工具栏"简易输入"按钮,然后会出现简易输入的音符工具盘,见右图箭头所指处。

(2) 选择所需要的音符时值后,在乐谱上单击所要的乐器符头,在鼠标接近五线时会显示乐器名称,如果是所需要的乐器和键位数字符号,则单击或按回车键即可输入该音符,是光标状态时会显示乐器名称和

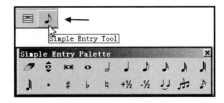

键位数字,被输入之后就不显示乐器名称而只显示数字。键位的数字号会根据音源的版本不同而不同,有时也不显示数字(Finale version 25 以前的版本不带乐器番号),见下图箭头所指处。

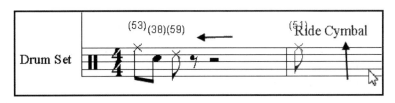

(3) 按电脑键盘上的上下左右箭头键,会移动输入的光标音高和乐器名称的标记及位置,每次移动都会显示乐器的名称和键位号(输入后只显示数字)。如果是所需要的乐器和键位号内容,按回车键即可把音符输入到乐谱中并进入等待下一个音符输入的光标,见下页第一幅图箭头所指处。

(4) 休止符的输入:单击主要工具栏中的"窗口"按钮,在其下拉菜单中单击 Simple Entry Rests Palette(简易输入休止符工具盘)选项,然后会出现 Simple Entry Rests Palette(简易输入休止符工具盘)对话框,见下页第二、三幅图所示对话框。

Finale 实用宝典

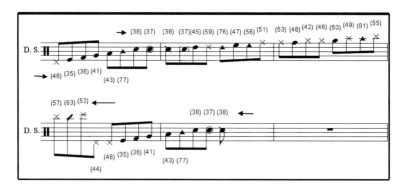

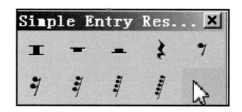

（5）选择所需要的休止符时值后在鼓谱上单击即可输入休止符。也可按上下左右箭头键，在出现音符输入的光标时按右侧小键盘上的 0 也可输入休止符，见下图。详细的音符与休止符输入请见简易输入法相关内容。

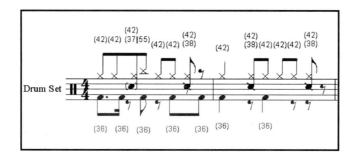

4.5 用快速输入法输入组鼓符

所谓的快速音符输入法和简易输入法是相对的,它是 Finale 从早期版本延续下来的叫法。现在它和简易输入法的音符输入速度差不多了,各有其方便的一面,互相不能代替。快速输入法也有两种输入,使用 MIDI 键盘和非 MIDI 盘的输入,但是不用 MIDI 键盘输入在单音输入方面也挺快的。

(1) 单击主要工具栏快速输入图标按钮(斜箭头图标),会出现快速输入的专用菜单(Speedy),见右图画圈和箭头所指处。

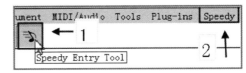

(2) 在 Speedy 输入选项的下拉菜单中,选择是否使用 MIDI 键盘输入。单击要输入内容的小节,会出现快速输入的方框和输入指针,按键盘的上、下箭头键,会随着音高标记的移动出现各种打击乐器的名称,如果是所需要的乐器就直接输入它的数字时值(横排阿拉伯数字或者小键盘上的数字)即可,见左下图箭头所指处。

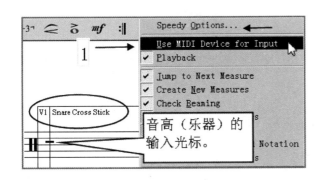
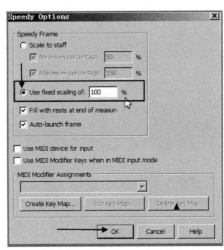

(3) 在右上图 Speedy Options(快速输入选项)对话框中,将 Use fixed scaling of(固定编辑输入方框)的尺寸选定在 100%,这样在五线上显示乐器的名称和数字以及内容的输入等会方便许多。

(4) 快速输入休止符的输入:可在输入相同音符的时值后按 R 键即可变换成为休止符,见下图第 2 小节的头部。其他快速输入法的详细操作,请见快速音符输入章节的内容。

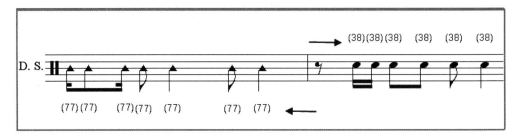

4.6 用 MIDI 键盘输入组鼓符

利用 MIDI 键盘或者电钢琴输入打击乐谱,有其方便的一面。可以迅速听到挑选所演奏的乐器效果,找到想要的具体打击乐器,可以以录入的方式同时录入几个多种声部的乐器。由于一条五线上要记录近 50 种乐器,一条线上需要记录好几种不同的乐器。如果需要使用的乐器同时出现在某一个位置上,可以改变它的符头样式和调换其位置来区分,但也不可能用到几十种乐器,一般分爵士乐组鼓常用乐器、摇滚乐组鼓常用乐器、流行音乐、架子鼓伴奏鼓组等来配置五线上的标记。

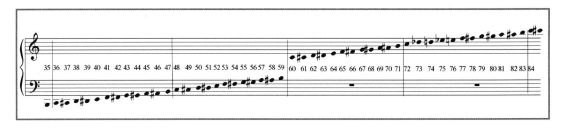

键位号就是 MIDI 键盘或者电子钢琴上的音位(或者称键位),这些键位号是世界共通的(是 MIDI 数字音乐理论数据),见上图音符的标号。它之所以叫爵士鼓组谱、摇滚乐组鼓谱和流行音乐组鼓谱,就是因为 MIDI 音轨的第 10 通道包含 50 种音色,只要你能正确地创作出并标记各类鼓的演奏记谱,它就都能演奏出来。

因为上图比较常用,故分高低截成两部分供读者查看方便,见下面两图(下图是高音谱表)。

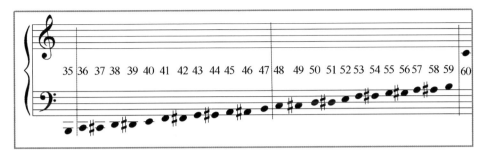

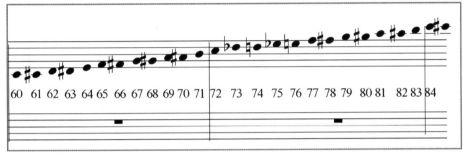

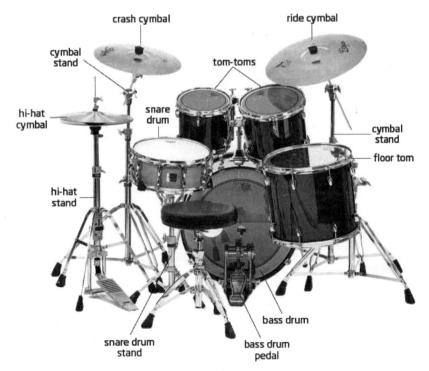

上图是架子鼓常用摆排图。爵士乐和摇滚乐之分在于作曲、演奏的节奏、用法和组合中使

用的其他乐器等不同。可对照上图的外文名称查下面 General MIDI 打击乐与 MIDI 键位表中的中文译名。

General MIDI 打击乐与 MIDI 键位表/(60 是中央 C)

键 位	外 文	中 文	键 位	外 文	中 文
35	Acoustic Bass Drum	大鼓	59	Ride Cymbal 2	点拨 2
36	Bass Drum 1	低音大鼓 1	60	Hi Bongo	高音圆鼓
37	Side Stick	鼓边	61	Low Bongo	低音圆鼓
38	Acoustic Snare	原声军鼓	62	Mute Hi Conga	低音手鼓（闷音）
39	Hand Clap	拍手	63	Open Hi Conga	高音手鼓（开音）
40	Electric Snare	电子军鼓	64	Low Conga	低音手鼓
41	Low Floor Tom	低音 Tom 鼓（落地）	65	High Timbale	高音小鼓
42	Closed Hi-Hat	击镲（闭合）	66	Low Timbale	低音小鼓
43	High Floor Tom	高音 Tom 鼓（落地）	67	High Agogo	高音碰铃
44	Pedal Hi-Ha	踩镲	68	Low Agogo	低音碰铃
45	Low Tom	低音 Tom 鼓	69	Cabasa	沙锤
46	Open Hi-Hat	击镲（打开）	70	Maracas	沙球
47	Low-Mid Tom	低中音 Tom 鼓	71	Short Whistle	哨子（短音）
48	Hi-Mid Tom	高中音 Tom 鼓	72	Long Whistle	哨子（长音）
49	Crash Cymbal 1	击拨 1	73	Short Guiro	刮板（短音）
50	High Tom	高音 Tom 鼓	74	Long Guiro	刮板（长音）
51	Ride Cymbal 1	点拨 1	75	Claves	击棒
52	Chinese Cymbal	中国拨	76	Hi Wood Block	高音木鱼
53	Ride Bell	钟铃	77	LowWood lock	低音木鱼
54	Tambourine	手铃	78	Mute Cuica	鸟鸣桶（闷音）
55	Splash Cymbal	侧击拨	79	Open Cuica	鸟鸣桶（开音）
56	Cowbell	牛铃	80	Mute Triangle	三角铁（闷音）
57	Crash Cymbal 2	击拨 2	81	Open Triangle	三角铁（开音）
58	Vibraslap	回响梆子			

4.7 确认鼓组的 MIDI 音色和编号

确认鼓组 MIDI 音色和编号是否一致,是便于在乐谱输入时正确地播放声音(音响)。在输入 MIDI 第 10 轨时,由于在一行五线上要输入近 50 种乐器,要想准确地输入,就要使键盘的键位号和音色一致。不然播放出来的声音是乱的,出分谱时也较麻烦。由于软件音源、硬件音源和 MIDI 标准的音色和键位号会有所不同,尤其是标准 MIDI 打击乐音轨 35 键位号以下和 81 键位号以上的键位号的增加。

(1) 在主要工具栏"窗口"的下拉菜单中单击 Score Manager,再单击该对话框右下方第 10 通道右侧的三角按钮,查看和选择将要使用的音源和 MIDI 通道,这里 Finale 默认 Garritan Instruments for Finale 音源和爵士套乐鼓。Finale 的此音源,要比 MIDI Ⅰ 标准普通组鼓通道的内容丰富,它扩展了两头键位的音色和编号,中间的键位是原始排列。如果我们只用下面列表提供的乐器,在此选择 General MIDI 音源进行播放即可,或者就使用 Finale 默认配置的音源,见下图画圈和箭头所指处。

(2) 单击 Score Manager 对话框中的 Settings(设定)按钮,在出现的 Percussion Layout Selection(打击乐精准设计)对话框中,将默认的 Drum Set(套鼓)选项,按复制按钮复制一下,再对所复制的内容进行"编辑",见下图数字和箭头所指处。

(3) 在 Percussion Layout Designer(打击乐编辑设计器)中有多项内容可编辑,见下页第二幅图箭头所指处。在此所显示的乐器名称是上面爵士音乐套鼓所涉及的乐器和编号的内容,从乐器名称、音符右侧的 MIDI 号也可以查看。

Finale 实用宝典

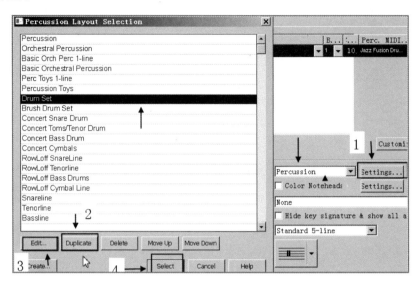

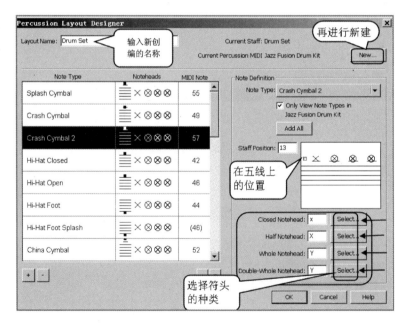

（4）在上图对话框的右侧，单击 Select 按钮，会出现可供选择的符头形状的对话框，见下页第三幅 Symbol Selection(符头选择)图的内容。

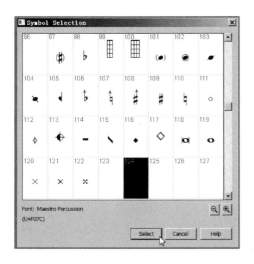
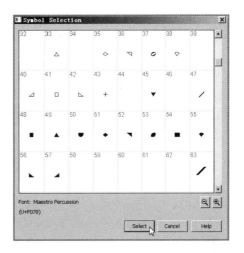

（5）在 Percussion Layout Designer 对话框中单击 New 按钮，出现右下图 Percussion MIDI Map Editor（打击乐 MIDI 图标编辑）对话框。在此对话框中可以选择播放音源和添加其他音源、乐种的组合、配置与删除现有组合的乐器等，对话框中间的文本框中显示的是乐器名称和它的键位号，是查看该音源（第 10 通道）所包含乐器的内容以及和本书列表是否一致的对照处，见左下图画圈和箭头所指处。

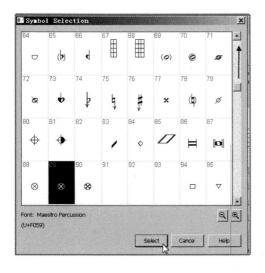
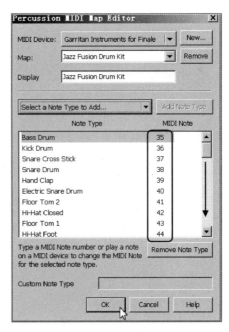

4.8 打击乐符头标记位置的编辑

对 MIDI 打击乐乐谱符头位置的编辑是较重要的知识,尤其是经常创作管弦乐作品的作曲家。如果想要让 Finale 播放一些想要的打击乐音响效果以及让演奏家易读懂你的分谱、创意图谱等,能自如地编辑 MIDI 打击乐谱的符头标记、形状、位置等,会事半功倍。就 MIDI 打击乐的功能和制作等知识讲起来较费篇幅,在此笔者只以一个小例子供读者们了解。

几十年来笔者创作管弦乐作品常用通通鼓或者中国的排鼓,一般要用大小(高低)5 支鼓。为了能在 Finale 软件播放乐谱时发出鼓的声音以及尽量减少乐谱的声部,笔者一般选择 MIDI 打击乐的第 10 轨,也就是 Drum Set 乐器声部(Tom-tom 或者排鼓),不选择该名称的情况下,就把所选择的其他鼓声部的播放声道改在 MIDI 的第 10 通道。关于对该声部的说明,包含的乐器列表等见前面章节的内容与上图对话框中显示的乐器。

(1) 按本章第 6 节 General MIDI 打击乐与 MIDI 键位表,弹奏右图上行乐谱中的 50D、47B、45A、43G、41F 和 36C 6 个音,会出现下行打击乐谱上显示的音符位置,见下图画圈和箭头所指处(或者标记为(MIDI)D3、B2、A2、G2、F2 和 C1);

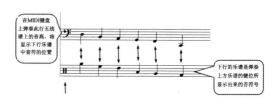

(2) 上图中的 6 支通通鼓(或者排鼓),一般用 5 支鼓即可,剪掉 36C(C1)号或 50D(D3)号音都可以;

(3) ① 检查是否在对第 10 通道进行编辑;
② 单击 Score Manager 对话框中的 Settings 按钮,在出现的 Percussion Layout Selection 对话框中先将默认的 Drum Set(套鼓)选项复制;
③ 再单击 Edit 按钮进行编辑,见下图数字和箭头所指处。

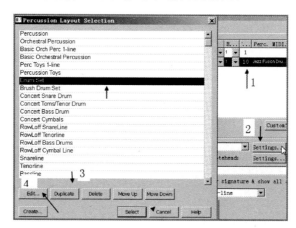

（4）在 Percussion Layout Designer 对话框中：
① 如果改动大，则设改新组鼓声部的名称；
② 查看是否缺少所需要的乐器和键位号，可自设和新组所需要的打击乐组；
③ 单击左下角的"＋"按钮，添加几个无键位号的乐器，或者按"－"删除不用的声部；
④ 找到需要的大小 5 支 TOM 桶鼓及其编号，见下图数字和箭头所指处。

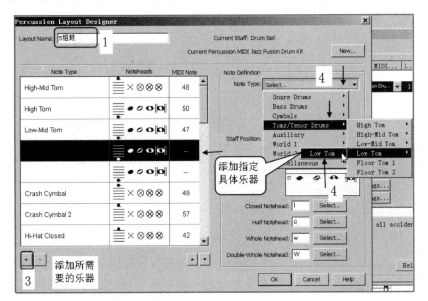

（5）再在 Percussion Layout Designer 对话框中：
① 选中栏框右侧乐器第 50 键位号，将其在线位上的控制点向上拖到五线的第一线上(10)；
② 选中栏框右侧乐器第 48 键位号，将其在线位上的控制点向上拖到五线的第二线上(8)；
③ 选中栏框右侧乐器第 47 键位号，将其在线位上的控制点向上拖到五线的第三线上(6)；
④ 选中栏框右侧乐器第 45 键位号，将其在线位上的控制点向上拖到五线的第四线上(4)等。
见下图画圈、数字和箭头所指处。

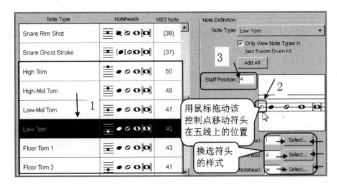

127

(6) 上图中的数字是 Finale 打击乐五线的线位号,是以中央 C 为零(不分半音和全音),以线和间为单,中央 C 为零号,位往上或者往下来排序。中央 C 往下的是 -1;-2;-3;-4 等,见上图。其他符头的编辑也是同样的线位号。

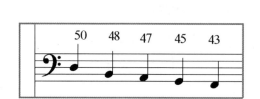

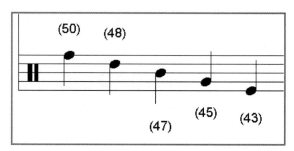

(7) 这样在弹奏 MIDI 键盘或电钢琴乐谱时,如奏左上图乐谱上的音高、键位,就会在打击乐的乐谱的五条线上分别输入 5 个不同高低音的鼓谱及标记,见右上图及其键位号。

以上操作是为乐谱播放时发通通鼓的声效所标记的乐谱,会让打击乐演奏家们方便读谱,另外代替中国打击乐的排鼓声音时可尝试其他选择和操作。

(1) 在乐谱设置向导的 Document Setup Wizard-Add or Delete 对话框的 Drum 组的 Instrument(具体乐器)栏中,选择 Quad Toms(四组筒鼓),并将其添加到要制作的谱纸中,见下图画圈、数字和箭头所指处。

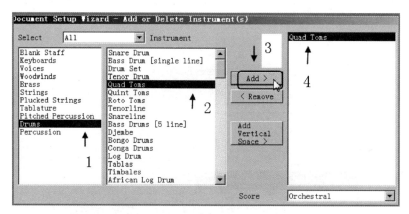

(2) 在 Scoce Manager 对话框中找 Quad Toms（四组筒鼓）所涉及的乐器，单击 Settings 按钮，见左下图画圈和箭头所指处。

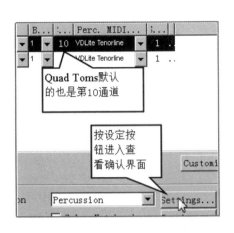

(3) 在右上图 Percussion Layout Selection 对话框中，如果只是查看默认的 Tenorline（打击乐），则直接单击 Edit 按钮。如果要编辑或者新建对话框中的内容，则最好先单击"复制备份"按钮备份，再单击 Edit 按钮，并在编辑的对话框中进行编辑，见右上图中画圈和箭头所指处。

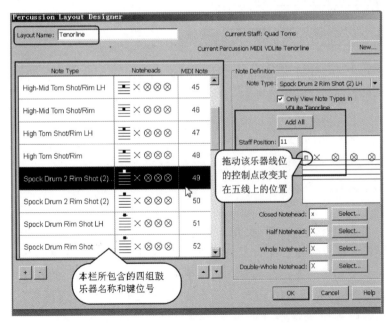

（4）在上图 Percussion Layout Designer 对话框中：

① 查看选择的 Quad Toms 和它默认的 Tenorline 声部包含的鼓类乐器的名称、键位号和其在五线上的位置，记下它的名称和键位号；

② 如果要调整它在五线上的位置，拖动该乐器所在线或间位置上的控制点即可，见上图画圈和箭头所指处。

（5）简易的通通鼓和类似排鼓的发声与自编记谱的编辑。如果选定用 Quad Toms 或者 Quint Toms（五筒鼓）乐器：

① 用简易输入法，选择音符时值，在五线乐谱上单击（听声音）找到所需要的五支高、低音的鼓，如有 MIDI 键盘或者电钢琴就弹奏找所需要的五支高低音的鼓。在音符被激活的状态下，按上、下箭头键会出现每项乐器的名称，按回车键输入音符后会显示该音符的键位号。

② 找到想要的一套鼓（大小高低，4～5 支）后，记住它们的名称和键位号，再用五线记录的打击乐谱上输入即可。想让每只鼓在自己习惯的五线位置上，再在 Percussion Layout Designer 对话框中参考前面所讲的，把每支鼓按高低音编排拖动到想要的五线位置上即可。

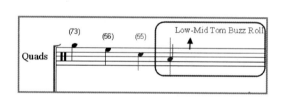 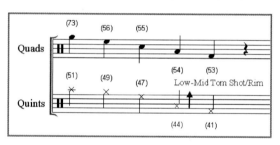

（6）在上两图中，音符标记是 Quad Toms 和 Quint Toms 未经过编辑的原位置、原符头与原键位号。如果想要让打击乐器符头显示在自己所需要的五线位置上，在 Percussion Layout Designer 对话框中参照前面所讲的内容编辑即可。

4.9 组鼓声部的播放

组鼓声部乐谱的播放，是个既简单又复杂的操作。因为打击乐的种类繁多，2014 版 Finale 软件的打击乐器的名称也有 322 个，能播放乐谱声音的软件音源、VST.软插件音源和各种硬件音源等种类也很繁多。如果你创作的作品是几件乐器的室内乐或者使用的只是古典音乐常规的打击乐，总声部不超过 16 件乐器等，则播放起来很容易，否则就会稍困难，尤其是自行编辑修改乐器的名称、音色较多的乐谱，经常在播放声音时出问题。

（1）Finale 软件乐谱声音的播放主要有两大项可供选择，见下图箭头所指处：

① 用 VST 软件音源系统播放,根据版本的不同,播放音质、音色数量和流畅度也不同,此类 VST 软件音源可以购买专业级产品安装在 Finale 中使用;

② 用 MIDI 文件类型的软件音源或者各种硬件音源以及 MIDI 键盘乐器、电子钢琴中的 MIDI 音源文件播放等。

(2) 如果选择用 Play Finale through VST (Finale VST) 音源播放,单击 VST Banks & Effects(VST 音色库与效果器)选项或者按快捷键 Ctrl+Alt+I 调出该对话框。

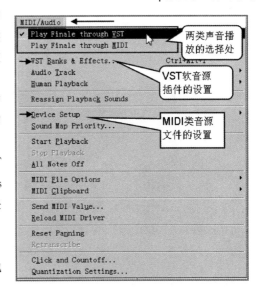

(3) 在 VST Banks & Effects 对话框中:

① 查看使用的音源,是否调换所安装的其他 VST 音源和自行安装的特色音源;

② 16 声部以上 32 声部以下的乐谱要调出第 2 库的音源,一个库只能播放 16 声部,每个音色库要用不同的设备;

③ 如果追求音质、混响等,单击所在库或者下方总效果器机架,调出效果器。每个音色库 16 通道用一个效果器,下方有个总效果器,见下图画圈和箭头所指处。

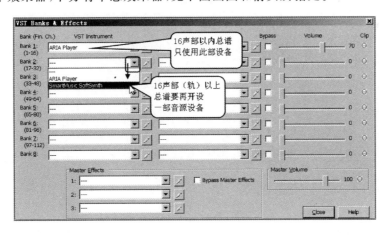

(4) 在 VST Banks & Effects 对话框中,单击 Effects(效果器)栏中的三角按钮,安装效果器,见下图箭头所指处,然后对第一音色库乐器的混响、高低频、压缩、衰减等进行调制。

Finale 实用宝典

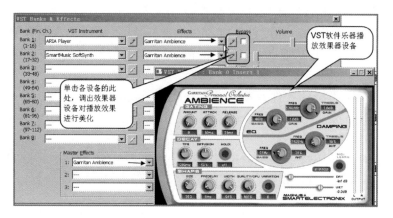

（5）返回到 MIDI 音频按钮，在其下拉菜单 Human Playback（人性化播放）选项的子菜单中，选择希望音乐播放的具体风格、乐派、形式等，见左下图箭头所指处（此选择在播放控制器中也可以选择）。

（6）在 Human Playback 选项的子菜单最下方单击 Human Playback Preferences（人性化播放参数），就会出现右下图的对话框，在此对话框中设置各种声音音质的参数，如力度、音量、MIDI 数据、装饰音、滑音、速度、VST 软音源等，见右下图画圈和箭头所指处。

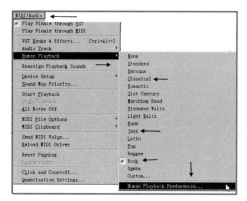 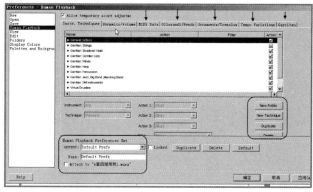

（7）在 Device Setup（设备设置）选项的子菜单的 Manage VST Plug-in Directories（VST 插件路径管理）对话框中，可以添加、删除、自行安装中国民族打击乐音源插件，也可以购买第三方公司各种专业级别的 VST 音源插件等，见左下图和右下图箭头所指处；

（8）在主要工具栏"窗口"的下拉菜单中，单击 Score Manager 选项，在其对话框中：

① 选择乐器，查看音源和通道，乐器通过的通道从哪一个音源发声；

② 多个打击乐乐器可以同时选择从第 10 通道发声以及用一个音源；

③ 单击"设定"按钮会进入具体乐器组的编辑，见下页第三幅图箭头所指处。

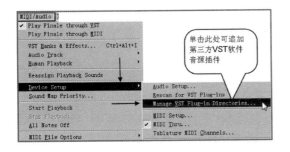

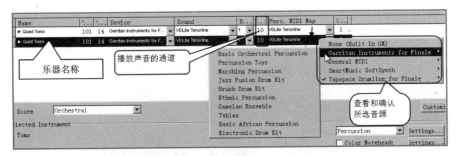

(9) 在下图 Percussion Layout Designer 对话框中单击 New 按钮，则弹出 Percussion MIDI Map Editor（编辑 MIDI 打击乐图标）对话框。在此可以查看到，本声部组和该打击乐音源所包含的所有乐器、键位号和可供选择使用的具体乐器、键位号等，见下图画圈和箭头所指处。

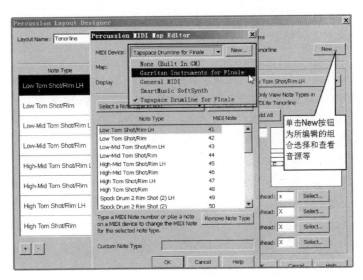

4.10 播放设备的选择

过去电脑音乐制作、音乐播放等都要使用外置硬件 MIDI 音源的，现在几乎都把硬件音源制成软件音源了，专业电脑音乐制作室的部分编曲家还有用硬件 MIDI 音源的，称它为设备也是由此而来的吧。不过在 Finale 软件中，它可以自行安装、删除、更换与购买，也还算是独立的设备。现在，在安装 Finale 软件时会自动安装上两款 MIDI、音频播放设备，即 Smart Music SoftSynth 和 Garritan Instruments for Finale。一般情况在启动 Finale 软件后，默认的是 Play Finale through VST（Finale VST 音源播放），如果计算机的声卡较旧，就不能播放软音源插件的声音。还有，要是作曲家创作的乐谱声部太多的话，也需要选择播放的设备等。

在主要菜单 MIDI/Audio 按钮的下拉菜单中选用 Play Finale through VST（Finale VST 音源播放）进行播放的操作我们在前面已经作过介绍。在此，我们介绍选用 Play Finale through MIDI（用 Finale MIDI 播放）设备进行播放的操作：

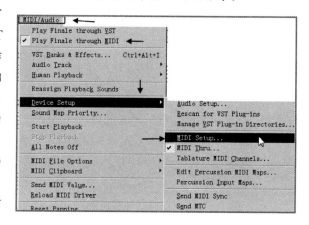

（1）单击 Device Setup（驱动设置）选项，见右图画圈和箭头所指处；

（2）在 MIDI Setup（MIDI 设置）对话框中选择所需的 MIDI 播放设备，见下图：

① 对话框箭头所指的 Default MIDI Output Device 和 Microsoft GS Wavetable Synth 两款音源设备是安装操作系统和声卡时自动被安装到计算机中的，16 声部以下选择使用其中的一款就可以。它的优点是与计算机的声卡匹配、稳定性好，但每个设备只限于 16 个声部的通道播放（普通的音乐播放都可以胜任）。

② 在对话框 MIDI Out Device（MIDI 出声）下拉菜单中的 SmartMusic SoftSynth 1～6 设备（同样名称的 6 个设备）是 Finale 软件安装时自带的 MIDI 播放设备（软件音源），每个机架只安装一个 SmartMusic SoftSynth（16 声部通道），6 个机架安装 6 个设备可以播放 128 个声部的乐谱，可以和 Default MIDI Output Device 和 Microsoft GS Wavetable Synth 两款 MIDI 音源混用，每一款音源都有第 10 通道（打击乐通道）。哪一款音源好用与所购计算机的配置、乐谱声部的数量、乐器的种类等有关。

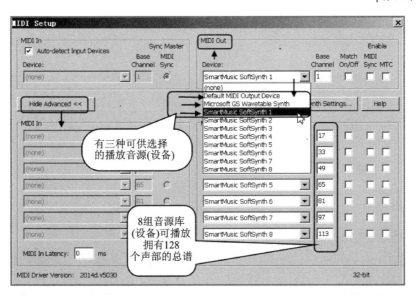

（3）在 MIDI/Audio 按钮的下拉菜单中，单击 Sound Map Priority（优先播放设备）选项，在出现的 Sound Map Priority 对话框中和两个 Finale 软件自带的软音源插件中，选择优先使用哪个设备。如果选择排在下面的 SmartMusic SoftSynth，选定后按对话框中间的上三角让该设备处于顶部，见下两图箭头所指处。

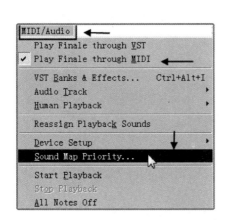
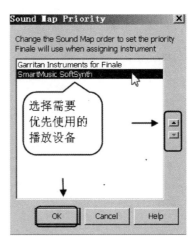

关于播放设备（软音源），如果选择 VST 方面的设备，请参照前面介绍 Play Finale through VST 选项的内容，乐谱播放的设备选择，可查看其文中介绍的内容和具体操作等。

4.11 播放的速度和风格

（1）单击主要工具栏"窗口"按钮下拉菜单中的第四项 Playback Controls（播放控制器），调出播放控制器工具，见下图。在 Playback Controls 中有多项可调整和控制声音播放方面的选项：

① 选择播放速度（以几分音符为一拍）；

② 选择播放的速度（单击上下三角键），乐谱上显示速度标记见本章第 12 节；

③ 单击图中的喇叭图形（箭头 4）按钮，在打开的对话框中可进行更多播放方面的设定，见下图画圈、数字和箭头所指处。把选定的播放速度，标记在乐谱上的操作见本章第 12 节。

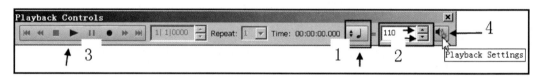

（2）在上图 Playback Controls 对话框中，设定更多音乐播放方面的内容，比如音乐播放开始的小节，反复次数，音乐播放风格，播放预备小节数，节拍器的音量，节拍器的声音、高度和发音方面的制成等，见下图画圈和箭头所指处。

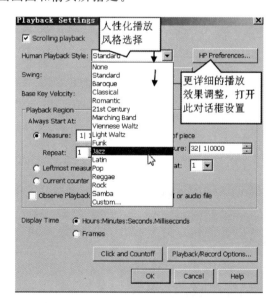

4.12 乐谱中速度标记的添置

（1）单击主要工具栏"mf"图标按钮，见右图箭头所指处；

（2）双击乐谱需要添加速度标记之处；

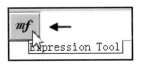

（3）在 Expression Selection（表情记号）对话框中，单击 Tempo Marks（速度标记）选项，如果对话框中有所需要的速度标记，选择后单击即可。如果没有，单击对话框下方的 Create Tempo Mark（创建速度标记）按钮，见下图箭头所指处。

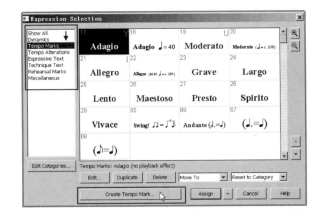

（4）在 Expression Designer 对话框的右下方，单击：Quarter Note（插入符头）按钮，在其下拉菜单中，选择所需要的符头种类，然后再输入"="和数值，见下图箭头所指处。

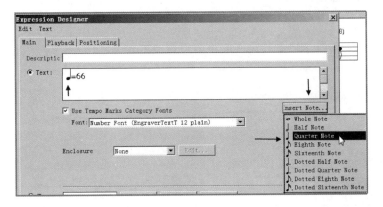

（5）在左下图 Expression Selection 对话框中，会出现刚才制作的速度标记，按下方的选择按钮就会添加到所需添加表情记号的小节处，见下两图箭头所指处。

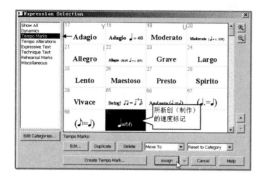
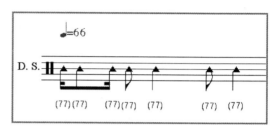

4.13 播放速度的渐变

(1) 单击主要工具栏 View(视图)按钮,在其下拉菜单中选择 Scroll View(横滚动预览),快捷键为 Ctrl+E,让乐谱以横滚动显示,见左下图箭头所指处;

(2) 单击工具栏 MIDI 工具的图标按钮,见右下图箭头所指处;

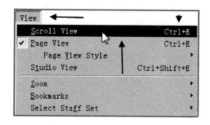
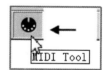

(3) 圈起来将要逐渐变化播放速度的小节使其成为相反颜色,见下图;

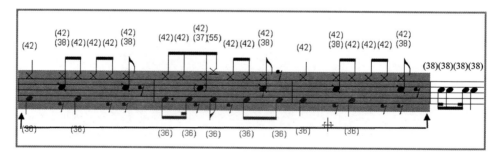

（4）单击主要工具栏 MIDI Tool（MIDI 工具）按钮，在其下拉菜单中单击 Scale（比率、刻度）选项，见下图箭头所指处；

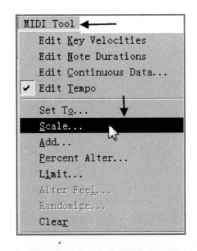

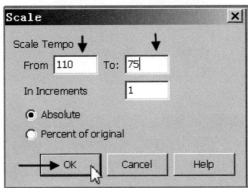

（5）在上图 Scale 对话框中的 From～To（从～到）的两个文本框中分别填入需要的播放速度逐渐变化的数值，如每分钟 110～75 拍等，设定完毕，单击 OK 按钮，见上图箭头所指处；

（6）声音播放速度是在设定区域之间逐渐变化的，只在音乐播放时体现出来，乐谱上不自动显示渐变的标记。如果想让指挥家和演奏家清楚作曲家的意图，还需要在乐谱上添加速度或者标明渐变及说明等。怎样在乐谱上插入速度标记，写中文或外文说明，要根据乐谱的读者、对象自行设定，见下两图和乐谱中提示渐变的大概意思。

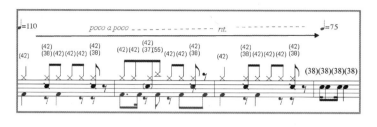

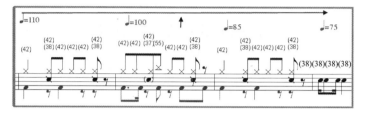

4.14 无音高打击乐涉及的乐器

（1）在乐谱设置向导的 Document Setup Wizard-Add or Delete Instrument(s)对话框中，单击左侧乐器组的 Percussion（打击乐），就会出现该打击乐组包含的诸多乐器名称，见下图画圈和箭头所指处。

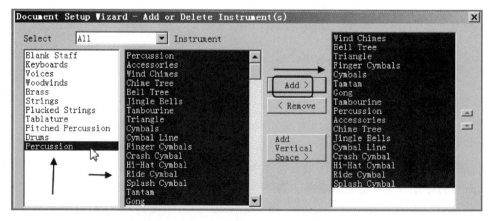

（2）因为对话框能显示的乐器名称的数量有限，故截图展示它包含的乐器，供使用时查找方便，见以下 8 幅图。

第四章 打击乐谱

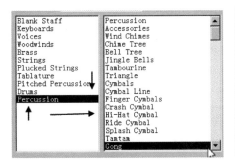

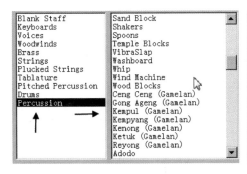

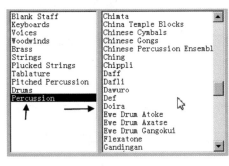

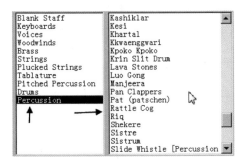

141

(3) 把上面 8 幅图中的第 1 幅图内乐器的乐谱调出后可知,它们大多是无具体音高的一线谱。乐谱左边显示的是该乐器的全称,右边的第 2 页及以后显示的是缩写名称,有些没有显示缩写名称的也用全称以及第 2 页以后不显示名称等,见下图。

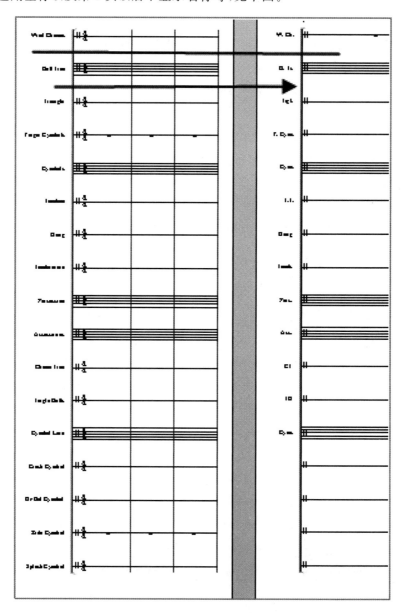

(4) Percussion 乐器组对话框中的中外文,特制如下表格。表格中的"笔记"是给读者标注而留。

Finale 软件 Percussion 组所含乐器的中外文表(137项)

序	外文(原文)	中译文	笔 记
1	Percussion	打击乐器	
2	Accessories	附件、配件	
3	Wind Chimes	风铃	
4	Chime Tree	音树	
5	Bell Tree	铃树	
6	Jingle Bells	铃铛	
7	Tambourine	铃鼓	
8	Triangle	三角铁	
9	Cymbals	镲;镲的统称	
10	Cymbal Line	镲队	
11	Finger Cymbals	手指镲	
12	Crash Cymbal	对镲、双镲、碰镲	
13	Hi-Hat Cymbal	踩镲	
14	Ride Cymbal	架子鼓用吊镲的一种	
15	Splash Cymbal	发音快、尺寸小的吊镲	
16	Tamtam	大沙锣	
17	Gong	锣	
18	Agogo Bells	Agogo 铃(一对较小的牛铃、锥形,尾端 U 形连在一起)	
19	Air Horn	空气扬声器;气喇叭;汽笛;气笛	
20	Brake Drum	车闸鼓	
21	Cabasa	卡巴萨、沙葫芦	
22	Cajón	卡哄、木箱鼓	
23	Castanets	响板	
24	Clap	拍板	
25	Clapper	响鞭、拍板	
26	Claves	克拉卫斯,2 跟圆锥形硬木组成一对	
27	Cowbell	牛铃	
28	Cuica	巴西摩擦鼓	

续表

序	外文(原文)	中译文	笔 记
29	Guiro	刮鱼;刮子;刮桶	
30	Maracas	砂槌	
31	Police Whistle	警哨	
32	Rain Stick	雨棍、中空植物管或塑料管,内装小豆或滚珠,翻转响声	
33	Ratchet	嘎响器	
34	Rattle	泛指摇子;砂罐;砂槌;摇棍	
35	Sand Block	砂纸盒	
36	Shakers	摇子	
37	Spoons	勺(金属或木质)	
38	Temple Blocks	木鱼	
39	Vibra Slap	蛋子盒;驴牙	
40	Washboard	洗衣板,通常指带木框金属搓板,挂身上演奏	
41	Whip	响鞭	
42	Wind Machine	风声机	
43	Wood Blocks	木盒	
44	Ceng Ceng (Gamelan)	小钹(佳美兰)	
45	Gong Ageng (Gamelan)	奶嘴锣(佳美兰)	
46	Kempul (Gamelan)	锣(佳美兰)	
47	Kempyang (Gamelan)	奶嘴锣的一种,和 Ketuk 一组,音较高(佳美兰)	
48	Kenong (Gamelan)	奶嘴锣的一种,大型(佳美兰)	
49	Ketuk (Gamelan)	奶嘴锣的一种,和 Kempyang 一组,音较低(佳美兰)	
50	Reyong (Gamelan)	一排共12锣固定于一个架子(佳美兰)	
51	Adodo	非洲一种手铃	
52	Aeolian Harp	风弦琴	
53	Afoxé	巴西及拉美洲的砂槌类响器	
54	Agogo Block	Agogo 木盒	
55	Agung	菲律宾大锣,一对,直吊敲击	
56	Agung a Tamlang	菲律宾一种木桩鼓	
57	Ahoko	非洲一种传统打击乐器	
58	Babendil	一种菲律宾窄框锣	
59	Basic Indian Percussion	印度基本打击乐器	

续表

序	外文(原文)	中译文	笔记
60	Berimbau	巴西民间乐器,弓形,一根弦,用硬币摁弦变化音调	
61	Bo	钹	
62	Bones	木头或者骨头拍板	
63	Bongo Bells	一种牛铃	
64	Bullroarer	牛吼(窄木板一端缠绕这绳子,飞在空中用摇动旋转发声)	
65	Caxixi	巴西一种摇子,植物条编制的小蓝内装石粒或种子	
66	Cha Cha Bells	拉丁牛铃	
67	Chabara	韩国一种镲	
68	Chanchiki	日本碗状的锣	
69	Chimta	南亚、印度一种黄铜制的铃	
70	China Temple Blocks	木鱼	
71	Chinese Cymbals	中国镲	
72	Chinese Gongs	中国锣	
73	Chinese Percussion Ensemble	中国打击队重奏	
74	Ching	磬	
75	Chippli	印度一种手铃	
76	Daff	中东一种铃鼓	
77	Dafli	土耳其伊朗等中东一种窄框手鼓	
78	Dawuro	西非Ashanti民族用的一种铃,由2片金属片构成,用木或铁棒敲击发声	
79	Def	也叫Daf,Dafli,参照Dafli	
80	Doira	南亚、中东、中亚、东欧的一种窄框手鼓	
81	Ewe Drum Atoke	埃维人(西非)鼓重奏中的铁铃,形似小舟或香蕉	
82	Ewe Drum Axatse	埃维人(西非)鼓重奏中的砂槌,内装珠子或种子	
83	Ewe Drum Gangokui	埃维人(西非)鼓重奏中的铁铃,2个一对,一大一小	
84	Flexatone	滑音板	
85	Gandingan	菲律宾套锣,共4个	
86	Ganzá	巴西一种摇子,用于桑巴音乐	
87	Ghatam	南印度一种陶罐	
88	Ghungroo	踝铃,印度用的脚铃	
89	Gome	加纳一种鼓,方形,牛皮面	

续表

序	外文(原文)	中译文	笔 记
90	Guban	鼓板	
91	Hand Cymbal	手镲	
92	Hang	飞碟鼓,形似钢锅,放于腿上拍击演奏	
93	Hatheli	一种手铃	
94	Hosho	津巴布韦(南非)一种砂槌	
95	Hyoushigi	醒木;木块	
96	Ibo	尼日利亚一种鼓	
97	Indian Gong	印度锣	
98	Ipu	一种葫芦鼓	
99	Jawbone	驴牙;蛋子盒	
100	Ka'eke'eke	夏威夷打击乐器,由竹管构成,敲击发声	
101	Kagul	菲律宾一种竹桩鼓,其中一侧锯齿状	
102	Kala'au	一对木枝,对敲发声	
103	Kashiklar	中东木制打击乐器,匙状物	
104	Kesi	马来西亚打击乐器,镲类	
105	Khartal	印度一种木制拍板	
106	Kkwaenggwari	韩国小型平锣	
107	Kpoko Kpoko	尼日利亚木制双头砂槌	
108	Krin Slit Drum	西非一种木桩鼓	
109	Lava Stones	夏威夷火山石响板	
110	Luo Gong	锣	
111	Manjeera	印度小镲	
112	Pan Clappers	平锅拍板	
113	Pat (patschen)	拍	
114	Rattle Cog	较小的嘎响器,单手在空中旋转摇动	
115	Riq	也叫 Riqq,阿拉伯窄框手鼓	
116	Shekere	砂葫芦	
117	Sistre	【法】铁摇子,见 Sistrum	
118	Sistrum	铁摇子,也有翻译为哗郎棒,U 形金属框架手柄带有铃片或钩子,摇晃发声	

续表

序	外文(原文)	中译文	笔 记
119	Slide Whistle [Percussion Clef]	滑哨(打击乐谱号)	
120	Slit Drum	木桩鼓	
121	Snap	响指	
122	Stamp	跺脚	
123	Stir Drum	不同高度的木片围成一个圆圈,上空镂空,用槌敲击	
124	Tebyoshi	日本一种形似烟灰缸的黄铜小镲	
125	Televi	非洲一种双摇子,葫芦制	
126	Teponaxtli	墨西哥一种木桩鼓	
127	Thai Gong	泰锣	
128	Tibetan Cymbals	西藏镲	
129	Tic-Toc Block	嘀嗒木盒	
130	Timbale Bell	系在天巴力斯鼓的牛铃	
131	Tinaja	拉丁美洲的一种陶罐打击乐器,用于 Flamenco 音乐	
132	Tingsha	西藏佛教用的小镲	
133	Toere	波利尼西亚一种木桩鼓	
134	Tonetang	非洲一种 stir drum,参见 stir drum	
135	Trychel	大型牛铃	
136	Udu	尼日利亚的陶壶,用手拍击	
137	Zills	伊斯兰音乐的手指镲	

4.15 Finale 打击乐相关的字符列表

　　Finale 软件从 2011 版开始,添加了和打击乐相关的 2～3 组字符集,Finale Percussion 和 Finale Mallets 两款字符集,是专门为打击乐而制作的。Finale Alpha Notes 字符集是音符符头的字体,但可以活用在打击乐乐谱的标识中,比如用来表示十面锣的几个音、有音高的摇铃、有音高的磬、有音高的铜钟等。由于这些字符集很实用,笔者也特制成表格,方便读者查找、应用等,表格的最左侧竖排的是原电脑键盘上的自然键位;中间栏,在先选中本表格上的字体后,即按左侧电脑上自然键位后输出该字符;右侧栏是在先选中本表格的标注字体后,按左侧原电脑上的键位＋Shift 键后出现该表格中的字符。

（1）Finale 软件中 Finale Percussion 字符集的表格如下：

Finale Percussion 字符					
原键位	单按键	Shift＋按键	原键位	单按键	Shift＋按键
1	↓	○	E		
2	↑	•↑	R		
3	⊕	⊕	T		
4	▼	⇅	Y		
5	▽	↘	U		
6	▽		I		
7	▲	↘	O		
8	✢		P		
9	↟	႘	[		
0	↿	႘	]		
-	—	／	A		
=	＝	＋	S		
Q		▭	D		
W		⬚	F		

续表

原键位	单按键	Shift＋按键	原键位	单按键	Shift＋按键
G		Glsp	，	⊙	©
H		Vib	。	•	Ⓝ
J	✶	Xyle	／	◐	®
K		Mar	D		
L	↟		F		
；	✋	⌣	G		Glsp
Z	⊥	✗	H		Vib
X	✕		J	✶	Xyle
C			K		Mar
V			L	↟	
B			；	✋	⌣
N			Z	⊥	✗
M					

（2）Finale 软件中的 Finale Mallets 字符集的表格如下：

Finale Mallets 字符					
原键位	单按键	Shift＋按键	原键位	单按键	Shift＋按键
1			E		
2			R		
3			T		
4			Y		
5			U		
6			I		
7			D		
8			F		
9			G		
0			H		
S			J		
=			K		
Q			L		
W			;		

续表

原键位	单按键	Shift＋按键	原键位	单按键	Shift＋按键
Z			M		
X			O		
C			P		
V			[		
B			]		
N			A		

(3) Finale 软件中的 Finale Alpha Notes 字符集的表格如下：

Finale Mallets 字符					
原键位	单按键	Shift＋按键	原键位	单按键	Shift＋按键
1	Ⓐ♯	Ⓡ	8	Ⓒ♭	Ⓣ
2	Ⓐ♭	Ⓕ♯	9	Ⓓ	Ⓢ
3	Ⓑ	Ⓢ	0	Ⓐ	Ⓛ
4	Ⓑ♯	Ⓛ	-		Ⓢ
5	Ⓑ♭	Ⓣ	=	Ⓔ♯	Ⓡ
6	Ⓒ		Q	Ⓕ♯	Ⓔ
7	Ⓒ♯	Ⓡ	W	◯	Ⓖ

续表

原键位	单按键	Shift＋按键	原键位	单按键	Shift＋按键
E	B#	A	.	M	M
R	F♭	E#	Z	☺	H
T	G♭	F	X	☹	G#
Y	☺	G♭	C	A♭	G#
U	G♭	F#	V	☺	F♭
I	C♭	B#	B	A#	G
O	E♭	D♭	N	E#	D
P	F	D♭	M	E	C♭
D	B	G♭	,	M	E
F	B♭	A#	.	L	E♭
G	C	A♭	/	T	F
H	C#	B	[	H	☺
J	D	B♭	]		☹
K	D#	C	A	A	F♭
L	D♭	C#	S	G	E♭
;	D♭	D#	[	H	☺

4.16　Finale 打击乐字符的应用

（1）单击主要工具栏中的 mf 图标按钮,见右图箭头所指处。

（2）双击总谱上需要添加、插入的字符,会出现 Expression Selection(选择表情记号)对话框;

（3）在 Expression Selection 对话框中,单击左侧"技巧文本"选项栏,再单击对话框下方的 Create Technique Text(创建技巧文本)按钮,见左图箭头所指处,如果整个乐谱只添加、输入几个字符可只用此操作;

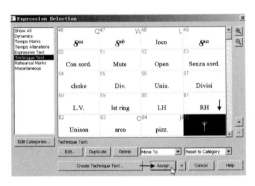

（4）在左下图 Expression Designer(表情记号设计器)对话框中:

① 解除原锁定的字体、字号和其他设定;

② 选择需要的 Finale Percussion 字体;

③ 选择需要的字号和是否加粗和加边框;按电脑上的 V 键输入所需内容;

④ 设定完毕单击"确定"按钮,见左下图数字和箭头所指处。

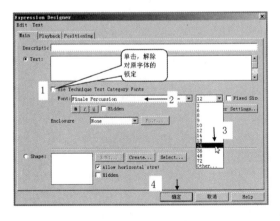
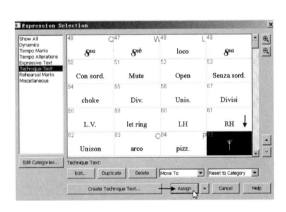

（5）在右上图 Expression Selection 对话框中已显示出刚制作的铁刷(椎捶)字符,单击 Assign(分配)按钮会输入到乐谱上(见下图乐谱),添加输入完毕。

(6) 如果再添加、输入同类字符的内容，为了减少操作步骤，则：

① 在 Expression Selection 对话框中，选中同类字符的内容，按复制键复制一下，再在被复制的内容上单击"编辑"按钮进行操作，省去选字体、字号等，见左下图数字和箭头所指处；

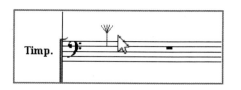

② 在 Expression Designer 对话框中，按 Shift＋H 键，输入颤音琴的字符。这样输入省去了再次调出 Finale Percussion 字体、字号等的操作，见右下图箭头所指处；

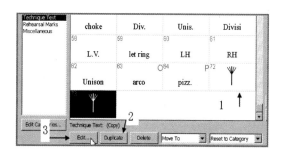 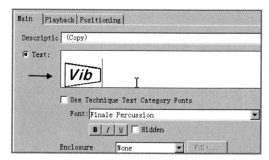

(7) 添加的 Finale Percussion 字体内容会出现在乐谱中，见左下图乐谱中的箭头所指处。

以上操作，仅限在乐谱上简单地使用几个字符。如果使用量较多或者较常用的话建议参考以下 Finale Percussion；Finale Mallets；Finale Alpha Notes 字符分类栏的制作：

(1) 在主要菜单栏 Document 的下拉菜单中，单击 Category Designer(分类设计器)选项，调出 Category Designer(分类设计器)对话框，见右下图箭头所指处。

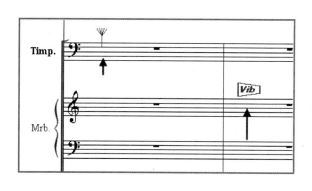 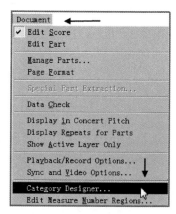

(2) 在下图 Category Designer 对话框中：

① 先选中左侧的 Technique Text(演技字符)类(因大体接近这类内容);
② 单击对话框左下方的复制按钮将 Technique Text 复制,也等于添加一个类型;
③ 给复制添加的类型起名为"Percussion 字符";
④ 为制作的这个类别的字符起名确定为"Percussion 字体",见下图;

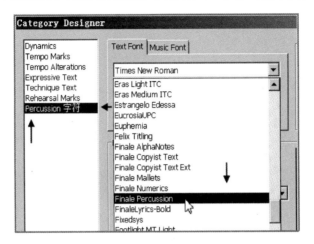

⑤ 设定新"Finale Percussion 字符"类的字号,并打上对钩固定该字号为 24 号,查看、确认对话框右上角窗内的字符内容等;
⑥ 设定完毕单击下方的 OK 按钮。Percussion 字符类的内容设定完成,见下图画圈和箭头所指处。

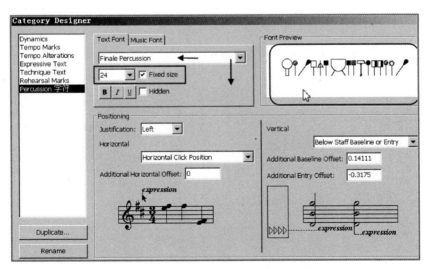

(3) 在 Category Designer 对话框中,新"Mallets 字符"的制作:

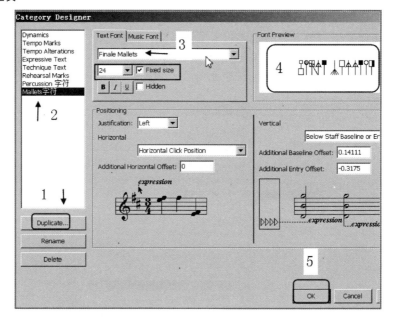

① 单击对话框左下方的复制键,复制 Percussion 字符类别项;

② 为新复制的这个分类起名为"Mallets 字符"(另立了类别);

③ 选择所设定字体为 Finale Mallets 字体。打上对钩,固定本类的字号为 24 号。查看、确认对话框右上角窗内的字符内容等;

④ 设定完毕,单击 OK 按钮。又一新"Mallets 字符"类内容设定完成。

见上图画圈、数字和箭头所指处。

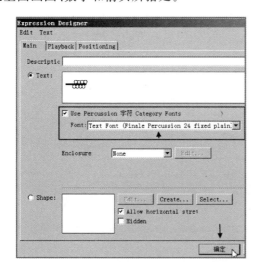
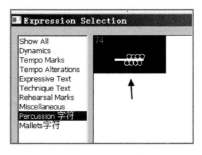

(4)双击乐谱页面需要添加打击乐字符(串铃)处：

① 在 Expression Selection 对话框左侧选择"Percussion 字符"选项，见右上图；

② 单击 Expression Selection 对话框下方的"创建"按钮，调出对话框；

③ 在 Expression Designer 对话框中，按 Shift+X 键输入手铃标记的图标(因为字符、字号等已经在表情记号分类器对话框中完成，在此只需按键盘输入即可，见左上图箭头所指处)；

④ 完成手铃图标的制作，进入"Percussion 字符"类对话框，这是它第一个内容，见下两图箭头所指处。单击 Assign 按钮，会输入到所希望输入的乐谱上。添加字符项完成，也可一次性把需要的几个内容都添加好，见右下图箭头所指处。

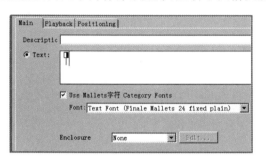 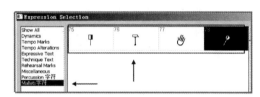

(5) 在右上图 Expression Selection 对话框左侧选择"Mallets 字符"选项，按对话框下方的"创建"按钮；在 Expression Designer 对话框中按"S"键，输入中性硬度的鼓锥图标。因为 Finale Mallets 字符、字号等已经在表情记号分类器对话框中设定完毕，在 Expression Designer 对话框中只按"S"键输入即可，见上两图的箭头所指处。

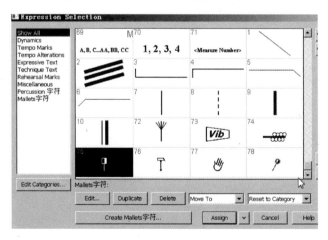

(6) 在上图 Expression Selection 对话框左侧单击 Show All(显示全部)，所制作内容的编号被清楚地排列和显示出来。如果频繁使用哪个标记，可为它制作它专用的快捷键。

(7) 如果需要在乐谱添加所制作的 Finale "Percussion 字符"和"Mallets 字符"：

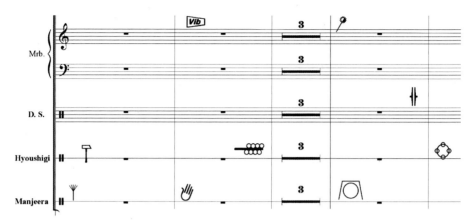

① 双击乐谱需要添加处,调出 mf 的对话框;
② 在 Expression Selection 选择所要输入的内容,或者制作所需要的内容;
③ 单击选择按钮即可,字符号的大小可根据总谱声部的空白自行调整和确定。

第五章

调与调号

　　如果只制作一般的古典音乐或者只创作一般歌曲作品的作曲者,本章看不看是无所谓的。如果是追求作现代音乐创作、较全能型的作曲者,或经常写管弦乐乐谱的编曲者以及专业乐谱出版,制谱者等,本章是必读的。

　　掌握好 Finale 软件中调与调号的操作,势必会给作曲者在创作以及乐谱的制作方面带来极大的方便。本章就调与调号制作中常遇到的问题、难点,特殊乐谱的制作和众多读者无从下手等地方,做详细的讲解和举例说明。

5.1 调的变换

(1) 单击主要工具栏中的"选择"工具按钮(箭头图标),见右图;

(2) 在要换调的第 3 小节的五线内右击,在其右键菜单中选择 Key Signature(选择调号)选项,找到所需的调后,单击即完成了换调,见下图数字和箭头所指处。

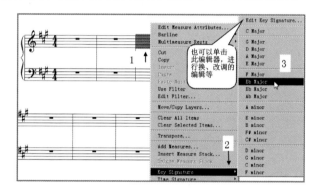

(3) 单击主要工具栏 Key Signature Tool(调号选择工具)的图标按钮,双击要换调的小节的五线,见左下图箭头所指处。

(4) ① 在 Key Signature 对话框中,按左上角的上、下滚动按钮,选择所需要的调,见右下图箭头所指处;

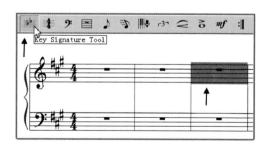
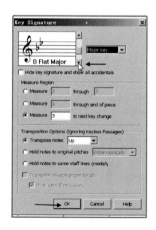

② 指定要换调小节的数量或者区域(从某小节到某个小节的小节号);

③ 如果乐谱中已有输入的音符,可选择换了调后原音符的音高,向上还是向下移动等;

④ 单击 OK 按钮,完成换调的操作。

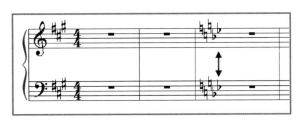

（5）单击主要工具栏 Key Signature 工具的图标按钮,在要换调的小节五线右击,在其右键菜单中选择需要的新调,见上两图箭头所指处。

以上列举了三种换新调的操作,根据自己的习惯使用哪一种操作都可以。一般在乐谱设置向导中指定乐谱开始的调号,也可以在乐谱制作完成后用此方法指定乐谱开始或乐谱之间的调与调号。

5.2 小节中途的换调

（1）单击主要工具栏中"选择"工具的图标按钮,见左下图。

（2）单击要换调的小节,使其成为相反颜色,见右下图。

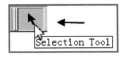

（3）单击主要工具栏的 Plug-ins(插件)按钮,在其下拉菜单 Measures(小节)的子菜单中,选择 Split Measure(小节分割)选项,见左下图画圈箭头所指处。

（4）在右下图 Split Measure(小节分割)的对话框中,需要进行的操作有:

① 选择从该小节的第几拍开始插入调号(也是所选小节的第几拍子开始分割该小节),在此输入"2";

② 单击要分割的小节,不要小节线;

③ 单击 OK 按钮,确定选择完毕。

Finale 实用宝典

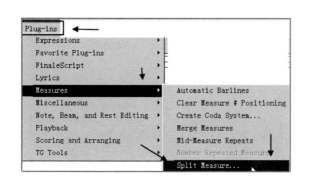
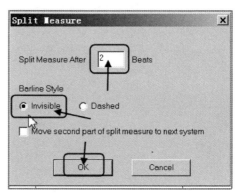

（5）① 在被分割的小节上右击，在弹出的右键菜单中选择需要插入的调号即可；

② 如果需要指定换新调的小节范围，右击，在其右键菜单中单击 Other，在出现的对话框中进行指定，见左下图数字和箭头所指处。

（6）在右下图 Key Signature（调号选择）对话框中：

① 选择需要的转调的调号；

② 指定要换调号的小节范围；

③ 选择换调后，确定原有音符的音高向上移动还是向下移动；

④ 左图调号选择对话框的调出，还可以在选择了"调号"工具按钮后，双击需要添加调号的小节处就会出现 Key Signature 对话框；

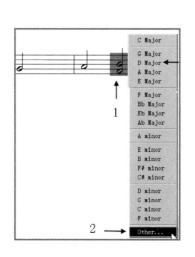
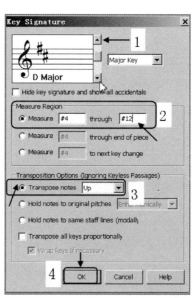

⑤ 单击 OK 按钮,完成操作。

(7) 见上图乐谱第 3 小节中间部分插入的新调号和第 3 小节的第 3 拍子处(最后小节)。

5.3　显示与隐藏行末的转调提示

(1) 单击主要工具栏中"选择"工具的图标按钮。
(2) 右击乐谱最后小节的五线,见下图箭头所指处。

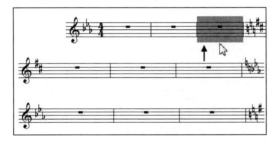

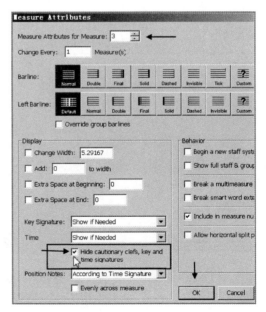

（3）在其右键菜单中，单击 Edit Measure Attributes（编辑小节属性），见左上图箭头所指处。

（4）右上图 Measure Attributes（小节属性）的对话框中，在对话框右下方的"Hide cautionary clefs, key and time siqnatures"（隐藏行末的谱号、调号和拍号）选项前打上"√"，见右上图画圈和箭头所指处。此对话框也同样是图标工具按钮的右键菜单。单击 OK 按钮，完成操作。这时乐谱行末的调号就会自动地隐藏起来，见下图画圈和箭头所指处。

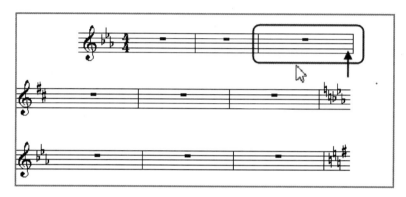

（5）以上操作只是处理和解决某一行行末调号的隐藏，要想让整首作品的行末，都把提示的调号隐藏起来，其操作（制作）顺序如下：

① 在主要工具栏 View 的下拉菜单中，选择 Page View（页面视图），快捷键是 Ctrl＋E，见左下图箭头所指处；

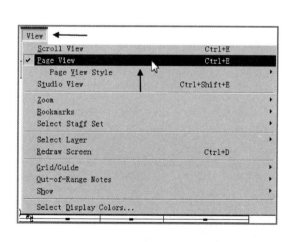 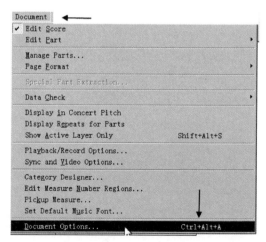

② 在主要工具栏 Document 的下拉菜单中，单击最下方的 Document Options（文档选项），快捷键是 Ctrl＋Alt＋A，见右上图箭头所指处；

③ 在 Document Options（文档选项）对话框左侧的选项栏中，单击 Key Signatures（调号

第五章　调与调号

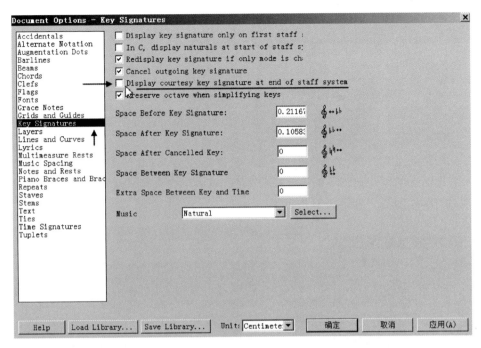

选择)选项,在"Document Options(文档选项)—Key Signatures(调号选择)"的对话框中,将 Display Courtesy key signature at end of staff system(在五线行末中显示转调提示)的"√"去掉,使其不显示整部作品行末的转调提示标记,见上图箭头所指处;

④ 操作完毕单击"确定"按钮,见左下图处理后的乐谱和右下图处理前的乐谱,两乐谱中画圈部分的内容。

5.4 强制在曲中显示调号

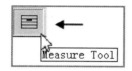 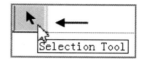

（1）单击主要工具栏中"小节"工具的图标按钮或"选择"工具的图标按钮，见上两图；

（2）右击需要强制显示调号的小节，在出现的对话框中选择 Edit Measure Attributes（编辑小节属性）选项，见左下图箭头所指处；

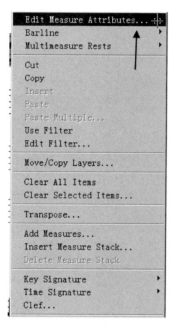 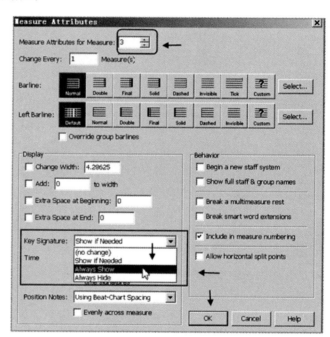

（3）在 Measure Attributes（小节属性）对话框中，将该对话框左下方画圈中的内容的选项，确定为 Always Show（总是显示），见右上图画圈和箭头所指处；

（4）在右上图中，Measure Attributes 对话框也可以在激活"小节"工具的图标按钮后，双击乐谱的小节即可调出本对话框；

（5）下图乐谱小节中的调号，就是被强制显示出来的调号，因为第 1 小节已经有调号了，按乐理来讲不应该再显示调号，这是强制让其显示。

5.5　隐藏首行之后的调号

（1）在 Document 的下拉菜单中，单击最下面的 Document Options（文档选项），快捷键是 Ctrl＋Alt＋A，见左下图画圈和箭头所指处；

（2）在 Document Options—Key Signatures 对话框中，选择 Key Signatures 选项后，在 Display key signature only on first staff（仅显示首行的调号）的选择栏中打上"√"，见右下图画线和箭头所指处；

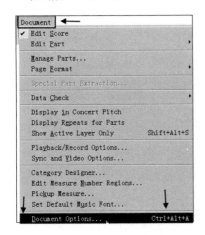
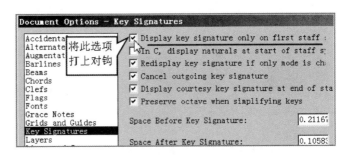

（3）所设置的乐谱从第 2 行开始，以后的调号就不显示了，见左下图制作后的乐谱和右下图的原乐谱；

（4）如果希望谱号也不显示的操作：

① 单击中途变更谱号工具按钮（低音谱号的图标）；

② 选择乐谱上要隐藏谱号的区域，使其成为相反颜色；

③ 按数字键"G"即可（隐藏谱号），或者双击乐谱的五线内，在调出谱号选择的对话框中，选择无谱号的选项即可。

（5）左下图是设定后的乐谱，右下图是设置前的原乐谱。

5.6 去除转调记号前的还原记号

(1) 在 Document 的下拉菜单中,单击最下面的 Document Options(文档选项),快捷键是 Ctrl + Alt + A,见左下图中的箭头所指处;

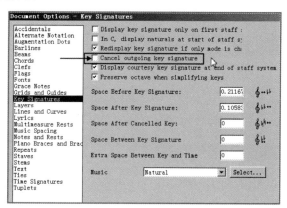

(2) 在右上图的 Document Options—Key Signatures 对话框中,去掉第 4 个选择栏 Cancel outgoing key signature(显示调号前无效还原号)选项前的"√",见右上图画圈和箭头所指处;

(3) 被去掉转调前还原记号的谱例,见下面第一幅图画圈处。下面第二幅图是处理之前的原乐谱。

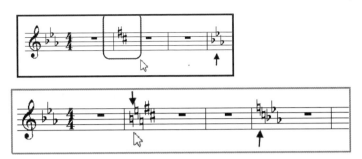

5.7 转调小节处的双小节线

（1）单击主要工具栏"选择"工具的图标按钮；
（2）按 Ctrl＋A 键，选择整个乐谱，使之成为相反颜色，见右下图；

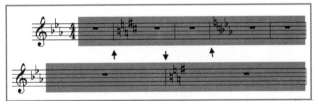

（3）单击主要工具栏中的 Plug-ins，在其下拉菜单 Measures 的子菜单中，单击 Automatic Barlines（自动小节线）功能，见下图画线和箭头所指处；

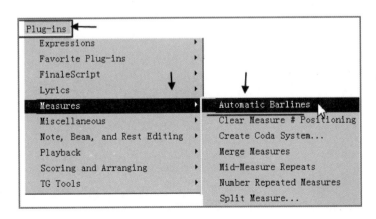

（4）整个乐谱有转调的小节都会自动地成为双小节线，见下图箭头所指处。

Finale 实用宝典

5.8 不用调号而用临时记号的显示

去除调号,用临时记号显示(见右图箭头所指处),可在软件的 4 处执行此操作:

（1）打开 Finale 软件,在乐谱设置向导对话框的第 4 页下方,将 Hide key signature and show all accidentals(隐藏调号并显示所有临时记号)打上"√",见左图画圈和箭头所指处。这样制作后的乐谱就会只显示所选调性的临时记号,不显示调号了,这是第 1 个操作处。

（2）在主要工具栏中,单击"调号"工具的图标按钮;

（3）双击乐谱,在 key signature 对话框中,将 Hide key signature and show all accidentals 打上"√",见左下图画圈和箭头所指

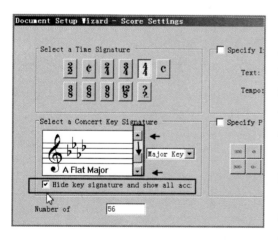

处,这是第 2 个操作处;

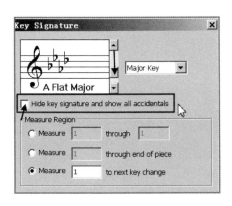
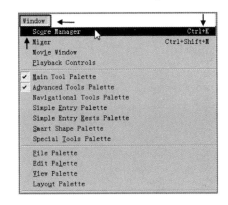

(4)单击主要工具栏中的"窗口"按钮,在其下拉菜单中单击 Score Manager 或者直接按其快捷键 Ctrl+K 打开该对话框,见右上图画圈和箭头所指处。

(5)在 Score Manager 对话框中将 Hide key signatureand show all accidentals 打上"√",见左下图画圈和箭头所指处,这是第 3 个操作处;

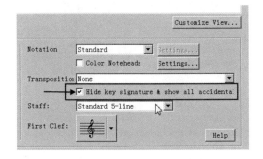

(6)不显示调号,用临时记号标记的乐谱(乐谱成品),见右上图的乐谱;

(7)在主要工具栏 Plug-ins 的下拉菜单 Note,Beam,and Rest Editing(编辑音符,符杆,休止符)的子菜单中,选择 Cautionary Accidentals Options(提示性临时记号),见右图画圈和箭头所指处;

(8)在下图 Cautionary Accidentals Option 对话框中的 Diatonic accidentals(用临时记号显示音阶)选项前打上"√",这是第 4 个操作处,不过这个操作只完成了一半,去调号还需要其他操作;

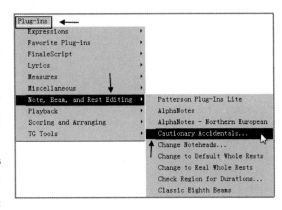

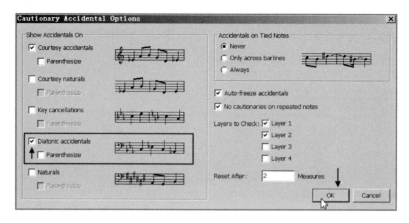

（9）左下图的乐谱是用插件中的 Diatonic accidentals 选项处理的，但是调号还存在，还得再进行去调号的操作；

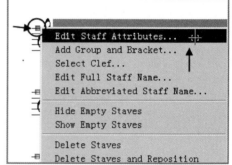

（10）在主要工具栏中单击"五线"工具的图标按钮，右击五线谱左侧头部的控制点，调出五线谱属性的对话框，见右上图画圈和箭头所指处；

（11）在 Staff Attributes 对话框中，去掉 Key signatures（显示调号）前的"√"，使整个声部不显示调号，见右图画圈和箭头所指处；

（12）不用调号用临时记号标记制作后的乐谱，见下图，这是第 4 个操作处。

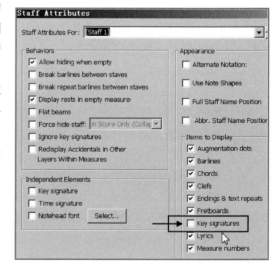

5.9 同曲非同调的制作

(1) 单击主要工具栏"五线谱"工具的图标按钮,见右图箭头所指处;

(2) 右击五线左头部控制点,在其右键菜单中,选择 Edit Staff Attributes(编辑五线属性),见左下图画圈和箭头所指处,每个声部都拥有一个和它对应的"编辑五线属性"的对话框;

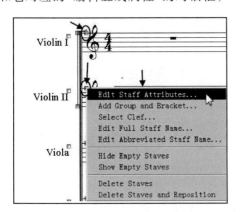 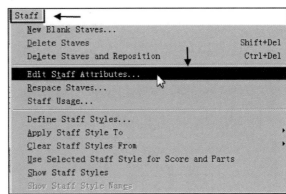

(3) 单击"五线"工具的图标按钮后,在主要菜单栏 Staff(五线)的下拉菜单中也可以选择 Edit Staff Attributes(编辑五线属性)的选项,见右上图画圈和箭头所指处;

(4) 在 Staff Attributes(五线属性)对话框左下方的方圈内,将 Key signature(调性)打上"√",如果需要也可以将它下面的 Time Signature(节拍)打上"√",见左下图画圈、数字和箭头所指处;

(5) 下一件乐器的操作,在该对话框右上角的下拉三角按钮上选择即可,最后一件乐器完成后再单击 OK 按钮,见左下图画圈、数字和箭头所指处;

(6) 右下图的乐谱就是同乐谱不同的调以及不同的拍号。

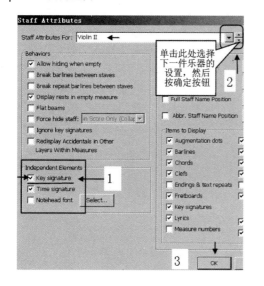

5.10 只移动音符和调号的转调

（1）单击主要工具栏"选择"工具的图标按钮。
（2）圈起要换调的区域，使其成为相反颜色，见下图的乐谱。

（3）右击选中的乐谱，在弹出的右键菜单中单击 Transpose（移调）选项，见左下图画圈和箭头所指处。

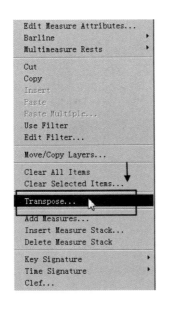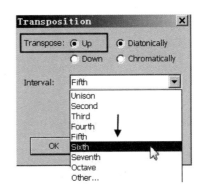

（4）在 Transposition（移调）的对话框中，选择向上移动 5 度，见右上图画圈和箭头所指处。

（5）上图的乐谱只移动了音符的转调，没有标记调号。

（6）这种只移动音符的制作，再简单一步的操作就是：单击"选择"工具的图标，把将要移动的音符区域圈起来，使之成为相反颜色，按数字"7"，向上一步步地（1 个自然音程）移动其音高，直到移动到需要的音高；按数字"6"是向下一步步地移动音高。

（7）单击"调号"工具的图标按钮。

（8）双击乐谱所需要的小节区域，会弹出调号设定的对话框，见下图。在该对话框中：

① 选择该对话框下方画圈处的 Hold notes to same staff lines（modall）（将音符保持在原五线的位置）；

② 再选择要转的调号，以及要转调的小节范围；

③ 最后，单击 OK 按钮。

见下图画圈、数字和箭头所指处。

（9）下页第二幅图的乐谱，只转了调号，原位置的音符还保留着，没有跟着移动。

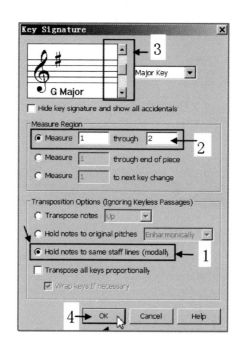

5.11 更改或添加移调乐器

添加一件移调乐器的操作（以左下图为例）：

（1）在 Window 的下拉菜单中，单击 Score Manager，见右下图箭头所指处，或者按 Ctrl＋K 快捷键，直接打开 Score Manager 对话框；

（2）在 Score Manager 对话框中，单击下方的 Add Instrument（添加乐器）按钮，在子菜单 Woodwinds（木管乐器）的具体乐器中，双击 Soprano Sax（女高音萨克斯），该移调乐器即可添加到乐谱中，见下页第三和第四幅图画圈和箭头所指处；

（3）Soprano Sax2（女高音萨克斯 2）是在乐谱制成后被添加到乐谱中的移调乐器，它的摆放顺序可以在 Score Manager 对话框中自由地上下拖动；

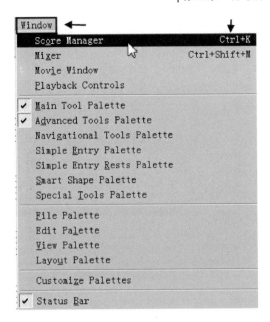
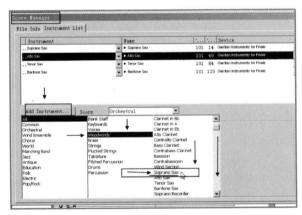
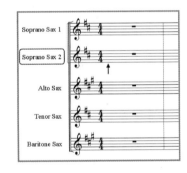

(4) 非移调乐器的添加也适用于此项操作；

(5) 先在 Score Manager 对话框上方选择要进行变更的移调乐器，再在对话框 Transposition(移调)的下拉菜单中双击(Eb)Down m3,Add 3 Sharps(向下 3 度,3♯)，移调乐器的更换即完成，见下两图箭头所指处。

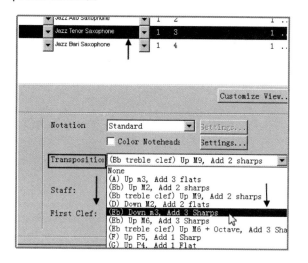
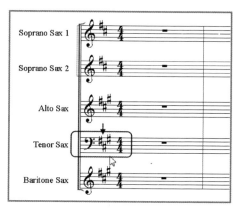

（6）右上图乐谱画圈处是被更改后的移调乐器，原来两个升号调的乐器改成了三个升号调的乐器；

（7）如果要变更的乐器是移调按钮下拉菜单中没有的乐器，就需要在 Score Manager 对话框的 Transposition 的下拉菜单中单击 Other 选项，见左下图箭头所指处；

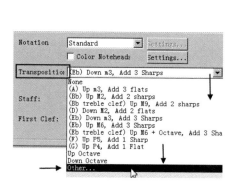
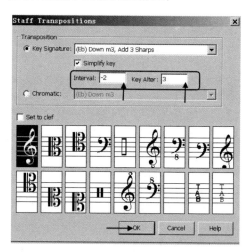

（8）在 Staff Transpositions（五线谱移调）对话框中的画圈处填入需要转入调的数值。例如在 Key Alher（改调）文本框中，填入 3 代表"3 个♯号"；1～6 数字前没有负号的是升号，"－1"等于 1 个降号，也就是数字前有负号的是降号，见上两图箭头所指处。

5.12 MIDI 键盘输入中变化音的指定

如果是两个升号的 D 大调,在 MIDI 键盘输入升 F 和升 C 以外的黑键子音,在五线乐谱上显示同音异名的升号音还是降号音,是可以先在 Finale 中设置的,省去了输入后再调整的步骤。还可以自定义每个同音异名音符,显示升号还是降号音,自行编制音阶中同音异名音符的显示记号。

（1）单击主要工具栏 Edit 按钮,在其下拉菜单 Enharmonic Spelling(同音异名选择)的子菜单中,单击 Edit Major and Minor Key Spellings(指定大、小调拼读音)选项,见右图画圈和箭头所指处。

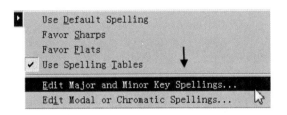

（2）左上图是右上图 Enharmonic Spelling 的子菜单,在此选项中设置拼读的同音异名的内容如下：

① Use Default Spelling(默认的拼读音)

② Favor Sharps(习惯升号)

③ Favor Flats(习惯降号)

④ Use Spellings Tables(使用指定的拼读)

⑤ Edit Major and Minor Key Spellings(指定大、小调拼读音)

⑥ Edit Modal or Chromatic Spellings(指定全、半音拼读音)

（3）单击第⑤和⑥项内容,会出现该内容指定的对话框供设置需要显示的同音异名标记。

（4）左上图是 Enharmonic Spelling 子菜单中的第 5 项 Edit Major and Minor Key Spellings 的对话框,在此对话框中指定,MIDI 键盘黑键子音显示升号还是降号。1=C、2=D、3=E、4

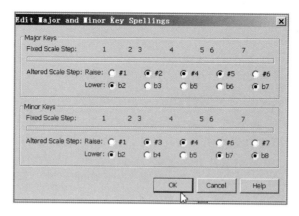

＝F、5＝G、6＝A、7＝B，指定"♯"和"b"（升和降音）完毕后，单击 OK 按钮，见上图。

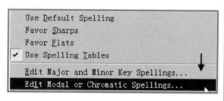 

（5）左上图是 Enharmonic Spelling 子菜单中的 Edit Modal or Chromatic Spellings 的对话框，该对话框中数字是以半音关系排列 1～12，见右上图；

（6）下图的乐谱是软件拼读后显示的变化音（非正常调性关系显示）。拼读是指用 MIDI 键盘输入同音异名音的音符时，Finale 软件认知后显示的升降记号音符，如果有指定，它会按指定升降记号显示。

用 MIDI 键盘输入乐谱时，必须将 MIDI 键盘设备上的 MIDI 输出接入到安装了 Finale 软件的电脑中，一般用 USB 连接，如果是老式 MIDI 圆头的接口，需要用 MIDI-USB 转换线连接。2014 版的 Finale 软件会自动安装 MIDI 键盘的驱动，如果乐谱上显示不了音符，请检查

一下软件的驱动设备。

（1）单击主要工具栏 MIDI/Audio(MIDI/音频)工具按钮，在其下拉菜单 Device Setup(设备设定)的子菜单中单击 MIDI Setup(MIDI 设定)，见下图箭头所指处；

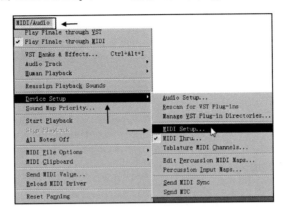

（2）在出现的 MIDI Setup 的对话框中，查看 MIDI in 栏内是否有需要的 MIDI 设备，或者 MIDI 键盘设备的驱动是否安装到位，因为它是乐谱上能否显示音符的关键。如果有自行安装的 MIDI 设备，可在 Device(驱动)的下拉菜单中选择使用，见下图画圈和箭头所指处。

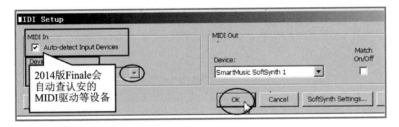

5.13 用同调与原调写总谱

Finale 有项非常方便的功能，当作曲者面对众多的移调乐器写乐谱时，尤其是为吹奏乐合奏写乐谱，可以利用 Finale 的该功能，先让乐谱都自动地变成同调，等写完乐谱后再自动地恢复成各自的移调乐器。以前苏联著名作曲家普罗科菲耶夫就习惯用同调写乐谱。这对不习惯用移调写乐谱的人来讲，提供了一个非常方便的制作工具。其操作顺序：

（1）在乐谱设置向导中，按着正常应用，选择需要的乐器(包括移调乐器)，如左下图小型室内乐，木管五重奏的乐谱。其中单簧管是 bB(降 B)调，显示有两个升号；圆号是 F 调，显示有 1 个升号；C 调乐器调号处是空白的，见左下图的乐谱。

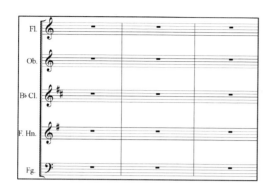
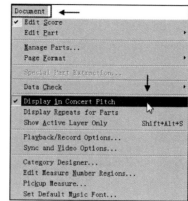

（2）单击主要工具栏 Document，在其下拉菜单中单击 Display in Concert Pitch（用音乐会音高显示）选项，在该选项前打上"√"，见右上图箭头所指处。

（3）乐谱中的所有乐器都显示为相同的调，在此把需要的音乐内容按同调（实际音高）输入到乐谱即可，见上图乐谱中的内容。

（4）乐谱中的音符内容输入完成后，再次单击 Document，在其下拉菜单中单击 Display in Concert Pitch 选项去掉"√"，见右图画圈和箭头所指处。

（5）只是单击 Document 菜单下的 Display in Concert Pitch 选项，即可改变同调与非同调之间的音符显示。

注意：通常短笛是低 8 度记谱，倍大提琴是高 8 度记谱，恢复成非同调时，要把这两个声部一个（短

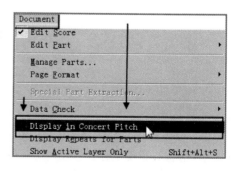

笛)降低 8 度,另一个(倍大提琴)提高 8 度显示。

5.14 十二音作品创作变调乐器的处理

即使是无调性作品(用 C 调显示),用计算机制作出的乐谱,移调乐器也会显示其调号,这是因为它是移调乐器。想要和 C 调乐器演奏同音它就要演奏不同的音。软件默认的移调乐器是显示有调号的。在这种情况就需要简单地处理一下:

(1) 左下图是最初出现的乐谱的默认值,和它们演奏同音时的乐谱;

(2) 单击主要工具栏"五线"工具的图标按钮。右击五线谱行的左头部,在弹出的菜单中,选择 Edit Staff Attributes(编辑五线声部属性),见右下图画圈和箭头所指处;

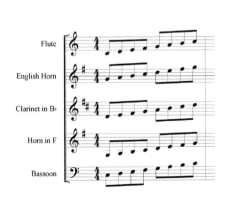

(3) 也可以单击"五线"工具的图标按钮后,再双击需要声部的五线,调出"五线声部属性"

对话框,见下图。

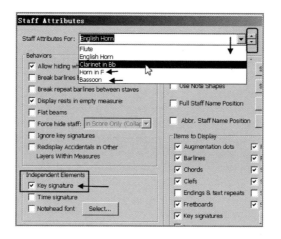

(4) 在上图 Staff Attirbutes 对话框下方的独立元素选择栏中的 Key signature(指定调号)选项前并打上"√",然后对下一件移调乐器进行同样的操作,3 件乐器都打上对钩后,单击 OK 按钮,见箭头所指处;

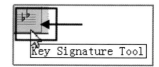

(5) 单击主要工具栏"调号"工具的图标按钮,见右上图箭头所指处;

(6) 双击乐谱,在出现的 Key Signature 对话框中的 Hide key signature and show all accidentals(隐藏调号并显示所有临时记号)选项前打上"√",见下图画圈(该对话框也是调号工具的右键菜单);

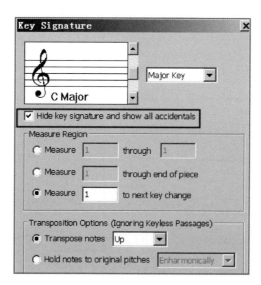

（7）以上操作也可以在 Score Manager 对话框中，将 Hide key signature and show all accidentals 选项前打上"√"，使其不用调号而用临时记号标记，见左下图箭头所指处；

（8）乐谱上的移调乐器，虽然有调号但是不显示，而用临时记号标记。这有利于创作十二音作品的记谱和播放等，见右下图乐谱画圈和箭头所指处。

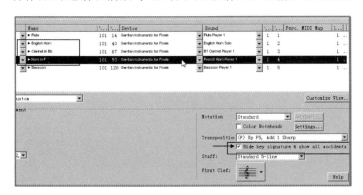

5.15 法式转调提示还原号的放置

所谓法式转调提示还原记号的放置，是这类曲谱中途换新调时，把调还原记号放在新调号的前一小节内的乐谱，大多数出自法国乐谱出版社，故在此称为"法式转调提示还原号的放置"。因笔者经常被问到这类问题，故在此用一节讲解。

左下图乐谱的上行，是 Finale 软件转调的默认提示，还原记号和新调号放在了同一小节中；下一行是法国式转调的提示，还原记号放在前一小节中；新调号在新的小节中，目前 Finale 软件只用它默认的提示。要用法国式的转调提示，没有现成的功能，可尝试用以下方法代替：

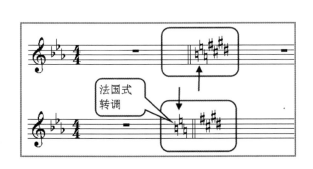
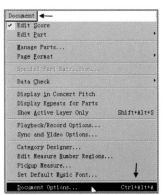

（1）在 Document 的下拉菜单中，单击 Document Options（文档选项），快捷键是 Ctrl＋Alt＋A，见右上图箭头所指处；

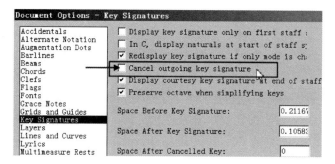

（2）在 Document Options - Key Signatures 对话框的调号选项内容中，去掉 Cancel outgoing key signature（取消转调前的还原号）选项前的"√"，见上图画圈和箭头所指处；

（3）上图乐谱转调前提示的还原记号在执行 Cancel outgoing key signature 操作后，与新调同小节的还原记号被自动地取消了，见下图乐谱的箭头所指处（上图的第 3 小节是原乐谱的样子）；

（4）单击主要工具栏"小节"工具的图标按钮；
（5）双击乐谱上的第 2 小节，在弹出的菜单中选择 Insert Measure Stack（插入小节）选项，见左下图箭头所指处；
（6）在出现的插入小节的对话框中，填入"1"（插入 1 小节）；

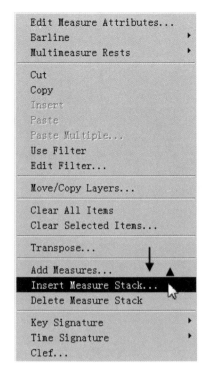
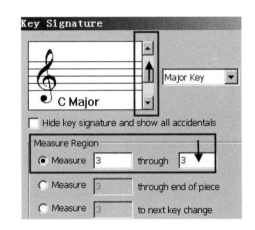

（7）单击主要工具栏中"小节"工具的图标按钮；

（8）双击新插入的第 3 小节，会出现 Key Signature 对话框，在该对话框中，将第 3 小节的降 E 调，换成 C 调，再选择小节的范围，这里从第 3 小节到第 3 小节（只这 1 小节转调），单击 OK 按钮完成此操作，见右上图画圈和箭头处；

（9）单击主要工具栏"五线"工具的图标按钮，右击新插入的小节，在出现的右键菜单中，单击 Blank Notation：Layer 1（使第 1 层乐谱空白）选项，见右图箭头所指处；

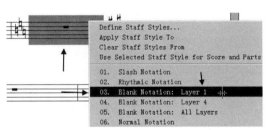

（10）单击主要工具栏"小节"工具的图标按钮；

（11）双击插入的第 3 小节，在其右键菜单中，在 Change Width（小节幅宽）文本框中输入 0。去掉 Include in measure numbering（不记入音乐的小节数）选项前的"√"，使其不记入音乐的小节数，见下图画圈与箭头所指处；单击 OK 按钮完成设置；

| Finale 实用宝典

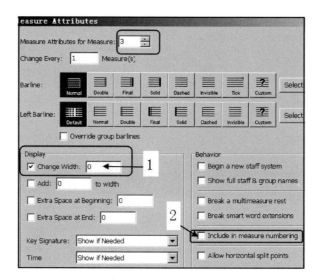

（12）双击下图乐谱的第 2 小节，在"小节"的对话框中，选择"无小节线"；

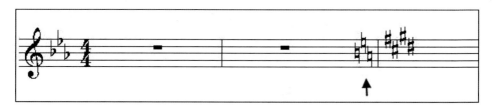

（13）法式转调前将提示的还原号放置在前一小节中制作完成，见上图箭头所指处。因此目前 Finale 还有专门解决它的功能。还有就是也可以用表情记号制作的方法，将几个还原记号粘贴在前一小节中。

5.16　有调与无调打击乐声部的混用

（1）单击主要工具栏"谱号"工具的图标按钮，见右图左上方框的箭头所指处。

（2）圈起来要改变谱表的区域，使其成为相反颜色，右击此区域，会出现"改换谱号"的对话框。

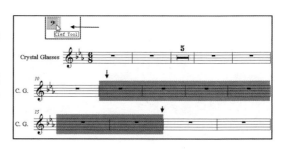

（3）在左下图 Change Clef 对话框中，选择打击乐谱号，确认此打击乐谱号的应用范围是 11～16 小节共 6 小节。

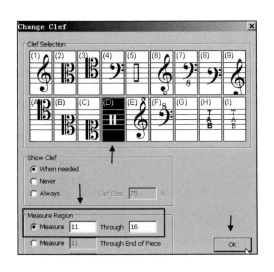 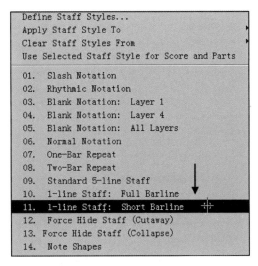

（4）单击主要工具栏"五线"工具的图标按钮后，圈起来将要改变乐谱的区域，使其成为相反颜色；右击此区域，会出现"五线"工具的右键菜单，见右上图箭头所指处。

（5）在"五线"的右键菜单中选择 1-line Staff：Short Barline（短小节线的 1 线谱）选项，见右上图箭头所指处。

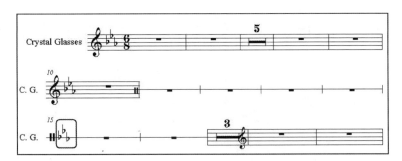

（6）打击乐 Crystal Glasses（玻璃风铃）声部分谱中的第 11～16 小节的乐谱，被制作成了无音高打击乐谱表的一线谱，见上图的乐谱。下面将处理一下该乐谱中第 15 小节的调号。

（7）单击主要工具栏中"小节"工具的图标按钮。

（8）双击上图乐谱第 2 行的第 1 小节，带调号的小节，会出现左下图"小节选择"相关的对话框；

（9）在左下图对话框中，在下方 Key Signature 处，将调号显示的选择，设置成 Always Hide（总是隐藏）选项；

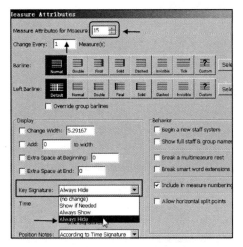 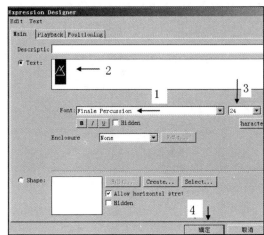

(10) 单击主要工具栏 *mf* 的图标按钮,在弹出的对话框中选择"杂项",再在对话框下方单击"创建"选项按钮;

(11) 在右上图 Expression Designer 对话框中,开始制作"三角铁"乐器的字符图标:

① 在 Expression Designer 对话框中,选择 Finale Percussion(菲拿里打击乐)字体,按 Shift＋Y 调出该字符,输入打击乐三角铁的图标(按键及键位见表格所列内容);

② 选择三角铁图标的字号为 24,还可以加粗,见右上图数字和箭头所指处。

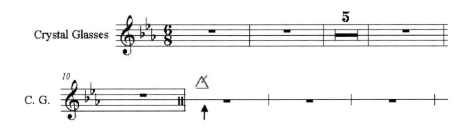

(12) 以上是有调与无调打击乐声部混用一行谱的制作图例。有调号用普通五线记谱的 Crystal Glasses(玻璃风铃)打击乐声部,中途被改换成了无调、用单线谱记谱的三角铁打击乐声部。三角铁的标注,使用了 Finale Percussion(菲拿里打击乐)字体中的图形字符中的内容,见上图乐谱中的箭头所指处。

5.17 非调性音乐关系的记号标记

(1)单击主要工具栏"调号"工具的图标按钮;

(2)双击要添加记号的小节,会调出 Key Signature 对话框;

(3)在 Key Signature 对话框的右侧,在大小选择的下拉菜单中选择下方的 Nonstandard（非标准调号）选项,见下图画圈和箭头所指处;

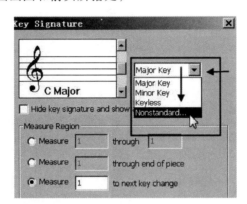

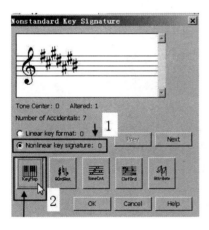

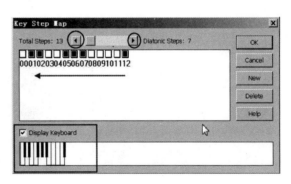

(4)在左上图 Nonstandard Key Signature（非标准调号选择）对话框中,选择 Nonlinear key signature:0（非线性调号）,再在右下方单击带键盘图样的图标按钮,见左上图画圈和箭头所指处;

(5)在右上图 Key Step Map（调号音阶图）对话框中,单击上方 Total Steps（音阶总数）左右箭头,调整到需要的音数和调号的数量,见下两图画圈和箭头所指处;

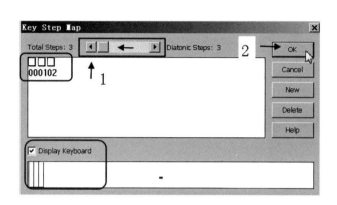
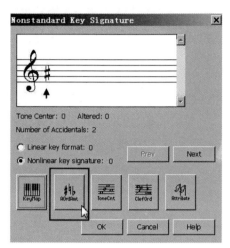

（6）在右上图 Nonstandard Key Signature 对话框的下方，单击第 2 个（带升降记号）图标按钮，见右上图鼠标箭头所指处；

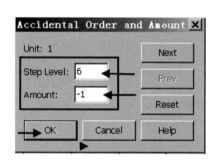
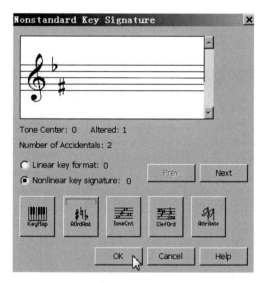

（7）在左上图 Accidental Order and Amount（临时记号顺序和变化值）对话框中，在 Step Level（线性格式）文本框中填入"6"，在 Amount（非线性调号）文本框空中填入"－1"，填入完毕单击 OK 按钮，见左上图箭头所指处；

（8）在右上图 Nonstandard Key Signature 对话框中，会有制作中的调号的显示，如果确认无误，单击 OK 按钮设定完毕，见右上图；

（9）上图的乐谱是非调性音乐关系记号标记制作的例子。虽然分了几个步骤，但是不这样的话软件中没有现成的可供使用，再者自创音阶和全球各民族的音乐、调式调性是难规律化的被制作成打谱软件的。

5.18　非常规调号制作的举例

非常规调号制作的举例，是用改变升降记号的种类、数量，并以 bE、bD 和 bA 三个降号的调号的制作，举例讲解：

(1) 单击主要工具栏"调号"工具的图标按钮；
(2) 双击乐谱，会弹出调号选择的对话框，见下图画圈和箭头所指处；

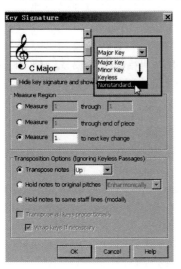
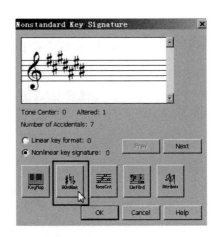

(3) 在左上图 Key Signature 对话框右上方的大小选择的下拉菜单中，选择 Nonstandard（非标准调号）选项；

(4) 在右上图 Nonstandard Key Signature 对话框中，选择 Nonlinear key signature（非线性调号），然后单击下方第 2 个带升降还原记号图标的按钮；

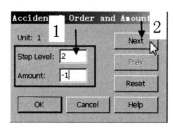 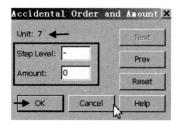

（5）在左上图 Accidental Order and Amount（临时记号顺序和变化值）对话框中，在 Step Level（平移距离）的文本框中填入 2，在 Amount（等值）的文本框填入"－1"，然后单击 Next 按钮，会出现输入下一个音的界面并开始下一个记号（音）的输入；

（6）在"临时记号顺序和变化值"对话框上方 Unit（步骤或排号）显示着输入内容的回数（第几个音符）。在此我们依次可输入下表中的内容：

1	Unit（排序）	一	二	三	四	五	六	七
2	Step Level（平移距离）	2	－2	1	－	－	－	－
3	Amount（数）	－1	－1	－1	0	0	0	0

注："－"为不定。

（7）右上图是输入的第 7 个 Unit，Accidental Order and Amount 对话框制作的 2～6 五个栏的内容和图省略了；

（8）在 Accidental Order and Amount 对话框中，填入和输入 7 个记号的数值后，单击 OK 按钮就会出现下图 Nonstandard Key Signature 对话框，确认调号无误后单击 OK 按钮完成非常规调号的制作，见下图画圈和箭头所指处；

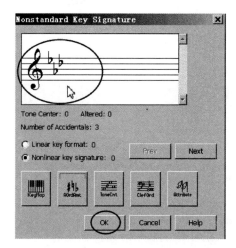

（9）以下图乐谱中的非常规调号制作的乐谱为例。它的中部可以任意地恢复到需要的各个常规的调性关系的调上。读者可以仿照本制作的实际操作，尝试制作更多的调号、临时标记等。

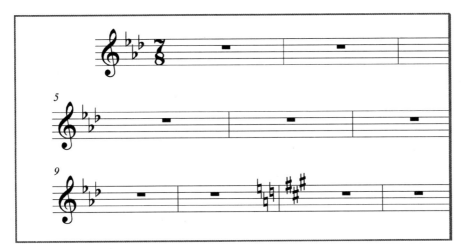

第六章

节拍与拍号的相关操作

节拍与拍号在 Finale 打谱中，是个相对简单的操作。不过仔细追究起来，也还是有内容可参考的。掌握好节拍与拍号的制作会给制谱、创作、编曲、音乐教育和音乐论文写作等带来诸多方便。有些操作，可在软件的英文说明和专业网站上查到，但有些也找不到。本章所提到的内容，如果读者熟练地掌握了，就会成为乐谱制作高手。有些制作例子，读者可以举一反三，借助本书提供的思路，找到更佳的制谱途径。

6.1 拍号的输入

拍号的输入，在 Finale 软件中有三处可以输入或者更改之处：
① 在软件启动窗口的第 4 个界面中进行；
② 在单击主要工具栏"拍号"工具的图标按钮后，双击谱面，在它的右键菜单中进行；
③ 在单击主要工具栏"选择"工具图标的按钮后，在右键菜单中的拍号选项中选择它。

（1）在 Finale 软件打开后，单击 SETUP WIZARD 按钮，然后在第 4 个界面中选择所需要的拍号；

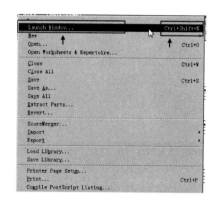

（2）也可以在主要工具栏"文件"按钮的下拉菜单中，选择 Launch Window，快捷键是 Ctrl＋Shift＋N，见右上图画圈和箭头所指处；

（3）在右图 Document Setup Wizard-Score Settings（文档创建向导-总谱设定向导）的第 4 个对话框，选择所需要的拍号，以上从（2）开始进入的设置都会进入到这里的设置向导的第 4 个界面，也都是右图的对话框；

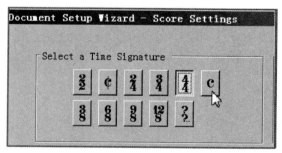

（4）单击主要工具栏中"拍号"工具的图标按钮，见左图箭头所指处；

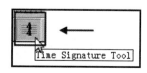

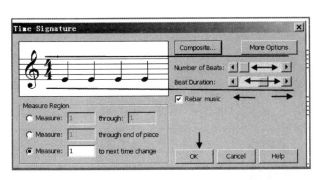
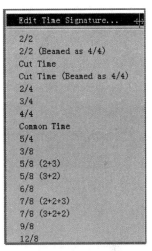

(5) 双击乐谱需要添加拍号的小节,会弹出 Time Signature(选择拍号)对话框,见左上图箭头所指处;

(6) 右击乐谱需要添加拍号的小节处,将出现右上图的对话框,在该对话框也可以选择最上行的 Edit Time Signature(编辑选择拍号);

(7) 单击主要工具栏"选择"工具的图标按钮;

(8) 右击乐谱中要添加拍号的小节,在出现的右键菜单中的 Time Signature 的子菜单中,选择需要的拍号,或打开 Edit Time Signature 对话框进行指定,见下图。

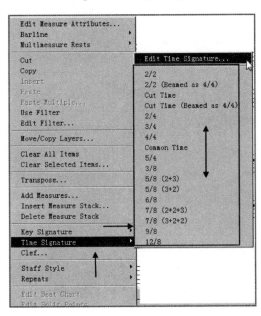

6.2 混合拍子的输入

（1）单击主要工具栏"拍号"工具的图标按钮，见右图箭头所指处；

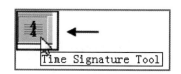

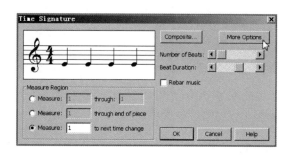

（2）双击乐谱需要添加或变换拍号的小节，会弹出 Time Signature 对话框，见左图；

（3）右击乐谱需要添加或变换拍号的小节，将出现"选择"工具的右键菜单对话框，在该对话框中也可以打开 Edit Time Signature 对话框；

（4）在 Time Signature 对话框的下半部分，单击 Composite（混合节拍）按钮，会调出输入混合节拍的对话框，见下图画圈和箭头所指处以及它上面的标注等；

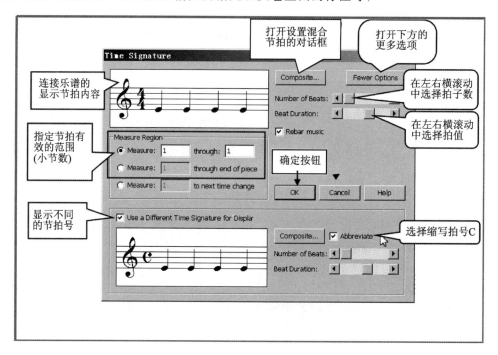

（5）双击乐谱上的第 4 小节，在出现的 Time Signature 对话框中单击对话框下方的 Com-

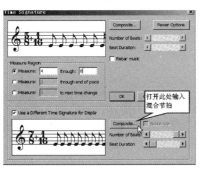

posite(混合节拍)选项按钮,见左上图箭头所指处;

(6) 在 Composite Time Signature(混合拍号选择)对话框中,填入需要的混合节拍,见右上图中画圈和箭头所指处。填入完毕单击 OK 按钮。下图的乐谱是输入混合节拍的例子。

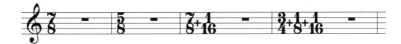

6.3 弱起小节的制作或删除

(1) 在 Document Setup Wizard-Score Settings 对话框的右下方,Specify Pickup Measure (指定弱起的时值)区域中选择需要的弱起拍的音符时值,见下图画圈和箭头所指处。

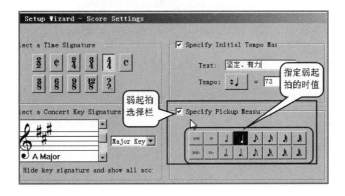

（2）弱起小节的起拍就是所选的 4 分音符的时值，然后输入需要的音符或休止符，见下图箭头所指处。

（3）如果是为已制成的乐谱添加弱起,小节,操作如下：

① 单击主要工具栏 Document 选项,在其下拉菜单中单击 Pickup Measure（弱起小节）选项,然后会出现 Pickup Measure 对话框,见下图画圈和箭头所指处；

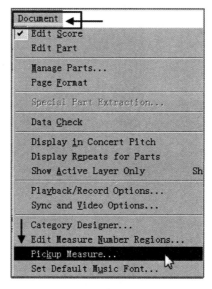

② 在左下图 Pickup Measure 对话框中,选择需要弱起的音符时值即可；

③ 弱起小节设置完毕后,单击 OK 按钮。

 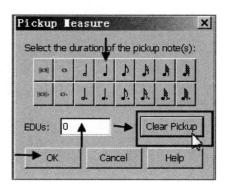

(4) 弱起小节的删除：

① 单击主要工具栏 Document 选项，在其下拉菜单中单击 Pickup Measure 选项，见左上图箭头所指处；

② 在 Pickup Measure 对话框的右下方，单击 Clear Pickup（撤销弱起小节）按钮，即可撤销弱起小节，撤销后的弱起小节对话框中的原四分音符的时值按钮被恢复了原样，EDUs 值也从 1020 值回到了 0 值，见右上图画圈和箭头所指处。

③ 下图乐谱是撤销了弱起小节的乐谱，Finale 的默认值是用 2 分休止符或者全休止符填充空白的小节。

6.4　拍号 4/4、2/2 及其简写

（1）在 Document Setup Wizard – Score Settings 对话框的左上方，节拍记号选择栏区域，可以选用 2/2、4/4 数字表示，或者使用简写的字母拍号表示，见右图画圈和箭头所指处。

（2）如果为已制成的乐谱添加或变更拍号时：

① 单击主要工具栏"拍号"工具的图标按钮，双击乐谱需要更换或者插入拍号的小节；

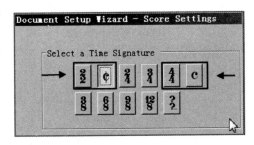

② 在出现的 Time Signature 对话框中，激活对话框右下方的缩写，使 Abbreviate（缩写）选项前面打上"√"，见左图画圈和箭头所指处。

（3）如果常用 4/4、2/2 拍号简写的标记，可以设定它们，其操作步骤：

① 单击主要工具栏 Document 选项，在其下拉菜单中，选择 Document Options（文档选项）；

② 在 Document Options-Time Signatures（文档选项–拍号设定）对话框上

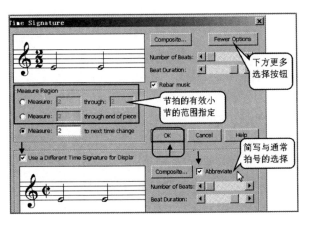

方,把 Abbreviate Common Time To(通用拍 4/4 简写为)前面的空格,和 Abbreviate Cut Time To(2/2 简写为)前面的空格都打上对钩,使其固定在优先使用 4/4、2/2 节拍号的缩写,见下图箭头所指处。

如果有要求,可以具体指定在 Score(总谱)和 Parts(分谱)中使用,4/4、2/2 拍或总谱和分谱都使用该缩写,设置完毕单击 OK 按钮。

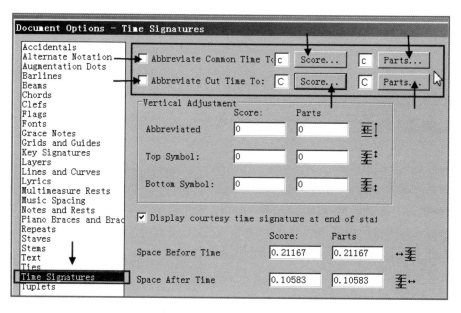

6.5 显示与隐藏行末的提示拍号

(1)单击主要工具栏的 Document 选项,在其下拉菜单的最下方,单击 Document Options(文档选项),见左下图画圈和箭头所指处。

本节要制作的内容是去除右下图乐谱最后小节的提示性拍号。

(2)在下页第三幅图 Document Options-Time Signatures 对话框中,将 Display courtesy time signature at end of stai(在系统行末处显示提示性的拍号)前的"√"去掉,见箭头所指处。

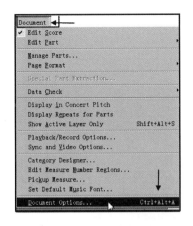

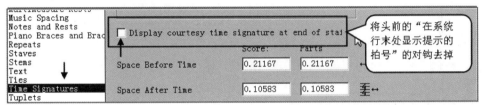
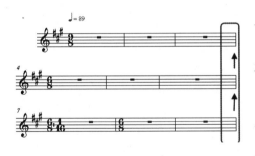

（3）乐谱行末提示性的拍号就会自动地都去掉，见左图乐谱画圈和箭头所指处；

（4）以上操作，是将整个乐谱所有行末的提示性拍号去掉；如果只想去除某一行行末提示性的拍号，参见下面的操作：

① 单击主要工具栏"小节"工具的图标按钮，见右图箭头所指处；

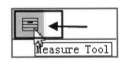

② 双击要隐藏拍号的行末小节，会出现左下图"小节属性"的对话框；

③ 在左下图 Measure Attributes 对话框中，将对话框下方的 Hide cautionary clefs, key and time signatures（隐藏行末提示性的拍号，调号和谱表）前的"√"打上，见左下图箭头所指处；

④ 右下图乐谱的第 2 行行末（第 6 小节）提示用的拍号就被自动地去除了，乐谱中其他行行末的提示性拍号还在。本操作只针对指定的小节去除提示性拍号而使用。

| Finale 实用宝典

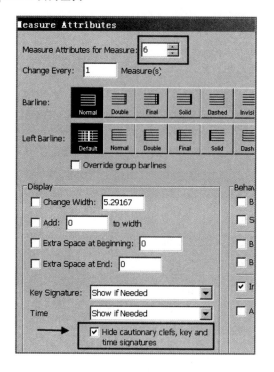
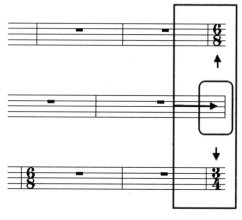

6.6 特定拍号的指定

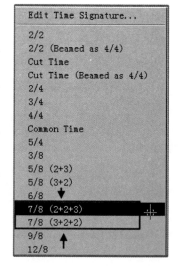

特定节拍的指定,是指某些混合的节拍,例如 5/8、7/8、5/4、7/4 等,它们是 2+3 还是 3+2 以及 2+2+3 还是 4+3,以及 3+2+2 等节拍。因为节拍内的重拍、重音不同,和 8 分音符、4 分音符之间的组合也不同,它们的重音和重拍,是由于各民族音乐的习惯、传统和语言的不同而形成的;另外设置和制作不对,打出来的乐谱也不成样子。由于混合(复合)节拍组合的种类多样,此节简单举例说明它的配置方法、软件所在处和相关步骤:

(1) 单击主要工具栏"拍号"工具的图标按钮。

(2) 右击需要换的拍号或要插入拍号的小节,会出现"拍号工具"的菜单。这里的 7/8 有两种组合,2+2+3 和 3+2+2,见右图画圈和箭头所指处。

(3) 因为需要的组合这里没有，单击菜单上方的 Edit Time Signature 选项。

(4) 此拍号的右键菜单，也是主要工具栏中"选择"工具的右键菜单。

(5) 指定的 7/8(2＋3＋2)，可以让它只显示 7/8 的拍号或者显示 2＋3＋2 的拍号，其设置在 Edit Time Signature 对话框中操作即可；

(6) 在右下图 Time Signature 对话框中单击 Composite 按钮，会出现左下图 Composite-Time Signature 对话框，见左下图画圈和箭头所指处。

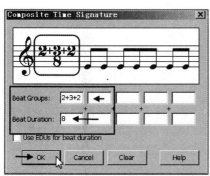 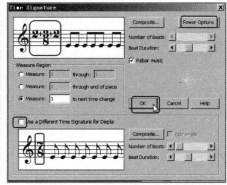

(7) 在 CompositeTime Signature 对话框画圈栏的上行，填入 2＋3＋2(每组拍数的样式)，下行填入 8(每拍时值)，设置完毕单击 OK 按钮。见右上图拍号选择对话框中的内容，显示出来的音符内容见乐谱(上图乐谱的第 1 小节)。

(8) 设定了 2＋3＋2/8，但只在乐谱的横符尾连接中显示，在乐谱拍号的位置上还显示着普通 7/8 拍，这可根据作曲者的需要来显示。在右上图 Time Signature 对话框中，将下方的 Use a Different Time Signature for Display(显示为不同的拍号)选项前打上"√"，即可让其显示 7/8 拍。

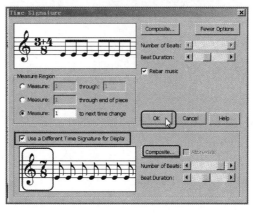

(9) 在右上图 Time Signature 对话框下方的 Use a Different Time Signature for Display 选项前打上"√"，乐谱上拍号的位置就会显示拍号 7/8，见箭头所指处。

(10) 在 Time Signature 对话框的下方将 Use a Different Time Signature for Display 选项前打上"√"，乐谱上的拍号就会显示拍号 3+4/8，见下图箭头所指处，其乐谱见上两图。

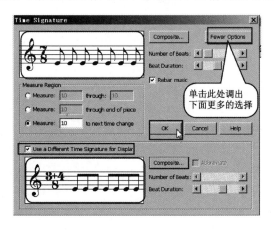

6.7 末尾不完全小节的制作

不完全小节，大部分乐谱前头有弱拍起的小节，它和结尾缺少节拍的不完全小节合起来为一个完整的小节。不完全小节的制作在 Finale 中有制作方法，但很多人用其他方法代替。笔者用个较典型、常用的乐谱例子来列举制作一下。

(1) 单击主要工具栏"反复记号"工具的图标按钮，见右图箭头所指处；

(2) 右击左下图乐谱的第 8 小节，会出现反复记号的右键菜单，见右下图；

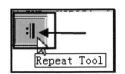

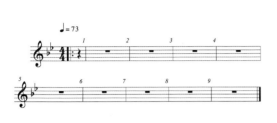
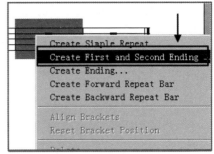

（3）在弹出的"反复记号"的菜单中，单击 Create First and Second Ending（为第 1、2 房子添加反复记号）选项，见右上图箭头所指处；

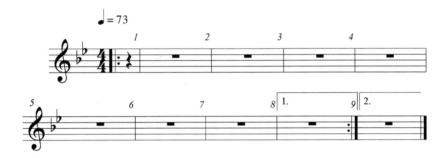

（4）单击主要工具栏"拍号"工具的图标按钮，双击上图乐谱的第 8 小节；
（5）在出现的 Time Signatures 对话框中：
① 选择要操作的小节范围；
② 将上栏设置成为 3/4 拍（不完全小节的拍数）；
③ 单击对话框右上角的 More Options（更多选项）按钮，展开对话框的下半部分。该对话框展开后按钮将显示 Fewer Options（精简选项）；
④ 将对话框中 Use a Different Time Signature for Display 的前头打上"√"；
⑤ 设置完毕单击 OK 按钮，操作完成。
见下图数字、画圈和箭头所指处。
（6）不完全小节的乐谱，见下页第二幅图，它的第 8 小节（第 1 房子内），虽然没有标记 3/4 拍，就被认为是 4/4 拍，但经过了设置，它只能输入 3 拍子的音符或者休止符，它和前面弱起小节的头个小节合起来为一个完整的 4/4 拍。

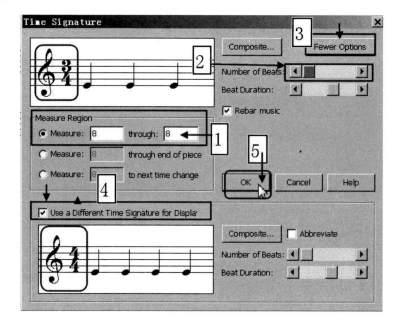

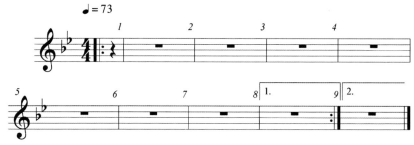

6.8 用点线分割混合拍子

有些混合节拍比如 5/4、5/8、7/4、7/8 等，它们是由 2＋3、3＋2、3＋4 或 4＋3 等组成。为了在演奏时方便提示，作曲者将 5/4 拍的 2 或 3 的部分用点线划分一下还是有必要的。如果将点线分割混合拍子活用的话，也可以用在华彩乐段等不容易理解的旋律分句处。

（1）单击主要工具栏"选择"工具的图标按钮。

（2）单击要划点画线的小节，使其成为相反的颜色，见下图乐谱。

（3）在主要工具栏 plug-ins 的下拉菜单 Measures 的子菜单中，选择 Split Measures（分割小节），见下图 plug-ins 对话框中画圈和箭头所指处。

（4）在 Split Measures 的对话框中：

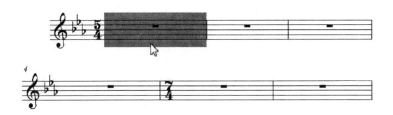

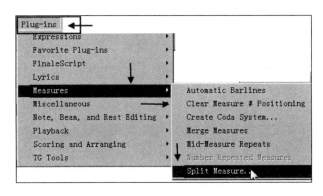

① 选择从第几拍开始分割小节,这里是从第 3 拍开始分割小节,填入数字 3;

② 选择 Dashed(点线)选项,意思是使用点线的小节线分割小节;

③ 去掉 Move second part of split to next system(将分割后的小节切换到下一行)选项前的"√",意思是将分割后的小节不切换到下一行;

④ 设置完毕单击 OK 按钮。

见下图画圈、数字和箭头所指处。

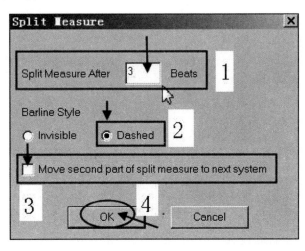

（5）分割小节的操作，最好是 1 小节 1 小节地操作，这样它的小节数是正常的，分割后的那一半小节不另算一小节。

（6）让乐谱上的每一小节都显示小节数，

就会发现它们的不同了。第 1、2、5 小节是单个制作的小节，它们的小节数和第 3、4 小节和第 6、7 小节不一样，第 3、4 小节原来是一小节，第 6、7 小节原来也是一小节。因为它们是复制过来的小节，小节号就变成每半小节 1 个小节号了，这会在出分谱和排练时出现麻烦，见上图乐谱上的小节号。

（7）单击小节工具的图标。双击乐谱第 2 小节的后半部分，来看它们在小节属性中的数据，见下图箭头所指处。

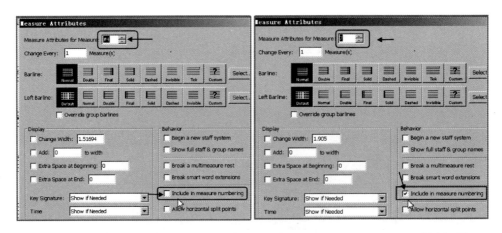

（8）上图乐谱中第 1 行的最后 1 小节，在左上图 Measures Attributes 对话框设置。上两图乐谱第 2 行的最后 1 小节，在右上图 Measures Attributes 对话框设置。

第六章 节拍与拍号的相关操作

从以上两个对话框中可以看到,1小节1小节地制作点线分割的内容和复制粘贴的点线分割小节数据内容是不太一样的：

① 单个小节制作的点线分割的小节,被分割出来的小节不单算小节号。小节号栏中显示的是"♯4",前面有"♯"号；复制过来的点线分割小节,单独算小节号,它显示的是"7",前面没有"♯",见左上图和右上图上行小节号栏内的内容；

② 在小节属性对话框的 Include in measure numbering(在小节号中包括这个小节)的前面空格中无对钩,单个小节制作的小节不算小节号,经过复制的 Include in measure numbering 前面空格中有对钩,计算小节号；

③ 如果嫌1小节1小节地制作麻烦,就先制作1小节,然后把它复制成若干小节。那就要在 Measures Attributes 对话框中将 Include in measure numbering 前面空格中的对钩去掉。两种制作的操作应该差不多,由使用者自己选择。

6.9 双点线小节线的制作

(1) 单击主要工具栏 Document 选项。
(2) 在其下拉菜单中单击 Document Options,快捷键是 Ctrl+Alt+A,见左下图箭头所指处。
(3) 在 Document Options 对话框中选择 Barlines(小节线)。
(4) 在打开的 Document Options-Barlines(文档选项-小节线)的对话框中(见右下图)：

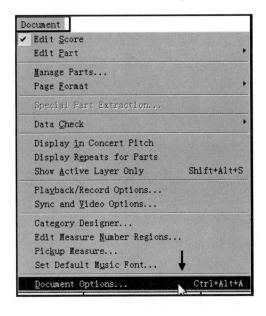
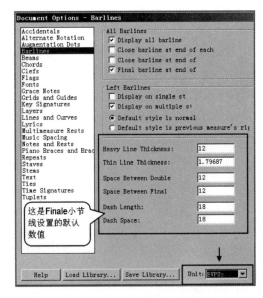

① 将对话框下方的 Unit 指定为"EVPUs";

② 在对话框下方单击 Save Library（保存文库）按钮,将对话框中 Finale 小节线的数值默认值保存到文库中；

③ 设置完毕,单击"确定"按钮。

（5）在 Document Options-Barlines 对话框下方,在文本框内填入自己理想的数值,见右图画圈和箭头所指处。

右图框内部分的中文和所填入的数值以及原来的数值,按顺序列表如下供参考。如不理想可反复调整,以及恢复原来的默认值。

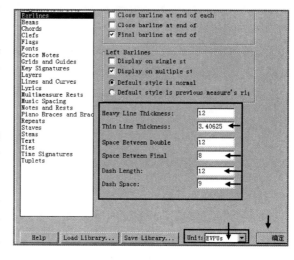

顺 序	中 文	默认的 EVPUs 值	自设的 EVPUs 值
1	粗线的宽度	12	12
2	细线的宽度	1.79687	3.4055
3	双小节线之间的宽度	12	12
4	终止小节线之间的宽度	12	8
5	点线的长度	18	12
6	点线的宽度	18	9

（6）单击主要工具栏"小节"工具的图标按钮,见右图箭头所指处。

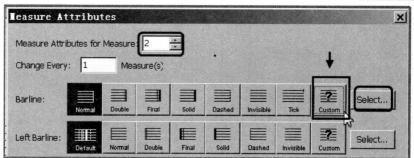

（7）双击乐谱上需要添加双点线小节线的小节,在出现的 Measures Attributes 对话框中单击特殊小节线"?"的图标按钮,或者单击问号按钮边上的"选择"按钮,见上图画圈和箭头所指处。

（8）在出现的右图"图形选择"的对话框中：

① 选择对话框中的点线图形；

② 按复制按钮，将它复制；

③ 单击 Edit 按钮，会出现图形编辑、制作的对话框。

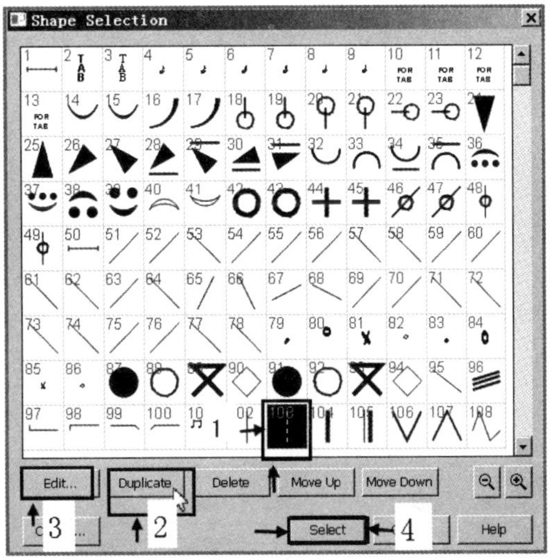

（9）在左下图 Shane Designer（形状设计器）对话框中：

① 单击 Shane Designer 按钮，在其下拉菜单 Show 的子菜单中单击 Staff Template（五线模板），见左下图画圈和箭头所指处；

② 将 Show 文本框内的数据设为 400%，放大对话框内 Staff Template（五线模板）的显示，见左下图画圈处；

③ 在右下图 Line Style（线的样式）的子菜单中，选定为点线，会出现点线编辑的对话框。

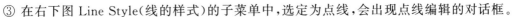

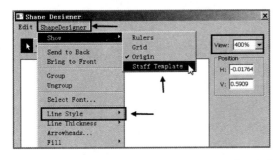

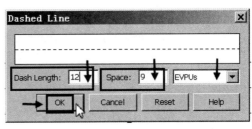

（10）在右上图点线编辑的对话框中，将每个点线的长度，填入"12"，将点的距离，填入"9"，填入完毕单击 OK 按钮，见右上图箭头所指处。

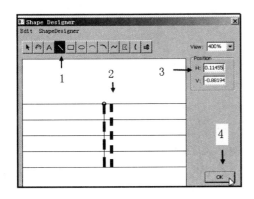

（11）在 Shape Designer 对话框中：

① 选择直线工具；

② 划竖点状的双小节线；

③ 两条小节线的宽度如果摸不准的话，可调整"H"方框中的数值（约 0.11455）；

④ 制作完毕单击 OK 按钮。

见左图数字和箭头所指处。

（12）下图乐谱第 2 小节的双点线的小节线，是刚才制作的。如果同时为多个小节换小节线的

| Finale 实用宝典

操作是：

① 单击主要工具栏"小节"工具的图标按钮；

② 将需要画双点线小节线的区域选中,使其成为相反颜色,见下图乐谱下行的第 6 至 9 小节；

③ 双击选择的乐谱,会出现小节属性的对话框。

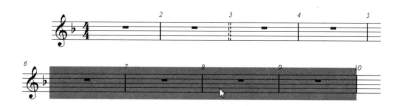

（13）在 Measures Attributes 的对话框中选择特殊小节线"?"按钮或者 Select 按钮,见下图画圈和箭头所指处。

（14）在下图形状选择的对话框中,单击自制的双点小节线,然后单击对话框下方的 Select 按钮,见下图画圈和箭头所指处,选择的小节区域就成为了双点线小节线。

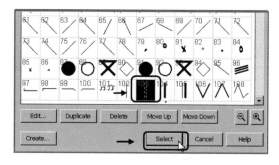

（15）一次操作把选择的 4 小节都画上双点线的小节线,见下图乐谱中的第 6～9 小节的小

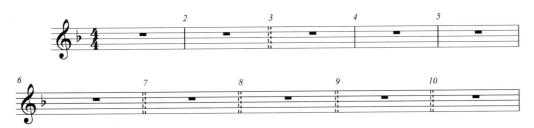

节线。Finale 软件中没有现成的双点线的小节线,有些专业音乐和不确定的节拍作品、乐理题等需要用它。如果觉得调整的双小节线的数据合适,可以保存在 Finale 的文库中供以后使用。

6.10　扩大拍号的制作 A

在手写乐谱的年代,全球作曲者几乎都曾有过把节拍号书写得很大的经历。一是为了节省作曲写乐谱的时间,二是让人一目了然。过去的分谱都是用手抄,抄谱员们会正确地把拍号写在每份分谱上。Finale 软件从很早的版本就提供了扩大拍号的可能性,只是这个功能没人介绍使用方法,也没见有人去用它。

在总谱上扩大拍号,主要是为了方便指挥者。笔者常见指挥者在笔者已有拍号总谱的上方,又手写上去更大的拍号。指挥者很重视拍号,他们指挥的也是拍子和拍号。没有指挥者的排练,我们的乐谱就是纸。在当今电脑打谱的时代,Finale 又为我们提供制作它的可能,我们就让指挥者阅读乐谱的眼睛舒服舒服吧。

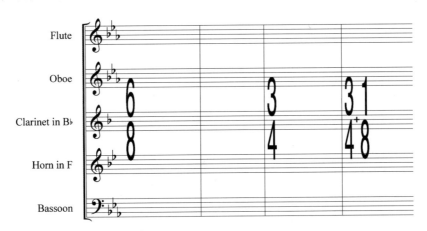

在总谱上扩大拍号的制作,最好在总谱定稿之后进行,留出分谱的总谱,复制一份专给指挥者扩大拍号的总谱。下面笔者借上图总谱,讲解一下木管五重奏中扩大拍号的制作:

（1）通过乐谱设置向导制作1份西洋木管五重奏的乐谱或者已完成的室内乐作品，见左下图。

（2）双击左下图乐谱第1行长笛声部，调出右下图"五线属性"的对话框。

（3）在右下图，长笛声部行 Staff Attributes 对话框中，将对话框下方的 Time signatures 选项前的"√"去掉，意思是在此行声部中不显示拍号，见该对话框画圈和箭头所指处。

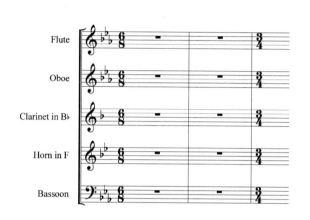 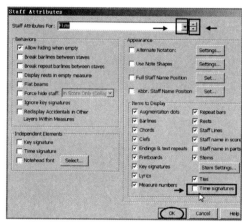

（4）然后单击对话框上方的箭头，将乐谱中的双簧管、圆号、巴松、除中间声部单簧管以外的4个声部，都使其不显示拍号，见右上图画圈和箭头所指处。

（5）以上操作还有更快捷、方便的操作，尤其对编制更多声部的制作。单击主要工具栏 Plug-ins 按钮，在其下拉菜单 Scoring and Arranging（乐谱和编曲）的子菜单中选择 Global Staff Attributes（整个五线的属性），见左下图箭头所指处，调出 Global Staff Attributes 的对话框。

（6）Global Staff Attributes 对话框中显示着乐谱中的所有乐器（此乐谱只有5件）：

① 单击选中长笛声部，然后按住 Ctrl，再单击双簧管、圆号和大管；

② 将对话框下方 Time signatures 前的"√"去掉，这样选择的4件乐器一次性操作完毕，见右下图画圈、数字和箭头所指处。

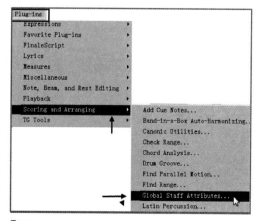 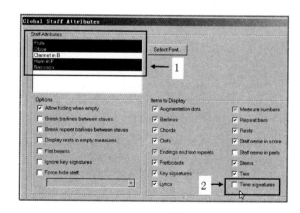

(7) 单击主要工具栏 Document 选项，在其下拉菜单中选择最下面的 Document Options，其快捷键为 Ctrl＋Alt＋A，见右图画圈和箭头所指处。

(8) 在下图 Document Options-Fonts（文档选项-字体）对话框中：

① 选择 Fonts（字体）；

② 在乐谱、记号栏的下拉选择内容中，选择 Time，见下图箭头处，选择字体为 Engraver Time；

③ 选择字号为 24 号。

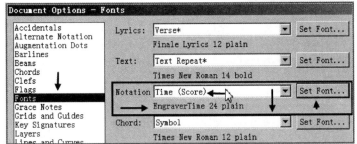

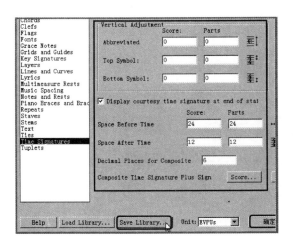

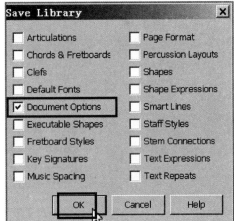

(9) 在左上图 Document Options-Time Signatures 对话框中，单击 Save Library（保存文库）按钮，将现有拍号的默认设置值保存到 Finale 的文库中。

(10) 在弹出的 Save Library 对话框中，按默认的 Document Options 内容类，保存即可，见右上图画圈和箭头所指处。

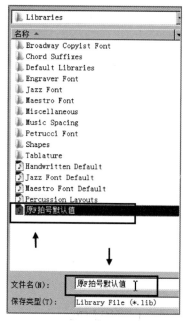
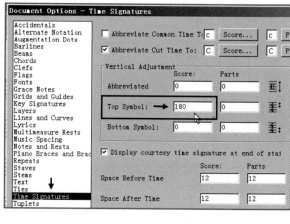

（11）在保存 Library 文件夹中，填入"原 F(Finale)拍号默认值"，供以后找回来使用，见左上图画圈和箭头所指处。

（12）右上图 Document Options-Time Signatures 对话框，在对话框中的 Top Symbol（顶部尺寸）的文本框中填入 180(Unit：EVPUs)，下方的 Space Before time（拍号间距）由原来的 24 改为 12(EVPUs)，设置完毕单击 OK 按钮。

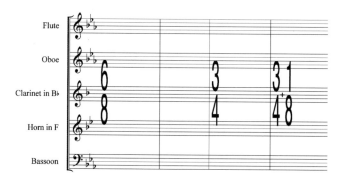

（13）扩大拍号后的乐谱，见上图和本节开始处的木管五重奏的乐谱。

以上是五行谱的木管五重奏扩大拍号的制作，如果是四行谱（偶数）的乐谱，进行扩大拍号的制作是：

① 将 4 行声部的总谱纸，置于横滚动预览；

② 单击主要工具栏"五线"工具的按钮,在 4 声部总谱的第 2 个声部的头部,双击会向下插入一行新五线;

③ 将五行声部中间新添的五线,让该声部在五线属性的对话框中只显示拍号,其余 4 行五线不显示拍号;

④ 单击主要工具栏 Document 选项,在其下拉菜单中选择最下面的 Document Options,其快捷键是 Ctrl+Alt+A。

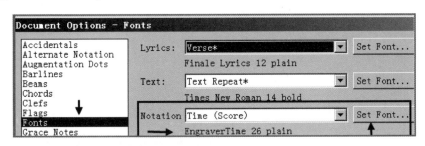

(14) 在上图 Document Options-Fonts 对话框中:

① 选择 Fonts 选项;

② 在 Notation 下拉的选择内容中选择 Time;

③ 选择字体为 Engraver Time;

④ 选择字号为 24 或者 26 号;

⑤ 在左下图 Document Options-Time Signatures 对话框中,将对话框内的 Top Symbol(顶部尺寸)文本框内改为 250EVPUs;

⑥ Bottom Symbol(下位尺寸)文本框内改为 80 EVPUs;

⑦ 下方的 Space Before time(拍号间距)由原来的 24 改为 10,设置完毕单击"确定"按钮;

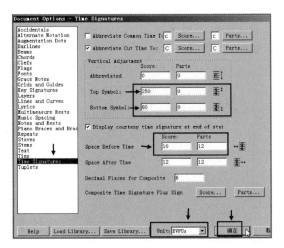
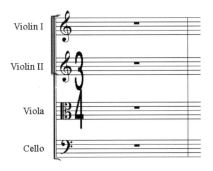

⑧ 以上几个步骤是为偶数行乐谱制作扩大拍号的操作，乐谱见右上图。其他偶数行乐谱的扩大拍号的制作也可借鉴此操作。

6.11 扩大拍号的制作 B

此小节讲的是将扩大了的拍号，放在乐谱顶部或者下部以及多个部位的制作。此制作多是为了方便指挥阅读乐谱而作，例如右图乐谱顶行上的拍号。

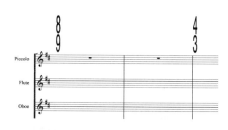

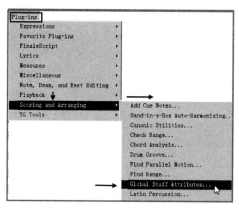

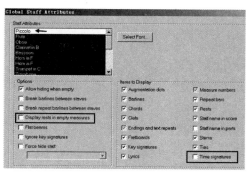

（1）单击主要工具栏 Plug-ins 选项，在其下拉菜单 Scoring and Arranging（乐谱和编曲）的子菜单中，选择 Global Staff Attributes，见左上图箭头所指处。

（2）在右上图 Global Staff Attributes 对话框中，将除了长笛和第一小提琴声部以外的全部声部选中，使之成为相反的颜色，后续操作是：

① 在对话框左侧，将 Display rests in empty measures（未输入用休止符填充）选项前的"√"去掉，意思是未输入音符的乐谱呈空白状态；

② 将对话框下方的 Time Signatures（拍号标记）选项前的"√"也去掉，意思是选择的这些声部不显示拍号。

（3）乐谱中除顶行的长笛和下半部的小提琴两个声部行有拍号，其余声部行都没有拍号了，见左图乐谱。

 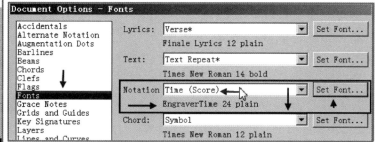

（4）单击主要工具栏 Document 选项，在其下拉菜单中选择 Document Options，快捷键是 Ctrl+Alt+A，见左上图画圈和箭头所指处；

（5）在右上图 Document Options-Fonts 对话框中：

① 单击选择 Fonts；

② 在乐谱记号栏的下拉菜单中选择 Time，见右上图画圈和箭头所指处；

③ 选择字体为 Engraver Time；

④ 选择字号为 24 号或 26 号，选择完毕单击 OK 按钮。

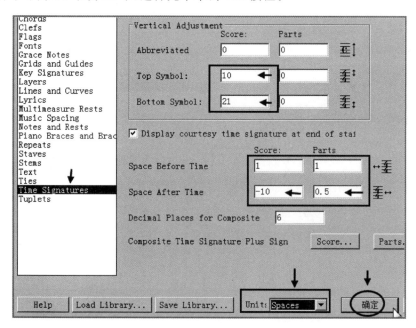

（6）在上图 Document Options-Time Signatures 对话框中的操作是：

① 将 Unit 设为 Spaces（空格）；

② 将 Top Symbol（顶部尺寸）栏改为 10（Spaces）；

③ 将 Bottom Symbol(下位尺寸)栏改为 21(Spaces),下方 Space Before time(拍号间距)栏改为 1,Space After time 改为"－10"等;

设置完毕单击"确定"按钮,见上图画圈和箭头所指处。

(7) 上图是扩大拍号的制作谱例。如果觉得将来会常用,可将以上设置作为五线的样式保存起来,供使用时调出五线样式进行套用即可。保存五线样式的操作:

① 单击主要工具栏"五线"工具的图标按钮;

② 右击五线,在右图,五线的右键菜单中,选择 Define Staff Styles(定义五线谱样式),见右图箭头所指处。

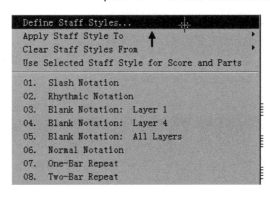

(8) 在左下图 Staff Styles(五线谱样式)对话框中:

① 单击 New 按钮,在 Available Styles(实用样式)文本框中填入名称,例如填入"拍号扩大强制显示";

② 在对话框的右下角将 Time Signatures 选项前打上"√",设置完毕单击"确定"按钮;

③ 再打开五线的右键菜单,就会有我们保存的"拍号扩大强制显示"选项,见右下图箭头所指处。

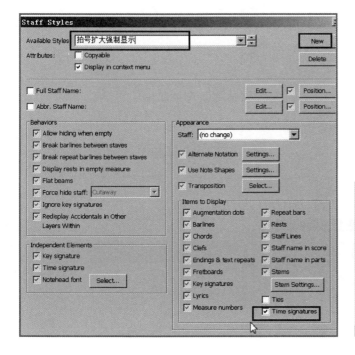

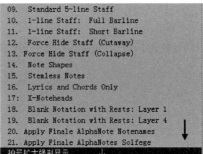

6.12 扩大拍号的制作 C

（1）单击主要工具栏 View 选项，在其下拉菜单中选择 Scroll View（横卷轴预览），快捷键是 Ctrl＋E，见右图画圈和箭头所指处。

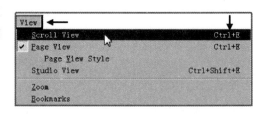

（2）激活主要工具栏"五线"工具的图标按钮。

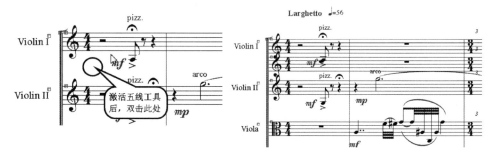

（3）双击乐谱首行（小提琴声部）的下方（见左上图画圈和箭头所指处），会自动插入 1 行空白的五线，见右上图（两条拥挤在一起的五线）。

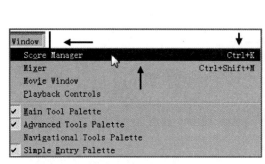
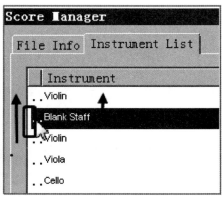

（4）单击 Window 选项，在其下拉菜单中单击 Score Manager 选项，快捷键是 Ctrl＋K，见左上图箭头所指处；

（5）在 Score Manager 对话框中，将 Blank Staff（空白五线）的声部（第 2 行），用鼠标向上拖动，放置在顶行（第 1 小提琴声部的上方），见右上图画圈和箭头所指处。

（6）单击主要工具栏"五线"工具的图标按钮。

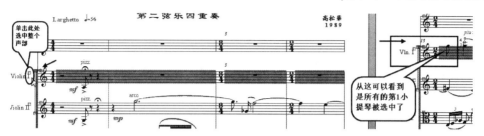

（7）单击左上图乐谱第 2 行五线的头部，这样会选中整个第 2 行声部（包括几百页之后的该声部），然后拖动该行五线声部的控制点，向上或向下调整其间距，直到自己满意为止。

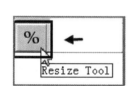

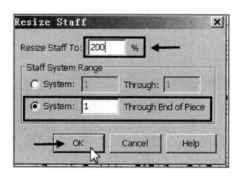

（8）单击主要工具栏"％"工具的图标按钮，见左上图箭头所指处。
（9）双击乐谱顶行的五线，在出现的 Resize Staff（五线缩放）对话框中，在 Resize Staff To（将五线缩放到）选项的文本框内填入 200％，见右上图画圈和箭头所指处。

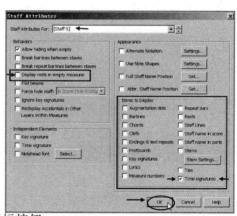

（10）单击主要工具栏"五线"工具的图标按钮。
（11）双击左上图乐谱顶行的五线，会出现右上图 Staff Attributes 对话框，在该对话框中，除保留 Time Signatures 选项之外，其他的选项全都去掉"√"，意思是乐谱顶行的五线只显示拍号，见右上图画圈和箭头所指处，设置后见下图高松华第 2 弦乐四重奏乐谱首页示例。

(12) 下图是扩大总谱顶部拍号的制作(待续)。

(13) 因总谱顶行的第 1 小节有速度和表情标记,不易放置扩大了的拍号,这里做一下隐藏指定小节拍号的操作:

① 单击主要工具栏"小节"工具的图标按钮;
② 双击要隐藏拍号的第 1 小节顶部,见上图乐谱深颜色处。

(14) 在 Measures Attributes 对话框的 Time 选质的下拉菜单中单击 Always Hide(总是隐藏),见左下图画圈和箭头所指处。

第六章 节拍与拍号的相关操作

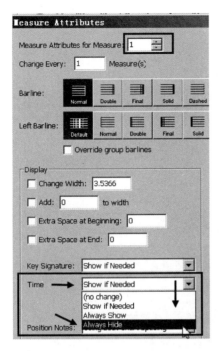

(15) 右上图是被隐藏了顶行第 1 小节拍号的乐谱。

(16) 因为扩大了拍号,拍号至小节的首个音符的距离,最好也稍做调整,其操作为:单击主要菜单"文档",在其下拉菜单中,单击最下方的"文档选项"。在出现的 Document Options-Time Signatures 对话框中,先将 Unit 设为 EVPUs 值;在 Space Before Time 栏内,设置为总谱 12(EVPUs),分谱 24;Space After Time(拍号后间距)栏内,设置为总谱"－15"(EVPUs),分谱 12,见下图画圈和箭头所指处。

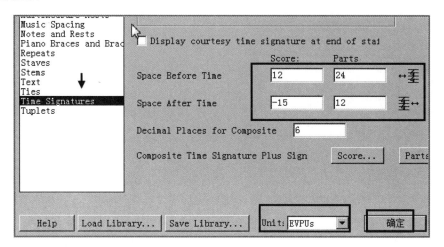

(17) 拍号与音符之间的前后间距与扩大拍号尺寸的操作,可根据个人偏好和总谱的编制以及总谱的使用对象等情况而定,以上设置的数字仅供参考和提供可调控的区域。

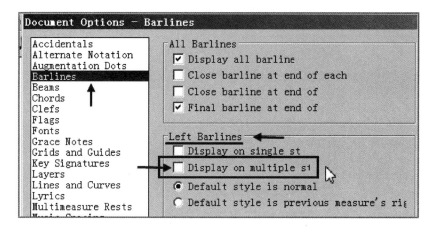

(18) 最后是去掉乐谱顶行拍号左侧伸出的小节或括弧线的操作:
① 单击主要工具栏的"文档",在其下拉菜单中,选择单击最下方的"文档选项";
② 在 Document Options-Barlines 对话框中,将 Left Barlines(左侧小节线)下方的 Display on multiple Style 前的"√"去掉,见上图画圈和箭头所指处;
③ 操作完毕单击"确定"按钮;扩大拍号左小节线的乐谱以及在乐谱中整体的效果,见下面的 4 页乐谱。

(19) 被去掉总谱顶行扩大拍号左面竖线的制作,以及整体效果,参见下面的 4 页乐谱。本章列举了三种扩大乐谱拍号的制作,可根据读者的个人兴趣、喜好选择使用。

6.13 散板拍号的制作

散板的拍号或称为符号或记号,其所呈现的音乐都是较为自由和随意的。软件不能像人那样可以自由地演奏,它必须要遵循一定的节拍。你可以用隐藏节拍号,去掉或者隐藏小节线,用虚点小节线和精算节拍,制作混合节拍以及添加延长记号等手段进行处理。散板符号因为是中国的,美国的 Finale 软件中没有,不过制作完了放在谱子上也只是个摆设,在乐谱播放时不起作用。

中国传统戏曲音乐使用的散板拍号,目前还没有,我们可以制作一个代替它的拍号:

(1) 单击主要工具栏 mf 工具的图标按钮,见右图箭头所指处。

(2) 双击要添加散板拍号的小节。

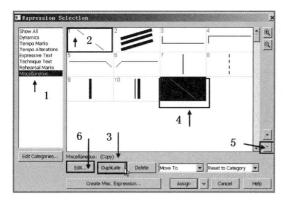

(3) 在左图 Expression Selection 对话框中:

① 选择 Miscellaneous(杂项);

② 随便选择个图形,单击 Duplicate(复制)按钮,复制一个图形(不破坏原有图形);

③ 单击对话框右侧边框的下三角按钮,将复制的图形调到对话框内的最后;

④ 单击 Edit 按钮,见数字和箭头所指处。

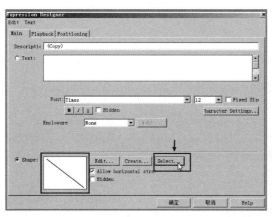

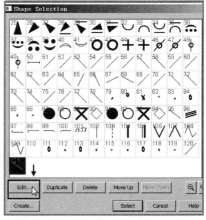

（4）在 Expression Designer（表情记号设计器）对话框中，单击 Selection（选择）按钮，见左上图箭头所指处，然后会出现右上图 Shape Selection（图形选择）对话框。

（5）在 Shape Selection 对话框中，单击 Edit 按钮，会出现 Shape Designer（图形设计器）对话框，见右上图。

（6）在左下图 Shape Designer 对话框中，单击 Shape Designer，在其下拉菜单 Show 的子菜单中调出 Staff Template（五线模板）。

（7）将对话框内的制作显示，调整到 400%。

（8）调整"线"的粗度为 2，设置完毕单击 OK 按钮。

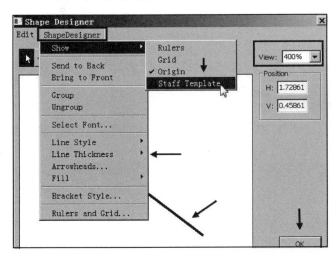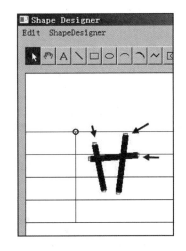

（9）在右上图 Shape Designer 对话框中，选择直线绘制工具进行绘制。绘制完后单击"箭头"工具，单击绘制的内容，会出现所绘内容的控制点，按 Ctrl + A（全选）会激活所有绘制内容的控制点，见右上图箭头所指处。如果觉得自己绘制的散板标记不理想，可选择日文字母"サ"，并进行放大和加粗等。

（10）单击 Shape Designer 选项，在其下拉菜单中单击 Group（组合），将绘制的线条合成一个组图，见下图箭头所指处；

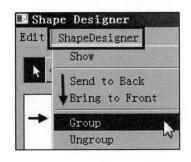

（11）单击"小节"工具的图标按钮，先将总谱上原节拍号隐藏起来；

（12）被添加在乐谱上的散板拍号，如果觉得大小不太合适，可双击该拍号的控制点，使记号周围出现一圈粉色的调节点，用鼠标拖动来调节其大小即可，见左下图箭头所指处；右击符号的控制点，可选择回到图形设计器中再编辑。

（13）如果认为大小合适，单击"表情记号"工具，再双击乐谱需要添加拍号的地方，即可把制作的符号添加到乐谱上，见

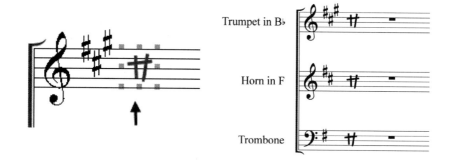

右上图三重奏乐谱上的散板记号。

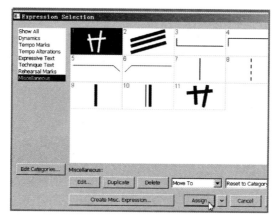

以上散板拍号的制作只是个简单的例子,此制作读者可以举一反三,制作不同样式的各种拍号。

6.14 无节拍号乐谱

无节拍号不等于没有节拍。20世纪学院派的乐曲创作,有许多无节拍号乐谱的记载,但是使用打谱软件不能没有节拍。用 Finale 软件打谱,应该没有制作不了的乐谱,只是打谱人有没有运用好它而已。在此制作一部无节拍号的长笛和小提琴奏曲的片段,作以简单的介绍无节拍号乐谱的节拍号处理方式:

(1) 先将需要打的乐谱仔细地分析,用铅笔计算节拍并画出小节线,小节线可根据乐谱音型和分句进行划分。小节的节拍数量尽量不要太大(也就是个数的分母不要太大)。若划分整拍有困难可划分为混合节拍,如 3/4+1/16、6/8+1/32、5/4+1/8 等。

（2）在输入音符时，让节拍号、小节线都处在显示的状态。这样好输入，定稿后再去掉节拍号和小节线等。

（3）把所有小节的节拍号、小节数和小节的幅宽等全设置好，再输入音符。

（4）划节拍，最好根据乐谱的音型的句法来划分，越细越好，见下图画圈和箭头所指处。

(5) 乐谱输入完成后，单击主要工具栏"五线"工具的图标按钮。

(6) 双击乐谱的五线，会弹出下图 Staff Attributes 对话框，该对话框右下部分以下三项内容的勾选：

① Time Signature（拍号选择）；

② Barlines（小节线）；

③ Barlines Measuce Numbers（小节数）。

见下图箭头所指处。

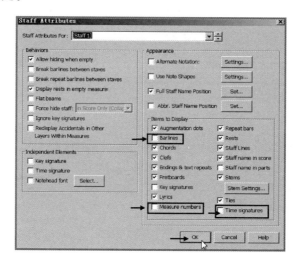

(7) 制作后的无节拍号、无小节线的小提琴和钢琴乐谱片段分页面展示，见下图。

(8) 上图和下图为笔者作的乐谱，虽然是正常的音符，但是没有节拍号、小节线，演奏者可以较自由地演奏。

第六章 节拍与拍号的相关操作

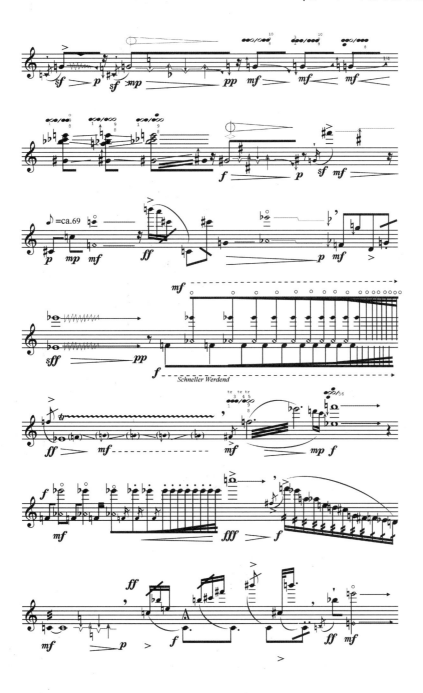

6.15　引子段落的拍号

乐曲的引子段落，因作品表现内容的不同，写法各异。有散板拍号的，有标节拍号和无标节拍号的，以及使用中国传统散板符号进行标记的引子段落。

对音乐节奏要求较自由的引子，还是尽量画上拍号。因用音乐软件打谱，必须要有节拍号，拍子可根据音乐的乐句法、呼吸和音型等进行划分。下面就高松华的室内乐作品：大提琴与钢琴《湘情赋》的引子制作，做一简单的介绍：

（1）按照音乐的句法、音型、呼吸来划分节拍号，形成了每一小节一个节拍号（不是为了不同拍号而故意进行的划分）。

（2）乐谱的行，也最好根据句法、音型来划分一下为好。这里第 2 行的第 1 小节的 13 拍大句，不分拆为好，选择了 13/4。该节拍号的标记和无标记拍号没什么意义，也就在定稿时隐藏了拍号。这样钢琴演奏者会自由地发挥乐句本身的渐强、渐弱音。有些音乐无标记拍号要比标记拍号方便些。

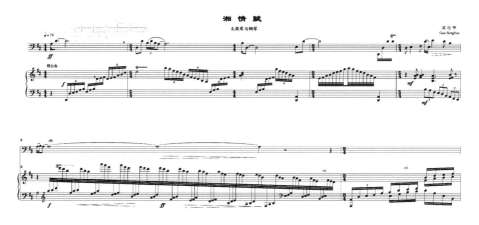

（3）单击主要工具栏"小节"工具的图标按钮。将乐谱的第 1～5 小节圈起来，使之成为相反颜色。

（4）双击选择的小节，在出现的 Measures Attributes 对话框中，将下方的 Time 选择栏选定为 Always Hide，见右图画圈和箭头所指处；

（5）不显示拍号用虚点线小节线划分音乐，再标记逗号表示换句、呼吸的意思，也是较自由地演奏体现，见下图乐谱；

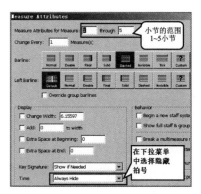

（6）上图的乐谱，因音型和句法关系整个小节不分段为好，计算了一下是13拍就设了13/4拍号；但这种情况，不标拍号演奏家会不受约束地自如演奏，也好发挥其渐强、渐弱音和本段音型之间的快慢速度。被隐藏节拍号的乐谱见下图的乐谱。

（7）下图的原谱面是有拍号和小节线的，为了让演奏家表现得较自如不拘谨，定稿后去掉了拍号和小节线，个别地方用虚点线小节线。在引子结束开始进入主题时，明显显示小节数是第18小节，这样引子的制作很明显都是有拍号的，然后将拍号、小节号隐藏起来。可以设置让乐谱有几个小节号，不过作为一部独奏曲是无关紧要的，但要是大乐队，总谱使用分谱的演奏员省事，并且节省谱面又一目了然。

（8）单击主要工具栏"小节"工具的图标按钮，圈起要去除小节号的小节，使其成为相反颜色，见下图乐谱。

（9）双击选中的小节，在出现的 Measures Attributes 对话框中，将右下方 Include in measure numbering 选项前的"√"去掉。这样，我们所选区域的 3 小节，将不记入小节号。对话框上方箭头处是选中的小节范围（2～4 小节）。

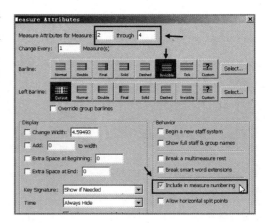

6.16 华彩乐段的拍号和小节号

华彩乐段（Cadenza）是协奏曲中炫耀演奏家个人技巧和乐曲再现前的引入部分。由于这部分的音乐不同、拍号多变、长短不一，有几小节甚至上百小节的不等。会根据作曲者的创作不同而不同，设置好华彩乐段的拍号和小节号，会使排练和分谱制作轻松、省时。由于大乐队总谱的例子会太占篇幅，现拿1～2例室内乐作品作简单的制作介绍。

（1）为乐队总谱在华彩乐段进入的前、后小节的休止符上添加延长记号，节拍号、小节数也停止在加延长记号那小节上。

（2）将华彩乐段独奏段的若干小节，处理成不计小节数（直到乐队进入，这期间不计算小节数），这样乐队分谱的拍号、小节号会清晰。省去华彩乐段中复杂的拍号，就以小提琴和钢琴两件乐器的乐谱举例说明。先注意一下，乐谱上的拍号、小节号。

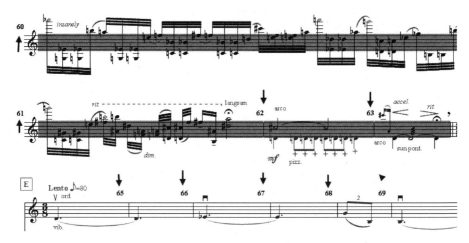

（3）单击主要工具栏"小节"工具的图标按钮，将华彩乐段的内容圈起来，使之成为相反颜色，见上图乐谱。

（4）双击所选小节，会出现 Measures Attributes 的对话框，见下图；

（5）在下图 Measures Attributes 对话框中，将对话框右下角 Include in measure numbering 前的"√"去掉，意思是所选的 60～63 这 4 小节不计算小节号，见下图画圈和箭头所指处。

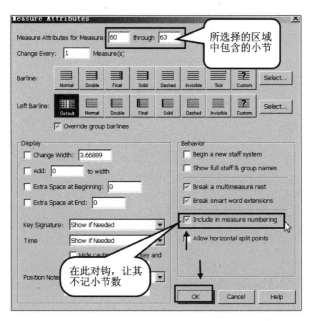

（6）可将上图的乐谱当作乐队的总谱。经过处理的(60~63)4小节，不记拍号和小节号，直接连接到总谱全奏的小节处，这样乐队演奏员们的分谱就省事很多。

（7）上页乐谱图和本页上图的乐谱，为同一作品的另一处华彩部分，独奏部分有 24 小节，如果出分谱，拍号有 3/4,3/8,3/4，都要按拍号分段抄乐队的分谱和小节数。为了让分谱简洁明了，少给乐队演奏增加负担，把总谱华彩乐段的独奏乐器的小节号去除了，让独奏者轻松，演奏员一目了然，制作的方法与前面大体相同。

（8）见上图乐谱第 1 行最后 1 小节和最下行的第 1 小节的小节号。此操作省去了中间华彩乐段 24 小节的节拍号的划分。由于乐队总谱太占篇幅，以此室内乐谱为例，将前后两页乐谱，前后对照进行查看，此例是上一例乐谱的不同内容的操作。

6.17 华彩乐段的节拍与拍号

（1）谱面上的拍号不变，增加音值的例子：

① 激活主要工具栏"拍号"工具的图标按钮；
② 双击要改变拍数的小节，会出现左下图 Time Signatures（拍号设定）对话框；
③ 在 Time Signatures 对话框中，单击右上角 More Options（更多显示）按钮展开下半部分；
④ 将原 4/4 拍改成 7/4 拍，见左下图画圈、数字和箭头所指处；
⑤ 将 Use a Different Time Signature for Display 选项前打上"√"，意思是乐谱上显示的是 4/4，可以输入 7/4 拍的音值；
⑥ 设定完毕单击 OK 按钮；

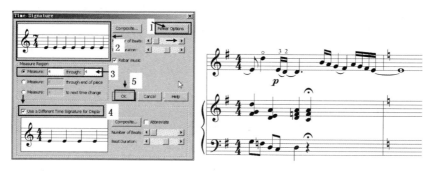

⑦ 右上图乐谱，虽然显示的是 4/4 拍，但是可以按 7/4 拍输入音符。上声部输入的是 7 拍，下声部保持的是 4 拍；当然可以设置把更多独奏部分的拍数输入到一个小节中，而让乐队（钢琴）停止在第 4 拍子的延长符号上，例如右上图的谱例；

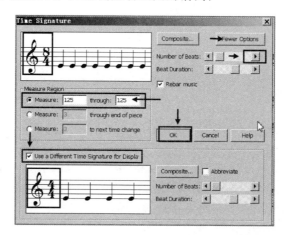

⑧ 原 4/4 的拍号不动,把对话框上栏的 4/4 改成 8/4 拍,见上图画圈和箭头所指处;

⑨ 在对话框下方的 Use a Different Time Signature for Display 选项前打上"√",意思是乐谱显示 4/4 的拍号,但可以输入 8/4 拍的音值,设定完毕单击 OK 按钮;

⑩ 上图乐谱虽然标记 4/4,因为乐谱下声部的演奏内容需要延续节拍,从音型上看它也不易换新的小节,就形成了以上的拍号:"不变拍号增加音值的制作"。

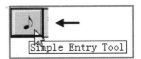

(2) 另一项拍号不变增加音值的制作:

① 单击主要工具栏"简易输入"工具的图标按钮,见右上图箭头所指处。

② 单击 Simple(简易输入)按钮,在其下拉菜单中单击 Simple Entry Options(简易输入选项),会出现 Simple Entry Options 对话框,见左下图。

③ 在 Simple Entry Options 对话框中,将 Check for extra notes(确认额外的音符)前的"√"去掉,意思是如果拍号是 4/4 拍,他只能输入 4 拍子,4 拍以上的音符时值会输不进去。如果此选项前的对钩去掉了,它就不受 4/4 拍的限制能输入更多的拍子,见右下图画圈和箭头所指处。

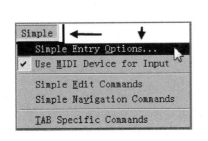
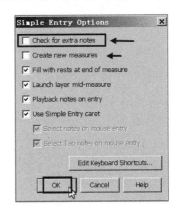

④ 经以上设置所输入的乐谱,中间华彩段落的两行中,一行谱是 1 小节,用了两个小节,后 1 小节(第 3 行)设置了无小节线和不计入小节号的选项,这样中间的两行整个像是一个小节。这两小节输入完毕,可把 Simple Entry Options 对话框中的 Check for extra notes 前的"√"加上,以下为正常的乐谱输入。

(3) 华彩乐段独奏乐谱小节的分段显示:

制作的内容,是将下图乐谱自首行开始(音符的拥挤)的小节,分成两段显示。

① 单击主要工具栏"选择"工具的图标按钮;
② 将乐谱 15/4 拍的小节圈起来,使之成为相反的颜色,见下图有阴影的乐谱;

③ 单击主要工具栏 Plug-ins 按钮,在其下拉菜单 Measures 的子菜单中选择 Split Measures(拆分小节)选项,会出现拆分小节的对话框,见左下图画圈和箭头所指处;

④ 在右下图 Split Measures 对话框中,填入将从第几拍开始分割该小节(标记数字 1 处);

⑤ 选择分割的小节不划小节线(标记数字 2 处);

⑥ 单击被拆分的小节另起一行谱(标记数字 3 处);

⑦ 选择完毕单击 OK 按钮;

| Finale 实用宝典

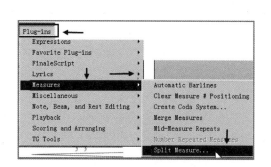
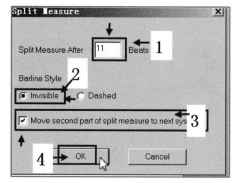

⑧ 分割小节后的乐谱见下图中间的两行，并对照前面原乐谱进行比较。

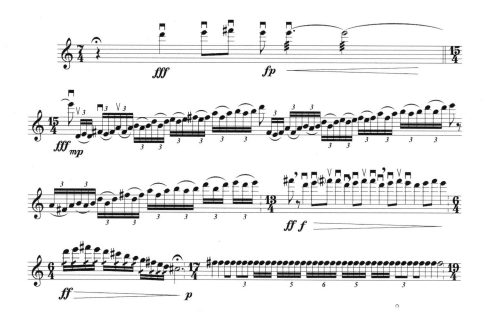

6.18 依据拍号修整休止符的幅宽

下图乐谱是 Finale 软件正常打谱时，长休止符默认值的长度和样式，不过有时会根据用途调整它的幅宽和间距，尤其是以上乐谱的第 3 小节，休止符和高音谱号粘连了。Finale 软件有三处操作，可编辑长休止符，在此笔者简单地介绍一下它的操作：

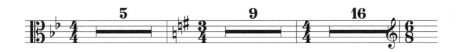

(1) 单击主要工具栏"编辑"选项,在其下拉菜单的下方,计量单位选择使用 EVPUs 值,见右图。

(2) 单击主要工具栏"选择"工具的图标按钮,单击乐谱的第 1 小节。

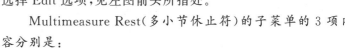

(3) 单击主要工具栏 Edit 选项,在其下拉菜单 Multimeasure Rest(多小节休止符)的子菜单中,选择 Edit 选项,见左图箭头所指处。

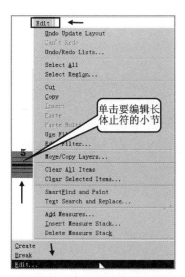

Multimeasure Rest(多小节休止符)的子菜单的 3 项内容分别是:

① Create(创建):创建多小节休止符;

② Break(拆分):拆分多小节休止符;

③ Edit(编辑):编辑多小节休止符。

(4) 在左下图 Multimeasure Rest 对话框中,只将所选乐谱的第 1 小节的幅宽改一下即可,把 Measure Width(小节的幅宽)文本框中的原 380 的数值改成 280 即可,见左下图画圈处。修正后的乐谱,见右下图的第 1 小节(稍缩短了长度)。

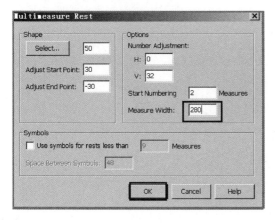

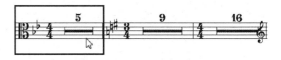

（5）单击主要工具栏 Document 选项,在其下拉菜单中选择 Document Options,快捷键是 Ctrl+Alt+A,打开文档选项的对话框,见右图画圈和箭头所指处。

（6）在 Document Options-Multimeasure Rests（文档选项-多小节休止）对话框中,在 Measure Width（小节的幅宽）文本框中将原 380 的数值改成 330（稍缩短原休止符横幅的长度）,即可见下图画圈和箭头所指处。

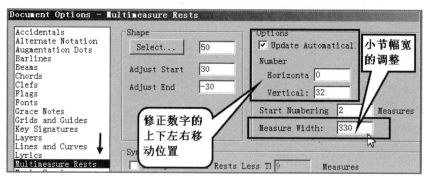

（7）单击主要工具栏"选择"工具的图标按钮,右击第 3 小节,在弹出的右键菜单中选择 Multimeasure Rest 子菜单中的 Edit,会出现 Multimeasure Rest 的对话框,见左下图箭头所指处。

（8）在右下图 Multimeasure Rest 对话框中：

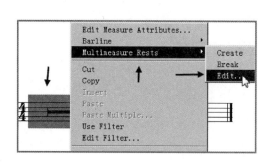

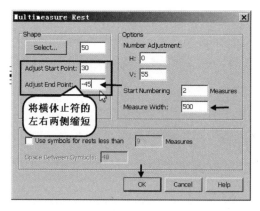

① 在 Adjust Start Point(调节终点)文本框中填入"-45",让它离开右侧高音谱表一点儿距离;
② Adjust End Point(调节起点)为 30;
③ Measure Width(小节的幅宽)为 500;
④ 设置完毕单击 OK 按钮。

(9) 下图是"依据节拍修整长休止符的幅宽"操作后的乐谱。对照本节前的同面乐谱查看,读者会清楚地看到长休止符的细微修正。制作中,列举并展示了该软件 3 处可编辑多小节休止符的操作。使用哪一种操作,要根据乐谱使用的对象和使用者的习惯而选定。如果是专业的乐谱制作师或追求乐谱上完美的作曲者,下图乐谱的快捷制作小插件,可以免费下载,它是专为 Finale 这方面制作的插件,安装上它,该软件会自动根据拍数调整间距,网站地址:http://www.finaletips.nu/Download Plugins For Windows。

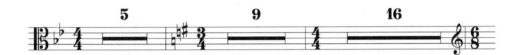

6.19　同曲非同拍号的制作

Finale 软件的每一个声部都有一个设置该声部的"声部属性"对话框。同曲非同拍号的制作,简单地讲,就是在该声部的"声部属性"对话框中将该声部拍号的统一属性解除了,使其成为独立、不受约束的声部拍号。Finale 有三处可以调出声部属性的对话框,在此向读者一一介绍它:

(1) 单击主要工具栏"五线"工具的图标按钮,见右图箭头所指处。

(2) 右击所选声部的控制点,在出现的菜单中,选择 Edit Staff Attributes 选项,见下图箭头所指处。这里打开的右键菜单,可进行多项选择。

每个声部都有控制点,在该声部行左头部,谱号的左上方。

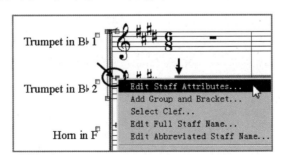

（3）也可以在单击主要工具栏"五线"工具的图标按钮后，双击所选声部，打开 Staff Attributes 对话框，不过只是声部属性的对话框。

（4）将左下图 Staff Attributes 对话框左下方的 Time signatures 前的"√"打上，意思是本声部拍号是独立的，不和其他声部统一属性，见左下图画圈和箭头所指处。

可以不受约束的选项还有：调号和音符的符头。

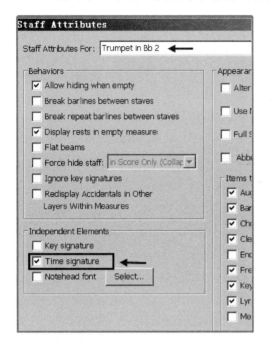
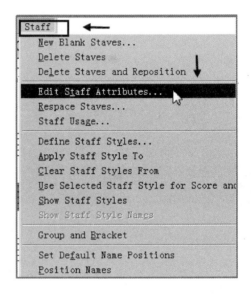

（5）激活主要工具栏"五线"工具的图标按钮，在主要工具栏会出现 Staff 的专用菜单。在 Staff 按钮的下拉菜单中，也可以选择 Edit Staff Attributes 对话框。这是第 3 处能调出 Edit Staff Attributes 对话框的方式，见右上图画圈和箭头所指处。

（6）在 Staff Attributes 对话框中，设定下一个声部时，在该对话框的上部，打开选择栏和单击右上角的选择项选择即可，不用每一次都按"确定"按钮换其他声部。把 Time Signatures 前的"√"打上，意思是本声部拍号不受约束，见左下图画圈和箭头所指处。

（7）右下图总谱的几个声部都设定了"拍号"不受约束后，就可以让几个声部自由地演奏，见下图。各声部中的拍号是同曲不同拍号，不同拍号在输入音符后各小节的宽窄不一，断开各自的小节线，见下面的操作。

第六章　节拍与拍号的相关操作

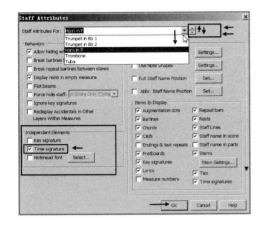

（8）在 Staff Attributes 对话框中，将 Break barlines between staves（断开谱行之间的小节线）和 Break repeat barlines between staves（断开谱行之间的反复小节线）两个选项前的"√"打上，五线之间的小节线就会断开，见左下图画圈和箭头所指处以及操作后的乐谱。

（9）右下图是同曲不同拍号，断开各声部小节线的乐谱。在输入音符后会根据不同的拍号数量自动地形成不同的宽窄。

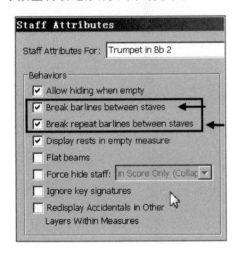
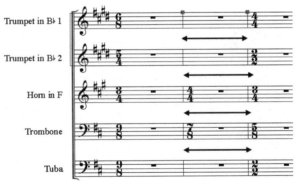

第七章

音符与休止符的输入

本章将介绍音符与休止符的基本输入,分为简易输入法和快速输入法。简易输入的操作、技术、编排和键位等,在 Finale 2005 版软件中就已相对成熟了。2014 版 Finale 的简易输入工具,确实比以前的操作方便了些,可以借助使用 MIDI 键盘进行多音输入。本节介绍的是 Finale 2014 版软件中的两项输入工具,也适用于 Finale version 25 和 Finale 2007~2012 版中约 99% 的操作。

7.1 用电脑自身键盘的简易输入

　　从 Finale 2005 版开始，简易音符输入法中添加了可以使用 MIDI 键盘输入音符的选项。由于大多情况下不便携带 MIDI 键盘，只用计算机自带键盘输入音符，输入得很快。用计算机自带键盘输入音符的具体操作与键位说明，见本书附录中的快捷键表格。下面逐项介绍一下简易音符输入的基本操作。

7.2 音高的输入

　　(1) 单击主要工具栏"简易音符输入"工具的图标按钮（见左图），然后在五线谱的开始处会出现一个音符的输入光标，见右下图箭头所指处。

　　(2) 按一下键盘上的"↑"键，音符输入的光标会向上移动一个自然音高，按一下"↓"键，音符输入的光标会向下移动一个自然音高。确定了要输入的音高位置后，按 Enter 键，将音符输入到乐谱中，或者在五线谱上单击需要的音高位置，音符也会被输入到乐谱中。

　　(3) 按一下键盘上的"→"键，让光标离开先前输过的音符位置处，准备输入下一个音符，如果需要输入该音符，按回车键即可。另外按键盘上的字母 A、B、C、D、E、F、G、A、B、C、D、E、F、G 会出现下图音符的音高（把键盘上的字母当作音乐用的"音名"来进行输入音高）。输入时不分字母的大小写,但必须在英文输入法的环境下输入音符音高。

(4) 用键盘上的字母输入音高,是按固定音名进行输入的,当你换成其他调性输入音符音高时,也是按以上字母键进行相应的音高输入,见下图箭头所指处。

在音符被激活状态下,按住 Shift+"↑",音符将向上移动八度。按住 Shift+"↓",音符将向下移动八度。

7.3 音符和休止符时值的输入

(1) 在主要工具栏中单击"简易输入"工具的图标按钮(见下图),然后窗口中出现简易输入的专用菜单及乐谱开始处会出现一个音符输入的光标;

(2) 在左下图简易音符输入的工具栏中,选择需要输入的音符时值或休止符时值,然后乐谱上音符输入的光标就会按所选的时值显示;

(3) 右上图是简易输入的音符和休止符工具栏,拖动它的上边缘可以随意地摆放它,右击工具栏的边缘,在弹出的菜单中可移动和隐藏该工具栏(见下页四幅图);

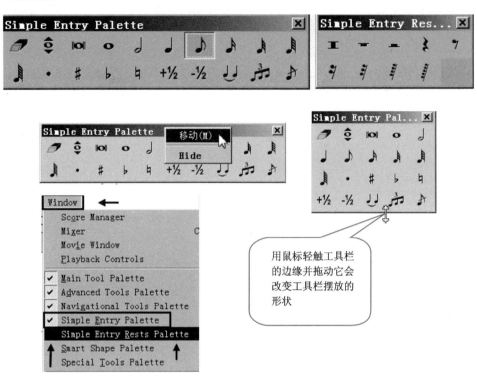

（4）调出简易输入音符和休止符工具选择栏的操作：单击 Window 选项，在其下拉菜单中单击 Simple Entry Palette（简易输入音符选择栏）或者 Simple Entry Rests Palette（简易输入休止符选择栏），见上图画圈和箭头所指处；

（5）按键盘上的"↑"和"↓"键，确定要输入音符的音高后，按 Enter 键将音符输入到乐谱中，按"0"键会将休止符输入到乐谱中，也可以直接按键盘上的 A、B、C、D、E、F、G、A、B 输入音高，但要确定了所选音符的时值后再按 Enter 键将音符输入到五线谱中。

第七章 音符与休止符的输入

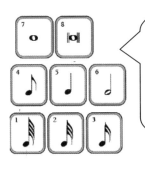

除了用鼠标单击选择音符输入的时值和音高外，按键盘右侧的数字键也可以选择音符时值和休止符时值。比如选择一个四分音符的时值时，按一下数字键 5 再按 Enter 键，将音符输入到乐谱中，按0键将选择时值的休止符输入到乐谱中，与数字相对应的音符和休止符的时值，见左图

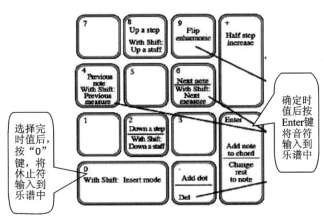

选择完时值后，按"0"键，将休止符输入到乐谱中

确定时值后按Enter键将音符输入到乐谱中

上图是 Finale 的英文键位图，下图是日本制作的 Finale 简易输入法音符时值输入的键位图。键位图上的"C"＝Ctrl、"A"＝Alt、"S"＝Shift，是指在个别计算机上输入该表的音符时值时，需要按图上的相应键位才能输入，但有独立小键盘的计算机可不用。

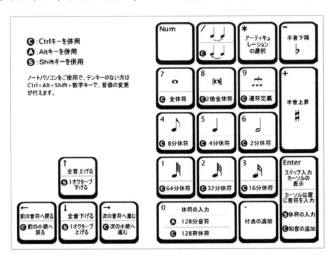

261

计算机小键盘上的键对应的音符和休止符的输入内容如下表所列。

小键盘的键	音符样式	输入音符内容	输入休止符内容
.	♪.	输入附点音符	输入附点休止符
—	♭	降低半音	不用
+	♯	升高半音	不用
9		3 连音	3 连音符休止符
8		倍全音符	倍休止符
7	o	全音符	全休止符
6	♩	2 分音符	2 分休止符
5	♩	4 分音符	3 分休止符
4	♪	8 分音符	8 分休止符
3	♬	16 分音符	16 分休止符
2		32 分音符	32 分休止符
1		64 分音符	64 分休止符
0	休止符		输入休止符

7.4 双音和多音的输入

(1) 在输完一个音符后,按一下"←"键,将音符输入的光标移动到要输入双音的音符中(使该音符处于被激活的粉色状态),按键盘上横排的数字键,即可输入双音和多音。按一下数字 1,等于添加了一个同度音程的音符,按数字 2 等于添加了一个 2 度音程的音符,按数字 3 等于添加了一个 3 度音程的音符,按数字 4 等于添加了一个 4 度音程的音符,以此类推。见下图音程输入的数字与输入的音符的对照。

以上是以"E"为低音,按数字键 1~8,向上构成的 1~8 度的音程。

(2) 将音符输入的光标移动到要输入双音的音符中,按 Shift+上排键相应数字,可输入双音程和多的音程等。例如:按数字 2,等于为原有的音符添加了一个下方的 2 度音程的音符,按数字 3 等于添加了一个下方的 3 度音程的音符,按一下数字"5"等于添加了一个下方的 5 度音程的音符,以此类推。见上图,音程下方的数字与乐谱上的音符对照,上图是以"C"为高音,按 Shift+数字键 2~9,向下构成 2~9 度的音程。

（3）多音和弦的输入，如果以 E 音为根音，向上构成一个小三和弦为例：

① 按"←"键或"→"键，将音符输入的光标移到 E 音上，使该音处于被激活的粉色状态，再按需要构成的音程的数字键，数字与音程对照；

② 按横键盘的数字键 3、3、4，即可向上构成 3 度、＋3 度、＋4 度的一个完整和弦，见上图箭头所指处。

（4）输入多少个音符是不限的。如果是为钢琴打谱，建议用 MIDI 键盘输入会更快捷，见下图乐谱。

7.5　变音记号的输入

（1）音符上的升、降音记号的输入；

（2）输入完音符后，按一下小键盘右上角的"＋"键，可使刚输入的音符升高半个音（见下图）。按一下"－"键，可使刚输入的音符降低半个音（添加上降号）；

（3）按"←"或"→"键，将音符输入的光标移动到另一个需要升或者降的音符上，按一下键盘横排上的"＋"键或"－"键，被激活的音符也会升高半个音或降低半个音，见下图箭头所指处。

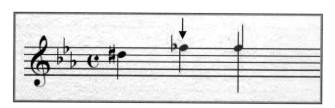

7.6　重升与重降音记号的输入

（1）输完音符后，在音符处于被激活的粉色状态下，按两下"＋"键，可使刚输入的音符升高两个半音（即重升记号），按两下"－"键，可使被激活音符降低两个半音（即重降音记号），见下图画圈处；

（2）在音符处于被激活的粉色状态下，按"←"或"→"键，将音符输入的光标移动到需要重升或者重降的音符上，按两下"＋"或"－"键，被激活的音符，也会成为重升音或者重降音，见下图画圈处。

7.7　还原音记号的输入

（1）按"←"键或"→"键，将音符输入的光标移到要输入还原记号的音符上，如果该音符是降 E 大调的降 B 音，按一下键盘右上角的"＋"键，即可把原来的降 B 音，添加上一个还原记号（升高半个音）；

（2）音符输入完后，在该音符处于被激活的粉色状态下，按一下键盘上的"P"键，可为该音添加一个带括弧的还原记号，再按一下"P"键，还原记号的括弧会自动消失，此操作叫做强制添加还原记号，因为它本身就是不升不降的音符，见下图箭头所指处。

7.8 三连音的输入

（1）在简易输入音符时值栏中选择一个音符时值，然后乐谱上会出现该音符的时值输入光标，按"↑"键或者"↓"键，移动该音符音高位置，或者单击乐谱来确定一个输入开始的位置和时值。输入第一个音符的时值、音高后，再按一下小键盘右侧的数字"9"，在显示的3连音的括弧内再输入后2个三连音中的其他音符时值及音高，见下图中的音符。

（2）单击主要工具栏"3连音"工具的图标按钮，见右图。

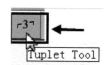

（3）单击已输入的3连音的第1个音符，会出现Tuplet Definition（精定义3连音）对话框，见右图。在Tuplet Definition对话框中，可选择3连音是否要括弧，是方括弧还是弧形括弧；是否要数字，要何种样式的数字标记；以及括弧的尺寸、勾的长短、括弧在符头处还是符尾处、是否避开五线的尺寸等。下图为数字样式示例。

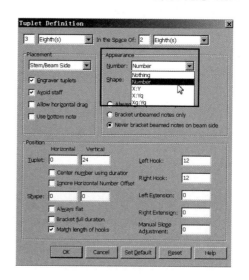

没有用3连音括弧用此样的数字

7.9 多连音的输入

（1）在简易输入音符时值栏中，选择一个音符时值后，乐谱上会出现一个音符输入的光标，按"↑"键或者"↓"键，或单击确定第一个要输入音符的时值、音高后，再按 Alt＋9，会出现下图 Simple Entry Tuplet Definition（简易连音输入定义）的对话框，见下图箭头所指处。

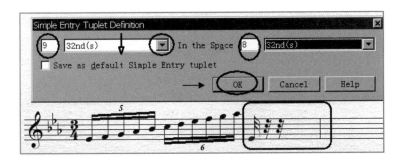

（2）例如我们输入一串 32 分音符的 9 连音，则要在上图 Simple Entry Tuplet Definition 对话框横排第一个文本框中填入 9，在第二个选择框中选择 32 分音符的时值，第三个文本框中填入 8，第四个选择框中选择 32 分音符的时值，其意思是 9 个 32 分音符等于 8 个 32 分音符的时值。设置完毕单击 OK 按钮，此时会出现一个 9 连音的括弧，我们把括弧内的 8 个休止符都换成音符就是 9 连音，见下图中箭头所指处。

（3）括弧内连音的其他 8 个输入：

① 可以用鼠标单击所需音高，音符时值不动；

② 可以按"R"键将每个休止符转换成音符，再按上下方向箭头键调整音高；

③ 直接在键盘上输入字母（音乐用的音名：A、B、C、D、E、F、G、A、B）输入音高，音符时值不动。

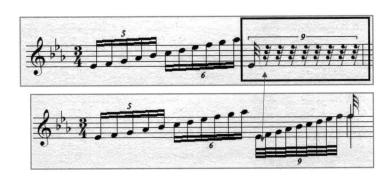

（4）在 Simple Entry Tuplet Definition 对话框中，可制作任何形式的连音，在此就不一一

列举了。如果需要连续输入多个同样的 9 连音,可在初次设置时,在 Simple Entry Tuplet Definition 对话框左下角的 Save as default Simple Entry tuplet definition(保存为默认的简易连音输入设定)选项前打上"√",使此设置为默认值。下一个相同的 9 连音输入时可免去繁琐的操作。输完第一个音符直接按数字 9 即可,见下图画圈和箭头所指处。

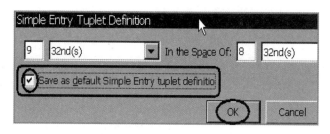

(5) 如果想要选择连音的不同标记和标注法,可在 Tuplet Definition 对话框中设置,操作步骤为:

① 单击工具栏"快速输入"工具的图标按钮,然后乐谱上会出现快速输入编辑的方框(见下图箭头所指处);

② 在该小节音符输入前,按 Ctrl+1,可调出 Tuplet Definition 的对话框,并在该对话框中设置即可,见下图;

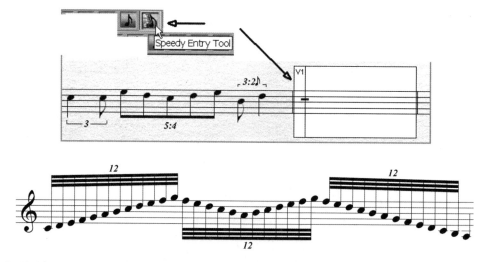

③ 单击主要工具栏"3 连音"工具的图标按钮,单击已输入 3 连音或者连音的第 1 个音符,也会调出 Tuplet Definition 对话框,见下图。

(6) 在下图 Tuplet Definition 对话框中,设置自己所需的连音类型、标记、选择、连线的形状、连音的幅宽、显示的尺寸大小、弧线的样式和标记位置等,见右图对话框中的各项内容。设置完毕单击 OK 按钮,然后填入所需的连音括弧内的其他音符。

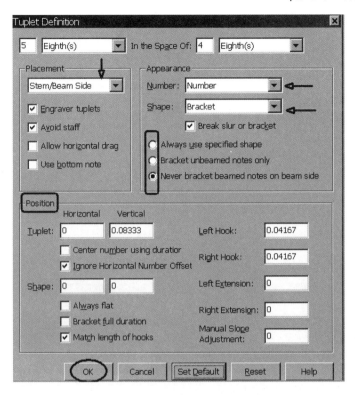

(7) 9个音符以上的连音制作,一定要在对话框的上排栏框中,分别填入左、右两侧框内的数字和音符的时值。例如以上输入的 12 连音是:12 个 32 分音符等于 8 个 32 分音符。确定后,会出现 12 连音的括弧,然后输入余后的 11 个音符即可(12 连音)。其他 9 个以上音符的输入以此类推。

3 连音和多连音的输入,使用快速输入更方便。如果 3 连音和多连音音型多的乐谱,笔者建议使用快速输入法进行输入。

7.10 多声部的输入

(1) Finale 软件中,一行五线谱可以输入四个声部,一个声部输入多少个音不限。输入时要一个声部一个声部的输入,一般情况是先输入第一声部,也可以根据音乐与乐谱内容,先输入第二声部或第三声部,再输入第一声部。声部输入的切换按钮在 Finale 软件窗口的左下角,见下图。

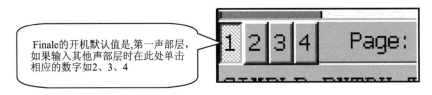

（2）另一个选择声部层输入的方式是：

① 单击主要工具栏 View 选项，在其下拉菜单 Select Laver（声部层选择）的子菜单中单击要输入的声部层，见下图画圈和箭头所指处；

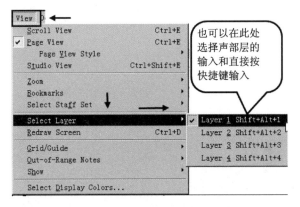

② 也可以在乐谱输入的窗口，直接按快捷键"Shift＋Alt＋2"或者"Shift＋Alt＋3"等，进行第二声部层或第三声部层的乐谱输入。每一个输入的声部层的音符会以不同的颜色显示，第一层是黑色，第二层是红色，第三层是绿色，第四层是蓝色，但是打印出的乐谱都是黑色的。

7.11 装饰音的输入

（1）单击主要工具栏"简易输入"工具的图标按钮，在出现的简易输入的音符选择栏中，选择要输入装饰音的音符时值，再单击装饰音工具，见下图箭头所指处。

（2）在五线内所需的音高上单击，即可输入装饰音的音符，见下图。

（3）在乐谱音符输入过程中，先把所需的装饰音及其时值按正常的音符输入，例如下图中的第8～9的音符。

（4）将音符输入的光标移动到要转换成装饰音的音符位置处，使其成为相反的颜色，按 Alt+G 键，即可使该音从普通音转换成装饰音符；按"→"键，将音符输入的光标移动到下一个 e 音上；再按 Alt+G 键使第二个音也转换成装饰音，见左下图箭头所指处。

（5）按一下左方向箭头键，将音符输入的光标移回到 e 音上，按"/"键使两个装饰音的符尾相连接（"/"键键盘上有两个，是右 Shift 键左边的，它也是问号键位），此操作也适用于非装饰音音符的操作。将音符输入的光标移动到两个或多个相连的8至32分音符的后边的一个音上，按"/"键会与前一音符的符尾断开或者相连接，见右上图箭头所指处。

（6）为所输入的装饰音添加一条"斜线"：在输入的音符被激活后按 Alt＋G 键，使输入选择的普通音符转换成装饰音，再按一次 Alt＋G 键使该装饰音增加一条斜线，见上图箭头所指处。

7.12　音符的删除

（1）删除输入的音符，会根据内容的不同有不同的操作方法：

① 在简易输入工具栏中，选择橡皮工具的图标，单击要删除的音符就会删除该音符，见下图画圈处；

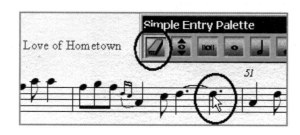

② 单击主要工具栏"简易音符输入"工具的图标按钮，按住 Ctrl 后单击要删除的音符，使其成为被激活的状态，然后按 Delete 键，音符就会被删除。按一下 Delete 键删除一个音符，按住 Delete 键不动将会删除多个音符以及该小节前方更多的音符，见下图箭头所指处。

（2）删除整个小节的操作：

① 单击主要工具栏"选择"工具的图标按钮；

② 单击需要删除的小节，使该小节成为相反的颜色，按 Backspace 键，即可将所选的整个小节删除。按 Delete 键，可将整个小节的音符和小节的数量删除（该小节不存在了，而 Backspace 键删除的是小节内的音符，小节还存在），对照下面的两张图查看。

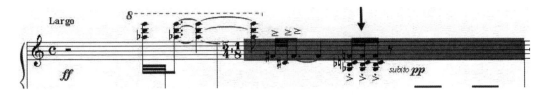

(3) 删除乐谱中整个小节的音符的操作：

① 单击主要工具栏"选择"工具的图标按钮；

② 双击需要删除的小节,然后该小节就会成为相反的颜色,见下图；

③ 按 Backspace 键,即可将该小节的音符删除。

(4) 删除所选择区域内容的操作：

① 单击主要工具栏"选择"工具的图标按钮(箭头键的图标)；

② 圈起来想要删除的区域(多少小节不限),见下图的 a；

③ 按 Backspace 键,即可将所选区域总谱中的音符删除(原有的小节还保留着),见下图的 b；

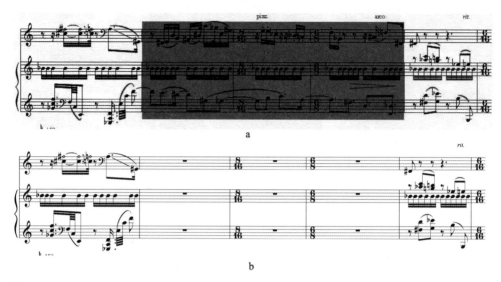

a

b

④ 接续从②的操作之后，按 Delete 键，可将所选区域内的全部内容删除,（不保留原小节，不包括小节数量。有小节号，但是是从后边移动上来的，尾部最后的小节数会少 1 小节）见下图。

7.13 同音与异名音的处理

（1）按"←"或"→"键，将音符输入的光标移动到要进行同音异名转换的音符上，使该音符处于被激活的粉色状态，按"\"键，乐谱中的"♯D"音就会转换成降 E 音（音符就会进行同音异名的转换），见下图箭头所指处；

（2）如果使用 MIDI 键盘输入音符，尤其是升降记号较多的乐谱，需要设定一下同音异名的默认值，这样会使乐谱的制作异常方便。例如：

① 单击主要工具栏 Edit 选项，在其下拉菜单 Enbarmonic Spelling（同音异名选择）的子菜单中可选择的内容有：是升号还是降号，指定具体音名的升降号和自编音符的升降记号等；

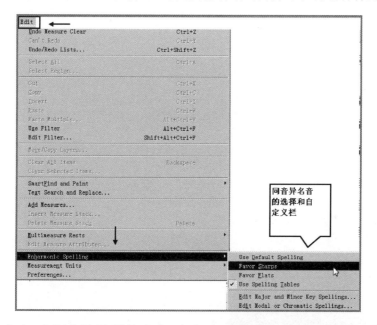

② 上图是在大、小调中涉及到的音名，在右图对话框中要具体地指定当遇到音同音、异名音时，在乐谱上如何显示；

③ 设置完毕单击 OK 按钮。

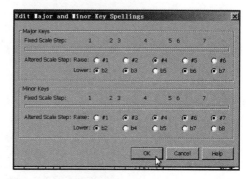

7.14 改变符尾的朝向

（1）在激活简易输入工具按钮的状态下，按住 Ctrl 后单击所选音符，或者按"←"或"→"键，将音符输入的光标移动到将要进行符尾变更的音符上，使该音符处于被激活的粉色状态，按一下键盘上的"L"键，所选音符的符尾就会变换方向（见下图箭头所指处）。

（2）在较复杂的乐谱输入中，要想回到原乐谱（标准的默认值状态）的符尾显示时，按 Shift+L 键，即可恢复到原默认值的符尾状态。

（3）改变多音符的尾朝向的操作：
① 单击主要工具栏"选择"工具的图标按钮；
② 圈起来要改变符尾朝向的音符，使之成为相反的颜色，见下图；

③ 单击主要工具栏 Utilities（实用程序）选项，在其下拉菜单 Stem Direction（符尾朝向）的子菜单中选择 Up（朝上），所选音符的符尾就会全都朝上。另外还可以选择 Down（朝下）和 Use Default Direction（默认值朝向），见下两图。

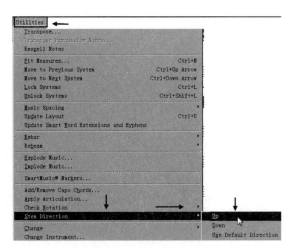

7.15 延音连线

因为打印出来的乐谱是黑色的,Finale 中有两种连线不容易辨认出来。这里笔者要讲的连线,是其中的一种。

① 笔者把它称之为"延音连线"或者"连音线"。它一般用在两个同音之间的相连,在谱面上显示的是黑色。它不能绘制,不能变形,长短是自动的,可以翻转。

② 另一种笔者称它为连线,它需要在乐谱上绘制,用于在几个不同音高音符之间,画出来的连线是红色的,可以按需要去变形,拉长、缩短和弯曲等。

(1) 延音连线是指:用一条或几条线,将两个或两组相同的音高的音符连接起来,发一个值的音(两音相加的时值)。其操作步骤为:

① 在简易音符输入过程中,输完一个音符后,按字母" T ",或者按小键盘上的"/"键,该音符就会伸出一条与下一音相连的线,接着你再输入下个相同音高的音符。多音和弦的延音连线的操作也同样;

② 按"←"或"→"键,或者按住 Ctrl 后单击所选音符,使其成为被击活的状态,按小键盘上的"/"键,该音符就会伸出一条和下一音相连的延音符线;

③ 按"←"或"→"键或按住 Ctrl 后单击所选音符,使该音符成为被激活的,状态,按 Shift+T 键,该音符就会伸出和前一音符相连的延音连线,见下图乐谱。

（2）同音和弦延音连线的制作：

① 按 Ctrl 后单击所选和弦，使整个和弦音符都成为被激活的状态，按 T 键就会和下一组和弦音相连。如果要是没有被激活的音符，则那个音符就不会出现延音连线；

② 解决的办法：按 Ctrl＋A 全选，会都成为激活状态，再按 T 就会和下一个和弦音相连了；

③ 按 Shift＋T 键，是和前一个和弦音符相连；

④ 3 行乐谱的第 1 行乐谱的第 2 个和弦，就是有两个音符 C、E 没有激活，所以那个和弦少了 2 条延音连线，见下图。

7.16 连线的制作

因为上一节介绍的是简易输入法中延音连线的制作，这里就捎带着介绍一下连线的制作吧。连线是乐谱制作中最常用的线之一，其操作为：

（1）单击主要工具栏"可变图形"工具的图标按钮，见下图画圈和箭头所指处。

（2）在出现的可变图形工具栏中选择连线图标，它是默认值。

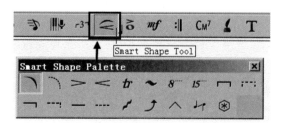

（3）双击要添加连线的开始音符，连线就会自动地连接到它的下一个音符上。如果需要画连线的音符只有两个音符，就不用再操作了；如果需要画连线的音符有多个，就需要将它右

侧控制点用鼠标拖到它相连的最后一个音的符头上再单击,见下图画圈和箭头所指处。

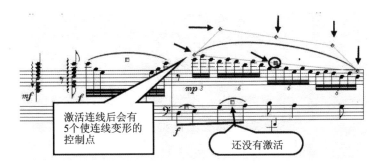

(4) 连线的控制点在激活的状态下,同时会有 5 个使它变形的控制点,见上图箭头所指处。连线与连线之间可连接起来使用,可变形成各种特殊形状的连线,想修改连线必须先激活主要工具栏中可变图形工具的图标按钮。

(5) 连线的线长、弧度和粗细等的编辑,在文档选项中进行。

7.17 延音连线和连音线的翻转

(1) 延音连线翻转的制作:

① 按"←"或"→"键,激活需要画延音连线的音符,或按住 Ctrl 后单击需要激活的音符;按住 Ctrl+F 键,可使延音连线,向相反的方向翻转;

② 给多音和弦画延音连线的操作:需要将所有和弦的音符都激活,然后按 Ctrl+F 键,使所选的延音连线,向相反的方向翻转;Ctrl+A 键可以使整个和弦音符都被激活。

(2) 多音连线翻转的操作：

① 单击主要工具栏"可变图形"工具的图标按钮，在出现的可变图形工具盘中，选择连线（它的默认值就是连线）工具，见下图画圈和箭头所指处；

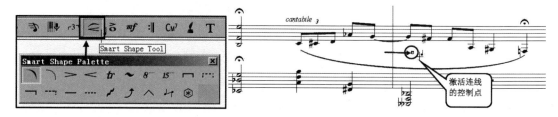

② 激活连线的控制点，见上图画圈和箭头所指处。按"F"键连线就会自动翻转，见下图乐谱中的连线；

7.18 音符与休止符的隐藏与显示

(1) 在简易音符输入的状态下，输完音符或者休止符后，在音符和休止符激活的状态下，按"H"键，被激活的音符或休止符就会被隐藏（呈淡粉色，但乐谱打印后看不到痕迹）。相反，将被隐藏的音符或者休止符激活后，按"H"键，被隐藏的音符和休止符又会再显示出来。

(2) 按左或右方向箭头键，或者按住 Ctrl 后单击所选音符或休止符，使其成为激活的状态后，按"H"键，被激活的音符或休止符就会被隐藏或者显示出来，见下图画圈处。

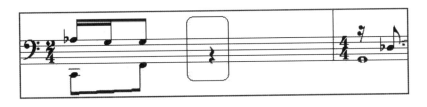

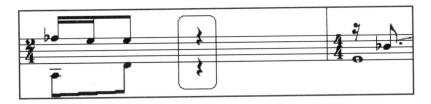

（3）大面积、多小节隐藏与显示音符或休止符的操作：

① 单击主要工具栏"五线"工具的图标按钮，见右图箭头所指处；

② 将乐谱中需要隐藏的音符或休止符圈起来，使之成为相反的颜色，见下面的乐谱（圈多少小节、多少页不限）；

③ 在选中的第二小节的五线中右击，在出现的菜单中选择 Blank Notation：Layer 1（使第一声部空白）选项，隐藏选择的乐谱，见右图；让其空白的可以是音符或休止符，见下图箭头所指处；

④ 被隐藏的音符或休止符的小节，见下图乐谱的第 2 小节下声部，它没有被删除，是应用了五线谱中的样式操作给隐藏起来了；

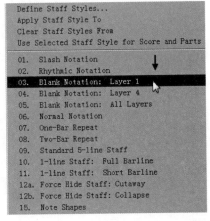

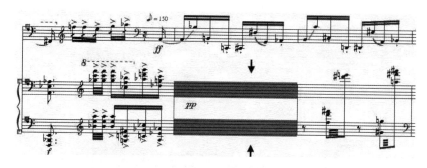

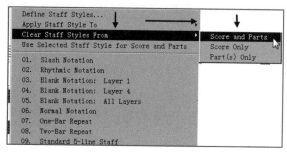

⑤ 在被隐藏的音符或休止符的小节上右击(上图),在出现的右键菜单中的 Clear Staff Styles From(清除五线谱样式从)中选择 Score and Parts(总谱和分谱)选项,然后被隐藏的音符或休止符就会显示出来,见下图乐谱画方框处;

⑥ 对于大面积的隐藏,我们使用的是"应用五线谱样式"选项,在恢复显示它时,去掉应用五线谱样式即可。

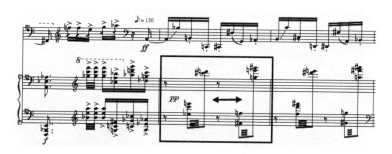

7.19 简易输入的光标移动

(1) 按一下"←"键,音符输入的光标就会向左移动,按一下"→"键,音符输入的光标就会向右移动。被激活的音符将呈粉颜色。音符被激活后,可对音符进行编辑、更改、上下移动、添加升降记号以及删除等；

（2）按住 Ctrl＋"→"键，可将音符输入的光标向后（右）移动一个小节，按住 Ctrl＋"←"键，将音符输入的光标向前（左）移动一个小节；

（3）按住 Ctrl＋"↑"键，可将音符输入的光标移动到上一行乐谱的声部，如果是多音和弦的话，光标将被移动到该和弦中的上一个音符，按住 Ctrl＋"↓"键，可将音符输入的光标移动到下一行谱的声部或者多音和弦中的下方的一个音符中；

（4）在简易音符输入中，按 Ctrl 后单击所选音符，使该音符处于被激活的状态，按一下"↑"键，可将该音符升高一个自然二度音程，按一下"↓"键可将该音符降低一个自然二度音程，被激活的音符将呈粉颜色状态（可进行编辑）；

（5）激活简易输入工具后，按 Ctrl 后单击所选音符，使该音符处于被激活的状态，按 Shift＋"↑"键，可将该音符升高一个 8 度，按 Shift＋"↓"键可将该音符降低一个 8 度。

7.20　简易输入的 MIDI 键盘使用

如果熟悉键盘乐器或者经常输入多音和弦（如钢琴）的乐谱，那么使用 MIDI 键盘进行音符的辅助输入将如虎添翼。MIDI 键盘有多种样式，轻重、大小不一，不同键位数量、带音色和不带音色（音源）、自带扬声器和不带扬声器等，以及多个品牌等。可根据自己的专业、用途和使用情况等进行选购。现在的 MIDI 键盘大多数用 USB 连接和驱动。购买 MIDI 键盘后，按该器材的说明书把键盘的驱动装到计算机中即可。也有不用 MIDI 乐器驱动的，插上 USB 即可使用。借助于 MIDI 键盘进行音符输入的操作为：

（1）单击主要工具栏 MIDI/Audio（迷笛/音频）选项，在其下拉菜单中 MIDI Setup（MIDI 设置）的子菜单中，选择 MIDI Setup（MIDI 设置）选项，见下图箭头所指处。

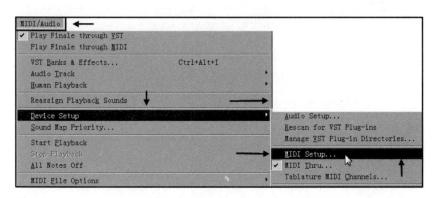

（2）在下图 MIDI Setup 对话框中，查看 MIDI In（MIDI 进入）下方的 Device（驱动）是否

显示该计算机安装的 MIDI In（MIDI 进入）设备的名称，在显示出来的 MIDI 设备的名称中，选择需要使用的 MIDI 键盘设备的名称。此名称会根据所使用设备和安装的驱动的不同而各异，这里是没有显示 MIDI 设备的状态，确定完毕单击 OK 按钮。可以安装多个不同的 MIDI 键盘设备，但是一次只能选择使用一个设备。

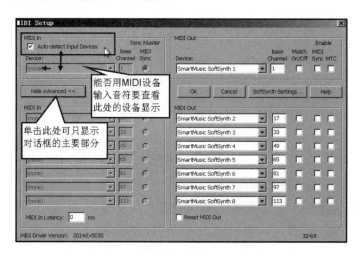

（3）单击主要工具栏中"简易输入"工具的图标按钮，然后出现一个"简易输入"的专用菜单 Simple，选项见右图箭头所指处。

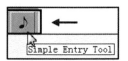

（4）单击 Simple（简易输入）按钮，在其下拉菜单中单击 Use MIDI Device for Input（使用 MIDI 输入装置）选项，在该项前打上"√"，即激活了 MIDI 设备，见下图箭头所指处；

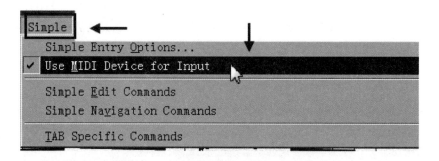

（5）单击主要工具栏"简易输入"工具的图标按钮，乐谱上会显示出简易输入的光标，选择一个将要输入的音符时值（作为输入音符时值的定位）后，就可以用 MIDI 键盘输入音符的音高了。输入另一个音符的时值时，还需要再按一下与音符时值对应的数字键，来确定未来输入的时值。使用 MIDI 键盘的输入只是方便打谱者输入多个音符或休止符的按键，时值需要手动选择,参见下图乐谱。

（6）按 Caps Lock（大写）键加代表时值的数字,会锁定输入的音符或休止符的时值,解放一只手,用两只手进行输入。用 MIDI 键盘输入的有些用键和前面介绍的,不用 MIDI 键盘的输入和简易输入法的用键差不多,请参见本书附录的快捷键表。

7.21　简易输入用键键位图

当单击主要工具栏"简易输入"工具的图标按钮后,会出现简易输入的专用选项菜单,在 Simple 选项的下拉菜单的下方有简易输入用键列表。下面展示它列表图的内容,是为了方便使用者们查看。此列表的中英文对照,在附录中查看。

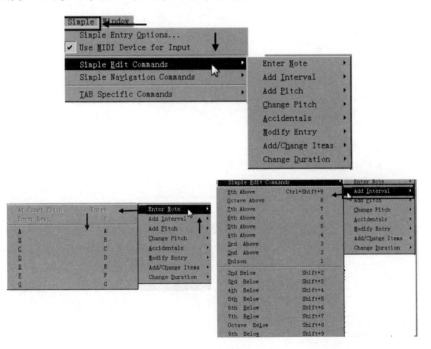

Finale 实用宝典

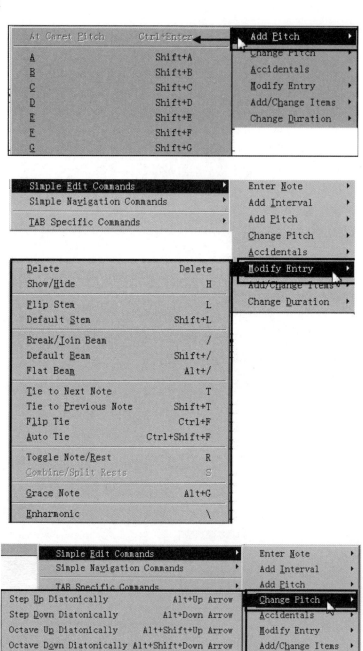

286

第七章 音符与休止符的输入

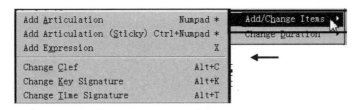

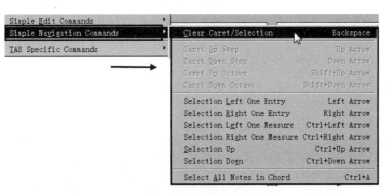

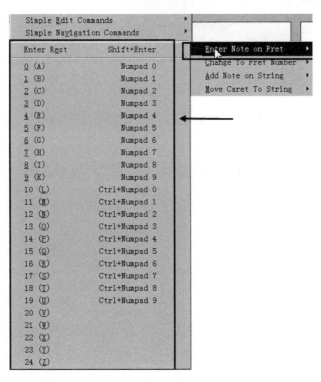

Finale 实用宝典

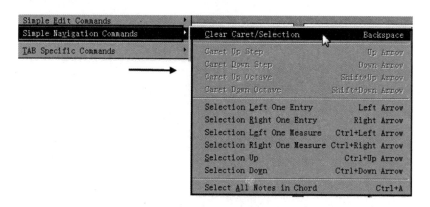

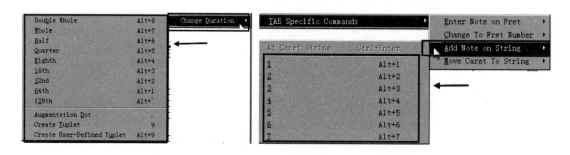

第七章 音符与休止符的输入

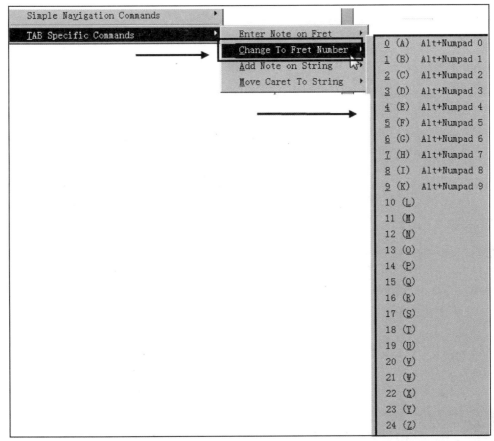

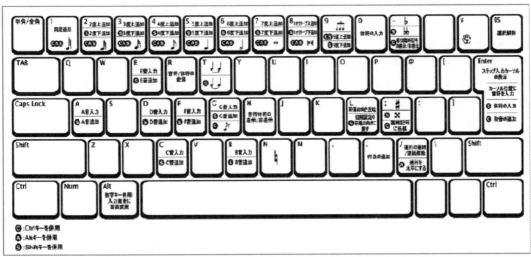

289

Finale 实用宝典

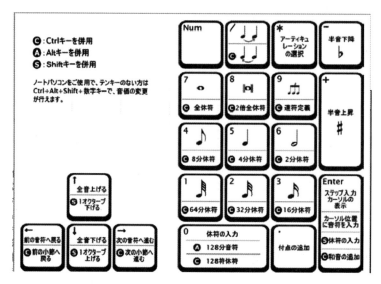

附日文 Finale 相关资料中的简易音符输入,和时值对应的键盘的键位图供参考。

注:上图表中的 C、A、S 的使用如下:

C 是按 Ctrl+标记的键位;

A 是按 Alt+标记的键位;

S 是按 Shift+标记的键位。

7.22 快速音符与休止符的输入

快速音符与休止符的输入,正常称之为"快速输入",它的"快速"是相对的。18 年前在 Finale 2000 版软件中,它比 Finale 2001~2004 版软件中的其他音符与休止符的输入速度都要快一些。快的原因是它可以借助 MIDI 键盘输入音符,尤其是输入钢琴谱,是简易输入无法相比的。从 Finale 2005 版软件以后,它快速输入的优势就不那么明显了,因为从 Finale 2005 版以后,新设计的简易输入法的音符输入速度也很方便了,而且也可以使用 MIDI 键盘进行辅助输入了,比以前只能用鼠标加键盘的输入好多了。目前较理想的音符与休止符的输入应是"快速输入"加"简易输入"并用的音符输入方法。如果条件和所输入的作品允许的话,再加上 MIDI 键盘实时演奏录入,将如虎添翼。快速输入的方法大致如下:

(1) 单击主要工具栏中"快速输入"工具的图标按钮,见右图箭头所指处;

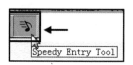

（2）单击主要工具栏 Speedy 工具的图标按钮，在其下拉菜单中单击 Use MIDI Device for Input（加用 MIDI 键盘输入），把该选项前的"√"去掉，在此我们选用不加入 MIDI 键盘的快速音符输入，见下图箭头所指处；

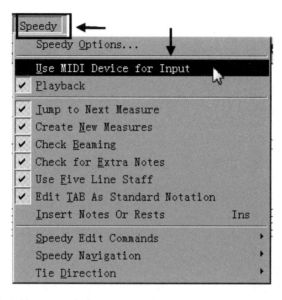

（3）使输入法为英文输入法，单击要输入音符的小节，会出现快速输入的方框，见左下图箭头所指处，按三下数字键 5，输入三个四分音符，按键盘上的"←"键将音符输入的光标移动到该小节的第一拍中，按字母"R"键将输入的音符转换成休止符；

（4）按"↑"或"↓"键，将音高输入的光标移动到第一线 E 音的位置后，按数字 3（16 分音符的音符时值），再按一下"↑"键将音高输入的光标移动到 F 音的位置后按数字 3，再输入一个 16 分音符的时值，见右下图箭头所指处。

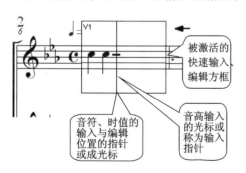
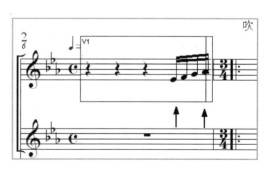

7.23　音符时值与音高的键位

（1）快速音符输入音符时值的键位是：1＝128分音符,2＝64分音符,3＝32分音符,4＝8分音符,5＝4分音符,6＝2分音符,7＝全音符等。下面的数字图如同键盘上排的数字键位,也可以使用右侧小键盘中的相同数字输入音符与休止符时值,见下面的键位图。

（2）在英文输入的状态下,按键盘中的Caps Lock,可按以下键盘的字母输入音高。

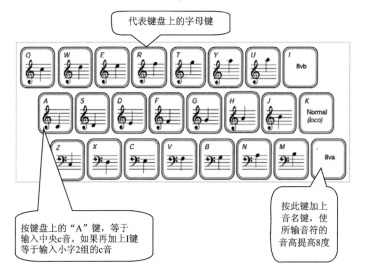

按电脑键盘上的"I"键 ＝"8vb"（降低8度）键；
按电脑键盘上的"K"键 ＝"Normal"（回原位）键；
按电脑键盘上的","键 ＝"8va"（高8度）键。

7.24　延音连线、连线与符点的输入

（1）输入相同音高的延音连线,在输入完一个音符后按字母"T"或者"＝"键,会出现一条延向下一个音符的延音连线,或者在两个及其以上的音符都输完后,将输入的光标返回到前面的音符后,按"T"或者"＝"键使其与下一个相同音高的音符相连,见左下图；

(2) 为两个或者几个不同音高的音符添加连线:单击主要工具栏"可变图形"工具的图标按钮,见右下图箭头所指处;

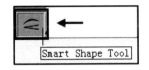

(3) 双击需要画连线的左侧的音符(音符从左往右的音符连接)。然后拖动出现的连线,把连线连接到需要结束的音符后松开,如果连线连接的位置不够理想可再进行修整;如果为两个音符画连线,双击第1个音符即可,见下图;

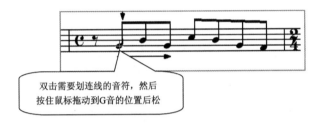

(4) 单击连线的控制点等于激活了调节连线的控制点,可对连线进行细微的调整,直至满意为止,见下图箭头所指处;

(5) 用鼠标轻触,连线微调的控制点,会出现一个可进行微调(菱形控制点)的工具,然后按着它箭头指示的方向进行拖动即可,见下图箭头所指处;

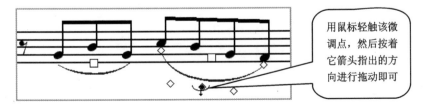

(6) 激活连线的控制点使其成为相反的颜色,按Ctrl+F键可翻转连线的方向(音符头部

的上方或者下方),见上图箭头所指处。

7.25 符点的输入与删除

(1) 在输完一个音符的时值后,按电脑键盘上的"句号"输入音符的符点,或者按小键盘的 "Del(删除)"键,也可以输入符点;按两下该键可输入双符点或者更多的符点,见下图;

(2) 符点音符的删除:
① 对刚输入的音符想删除它时,按 Ctrl+Z(撤销)键,撤销刚输入的内容;
② 将输入指针返回到原来的 bB(降 B)音的位置上,见下图。按数字 5,让它回到原来 4 分音符的时值上,即删掉符点音符。

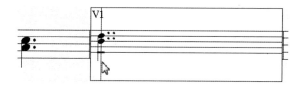

7.26 音符与休止符的删除

(1) 将快速输入的指针,移动到要删除的音符或者休止符上,按一下 Delete 键,即删除音符或休止符;

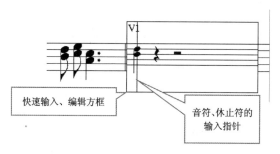

(2) 在快速输入的方框中,按住 Delete 键不动,将(不断地)删除输入指针激活的音符或者休止符(从右往左的音符将被删除)。

7.27 临时记号的输入

激活快速输入工具的图标按钮(斜音符的图标),单击要输入的小节,会显示快速输入的方框,方框内的竖线是时值、节拍的位置。指针上的短横印记,是音高标记的记号,按"↑"或"↓"键,可移动音高的位置,在需要的音高上,按所需要的数字(时值键),即不用 MIDI 键盘输入音高的快速输入。例如:

(1) 在音高标记是 B 音的位置,只输入以下数字"3434464334455",就是下面的乐谱;

(2) 在输完一个音符后,按一下键盘上的"＋"键会使刚输入的音符升高半个音(添加上升记号);与之相反,在输完一个音符后,按一下键盘上的"－"键,会使刚输入的音符降低半个音(添加上降音记号);

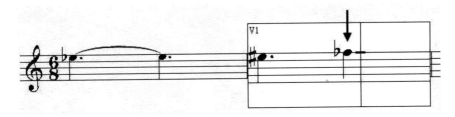

(3) 在输完一个音符或者在输入指针指着要添加临时记号的那个音(被激活状态)时,按两下键盘上的"＋"键会使刚输入的音符升高两半个音(添加上重升记号);相反,按两下"－"键是添加重降音记号,见下图箭头所指处;

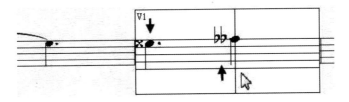

(4) 输入指针对准输入的音符(音符被激活状态),在快速输入法中被指针指着的那个音就是被激活的音符。在输入指针对准输入的音符时,按一下"P"键,该音符就会被强制添加上还原记号,再按一下"P"键,还原记号上的括弧就会自动消失,见下图箭头所指处。

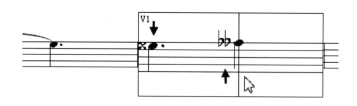

7.28 三连音和多连音的输入

(1) 激活快速输入工具的图标按钮,单击要输入3连音或者多连音的小节,在出现快速输入方框时,按住Ctrl+3(输入几连音就按数字几),在快速输入编辑方框的右上角就会有个3的数字,然后输入444,即输入了三个8分音符(8分音符的3连音);如果输入16分音符的5连音,则按住Ctrl+5,在快速输入方框右上角出现5时,输入33333(即16分音符的5连音),见下图箭头所指处。

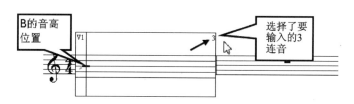

(2) 上图的音高标记在B音上,按"↑"或"↓"键可以改换要输入的音高位置。如果输入8分音符的3连音,按Ctrl+3后再按444;如果输入16分音符的3连音,按Ctrl+3再按333即可,见右图箭头所指处。

(3) 如果输入16分音符的7连音,按住Ctrl+7,然后快速输入方框的右上角会有一个数字7,接下来按7下数字3,即16分音符的7连音,见下图箭头所指处。

7.29 符尾的简单编辑

(1) 在快速输入方框中,当输入编辑的指针对准要编辑的音符时,按"L"键,该音符的符尾会向上或者向下翻转,以上指的是单个音符或者横符尾的第一个音符,比如2个一组的8分音符的第1个音符,4个一组的16分音符的第1个音符等,见下图箭头所指处;

(2) 在快速输入方框中,当输入编辑指针对准要编辑的音符时,按键盘上的"/"键(也是问号键和小键盘数字8上边的"/"),音符的横符尾就会和它相连的前一个音的符尾断开,再按一次"/"又会和前1个音的横符尾连接上,见上图箭头所指处。

7.30 音符的插入

(1) 当在左下图上行谱第2小节的第1拍中插入1个16分音符的操作:
① 将快速输入指针移动到第2小节第2个音的g音上,按数字3,让它成为16分音符,因为要插入一个16分音符所以就要减掉一个16分音符,不然,该小节的拍子就会多出来,见右下图。

② 按键盘上的 Insert(插入) 键，输入指针的上下两头就会出现两个小三角，当指针上有两个三角时，代表可以插入音符。按数字 3，等于插入一个 16 分音符，见下两图箭头所指处。

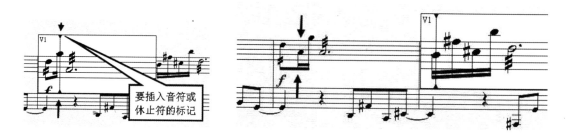

③ 右上图上行的第 2 个音，就是不破坏前后小节内容，插入的音符。当然可以插入 4 分音符、2 分音符和 8 分音符等的音符和休止符。如果想插入休止符，在插入音符后，按"R"键就可以由音符变成休止符。插入音符或者休止符后，按一下 Insert 键，恢复成正常的音符输入指针。

7.31　非 MIDI 键盘的多音输入或删除

(1) 输完 A 音后将快速输入指针，再返回到 A 音，按两下"↑"键将短横音高输入标记的指针移动到 C 音的位置后按回车键，C 音将输入到原有音符上，以此类推可输入多音和弦，见下图箭头所指处；

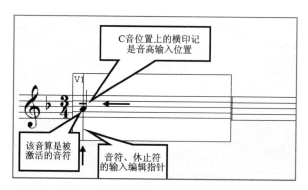

(2) 按"↑"和"↓"键，将快速移动输入指针即短横音高光输入的光标移动到需要输入的那个音高位置上，按回车键即可输入多个音符，有几个要输入的音重复几次操作，见左图；

（3）由于不用 MIDI 键盘输入多音操作起来较费时，可将同音和弦进行复制粘贴处理；

（4）用快速输入法，删除和弦中某个音符的操作：

① 按"↑"和"↓"键将短横音高标记的指针移动到要删除的音高位置（见下图第 3 个和弦 C 的位置）后，按 Backspace 即删除指定的那个音符，见下图第 3 个和弦的 C 音；

② 按 Delete 键将删除整个和弦。

7.32 快速输入的 MIDI 键盘使用

之所以称它为"快速输入"，是因为它能够借助 MIDI 键盘进行多音符的辅助输入，尤其是在不能使用 MIDI 键盘的时候，它的优势是很明显的，所以也一直称它为"快速输入"。两种输入法各有优点，不可代替，两者混用将是理想的乐谱制作操作。

（1）单击主要工具栏"快速输入"工具的图标按钮，见右图箭头所指处；

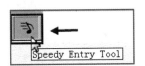

（2）在主要工具栏会出现快速输入的专用菜单 Speedy，在其下拉菜单 Use MIDI Device for Input 选项前打上"√"，意思是使用 MIDI 键盘输入，见下图箭头所指处；

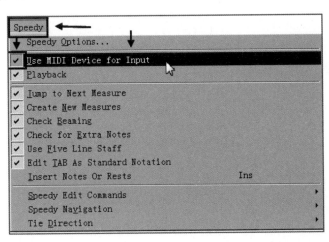

（3）单击简易输入工具的图标按钮后，就可以用键盘输入音符了；

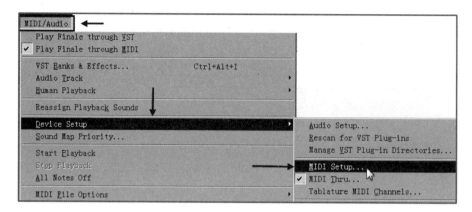

（4）如果在用 MIDI 键盘时不输出音符：单击 MIDI/Audio 选项，在其下拉菜单 Device Setup 的子菜单中，单击 MIDI Setup（MIDI 设置），见上图画圈和箭头所指处；

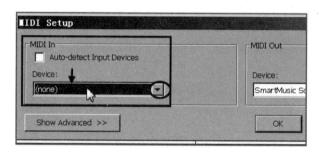

（5）在出现的 MIDI Setup 对话框中查看 MIDI 设备，在 Device 的下拉菜单中调出计算机的 MIDI 驱动的名称即可，见上图画圈和箭头所指处。

7.33 快速输入专用键位图

下图是快速输入专用菜单中的快速输入键位图的截图，特放在书里方便使用者制作时查看。

第七章 音符与休止符的输入

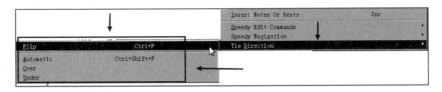

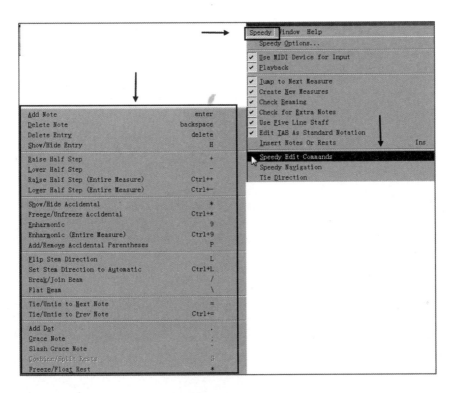

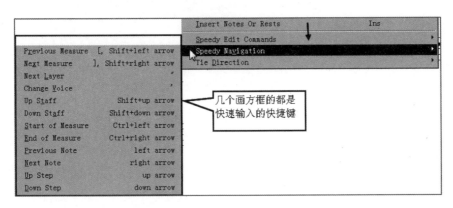

几个画方框的都是快速输入的快捷键

第八章

音符与休止符的相关操作

上一章简要地讲解了 Finale 软件中两种、最基本的音符与休止符的输入。本章是音符与休止符相关的其他操作。因为乐谱的种类繁多、内容较广,故单设一章节讲解其内容。这也是笔者多年经验的一个小结。虽然只讲解其中常用和众多音乐工作者期待的部分打谱技术,但足以应付当代音乐创作中 90% 以上的乐谱的制谱。希望能给国内广大音乐工作者提供帮助。

8.1 对已输入音符与休止符时值的更改

音符与休止符之间的变换,在音符和休止符被激活的状态下,按"R"键即可对已输入的内容更改,两种不同的输入法操作各异。其操作:

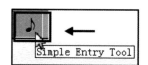

(1) 单击主要工具栏"简易输入"工具的图标按钮,见右图箭头所指处;

(2) 按住 Ctrl 单击乐谱最后的全音符。按住 Alt+6（6 是需要的音符时值的数字）即可将全音符改成 2 分音符,休止符时值的更改也是同样的操作,这是用简易输入法更改的,见左下图;

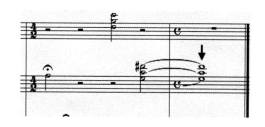

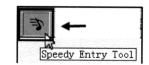

(3) 快速输入法对已输入时值的更改的操作:
① 单击主要工具栏"快速输入"工具的图标按钮,见右上图箭头所指处;
② 单击要更改音符时值的小节,在快速输入指针对准那个需要更改的音符(在快速输入法中就算是激活了该音,称被激活音)后,按数字键 6,该音符就会由全音符变成 2 分音符。请对照着看下两图中的内容。休止符时值的变更也是同样的操作。这是快速输入法更改音符值时的操作,以上是将原音符缩短的更改。

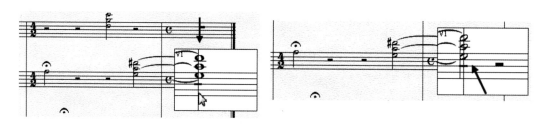

(4) 用简易输入法将音符时值扩大的操作:
① 单击主要工具栏"简易输入"工具的图标按钮,按住 Ctrl 单击乐谱最后的 2 分休止符,

按"删除"键将 2 分休止符删除,再按住 Ctrl 单击该小节中的 2 分音符,将其激活;

② 按住 Alt+7(需要的全音符时值的数字)即可将 2 分音符改为全音符,休止符时值的变更也是同样的操作,见下两图的内容。

8.2 合并复声部层相同节拍位置的休止符

合并复声部层中相同节拍位置的休止符,对较大篇幅乐谱的制作,具有美观、规范等优点。其操作顺序:

(1)单击主要工具栏"选择"工具的图标按钮,见右图箭头所指处。

(2)将要合并休止符的区域圈起来,使之成为相反颜色,见下图。

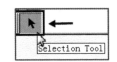

(3)单击 Document 选项,在其下拉菜单最下方单击 Document Options,快捷键是 Ctrl+Alt+A,见左下图箭头所指处。

(4)打开 Document Options 对话框后,选择 Layers(声部层),在 Document Options-Layers(文档选项-声部层)对话框中:

① 选择 Layers 1(声部层 1);

② 在 Consolidate rests across 1(跨声部层合并休止符)前打上"√";

③ 在 Adjust floating rests(调节浮动休止符在几度上)的文本框中填入 6~8(一般情况可用它的默认值);

④ 设置完毕单击"确定"按钮。

见右下图箭头所指处。

| Finale 实用宝典

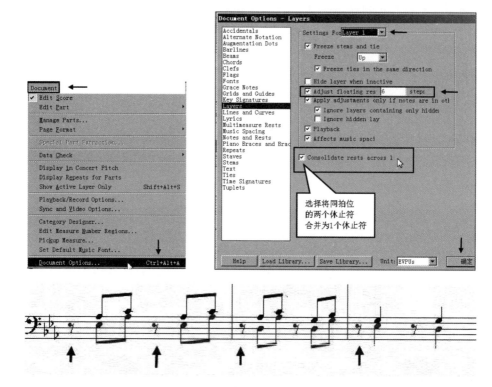

（5）被自动合并的复声部中同节拍位置的休止符，见上图中间放大了的原谱下声部的乐谱，画圈和箭头所指处；下两个图的乐谱，是合并休止符前的原乐谱；

（6）如果打谱前就设定了"跨声部层合并休止符"的选项，会在打谱时见到复声部层同节拍位置的休止符时自动将它们合并起来。

8.3 自动调整休止符的上下位置

在打谱时尤其是打多声部的乐谱，或者是通过扫描输入的乐谱和其他版本软件打的乐谱转换过来的乐谱等，会经常出现休止符在乐谱五线上的位置不太美观等的问题。在此用下图简单谱例来介绍一下自动调整休止符的上下位置的操作顺序：

（1）单击主要工具栏"选择"工具的图标按钮，见右图。

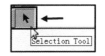

（2）圈起来要调整休止符高低位置的区域，使其成为相反颜色，见上图。

（3）单击主要工具栏 Plug-ins 选项，在其下拉菜单 Note，Beam，and Rest Editing（编辑音符、符杆和休止符）的子菜单中，选择 Move Rests（移动休止符）选项，见左下图画圈和箭头所指处。

（4）在右下图 Move Rests 对话框中：

① 在 Move Rests in layer（移动某层的休止符）选择框中，选择要移动的声部层 1（第 2 层乐谱）；

② 在 Move rests 文本框栏中填入上下移动的度数，这里是下移 4 度（减 4 度）；

③ 单击 OK 按钮，完成操作。

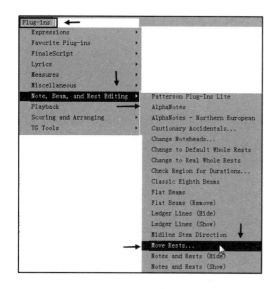
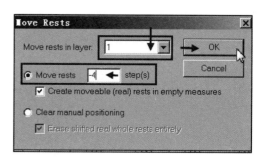

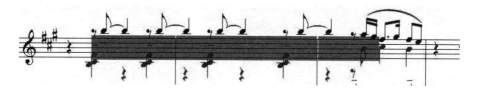

（5）上图乐谱第 1（上）声部层，被下移了休止符位置，是按自己选择填入的数值下移的。

（6）下面进行第 2（下）声部层休止符的移动：

① 上面所选区域不动。单击主要工具栏 Plug-ins 选项，在其下拉菜单 Note，Beam ，and Rest Editing 的子菜单中选择 Move Rests 选项；

② 在 Move Rests 对话框中的 Move Rests in layer 选择栏中，选择移动休止符的声部层 2，见右图；

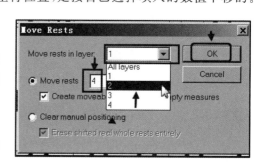

③ 在 Move rests 文本框中，填入向上移动度数 4，单击 OK 按钮完成操作。

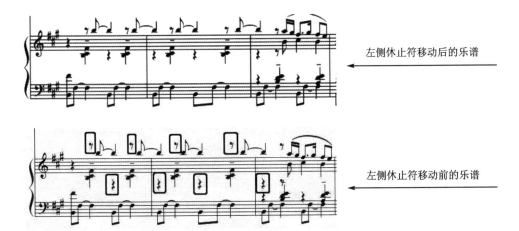

左侧休止符移动后的乐谱

左侧休止符移动前的乐谱

（7）休止符上下移动的度数,是依据五线的"线"和"间"来计算,也是以自然音高的度数来计算的。

8.4 自动插入休止符

（1）单击主要工具栏"选择"工具的图标按钮。
（2）将要向音符之后插入休止符的区域圈起来,使之成为相反颜色,见下图。

（3）单击主要工具栏 Plug-ins 选项,在其下拉菜单 TG Tools(TG 工具)的子菜单中,选择 Modify Rests(插入休止符)选项,见左下图箭头所指处。
（4）在 Modify Rests 对话框中：
① 在 But only this duration（4＝quarter)(执行此音符)文本框中,填入要执行音符的时值：4(4 分音符)；
② 设置完毕单击 Go 按钮。
见右下图。

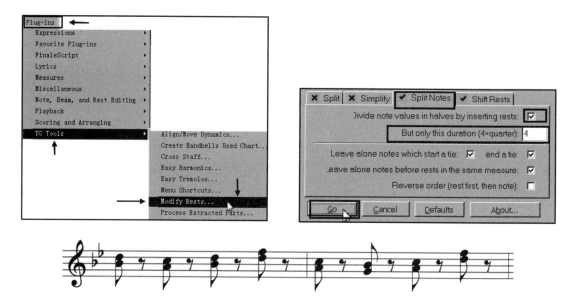

（5）被执行后，自动插入的休止符就会将原来的 4 分音符，变成 8 分音符加上 8 分休止符，两者加起来是原来 4 分音符的时值，见上图设置后的乐谱。

（6）将要向音符前插入休止符的区域圈起来，使之成为相反颜色，见上图乐谱。

（7）在 Modify Rests 对话框中如果加选 Reverse order（rest first then nole）（在音符前面插入休止符）选项，所选区域中的 4 分音符的前头，将被插入 8 分音符的休止符（和上面的操作正好相反），见下图画圈和箭头所指处以及乐谱。

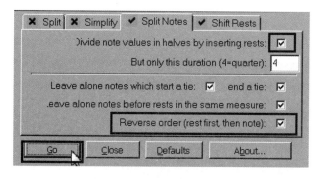

（8）单击主要工具栏"选择"工具的图标按钮，将要向音符后插入休止符的区域圈起来，使之成为相反的颜色，见下图有阴影的 8 分音符组成的乐谱；

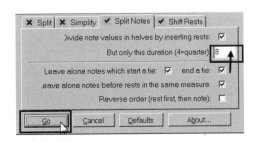

（9）在 Modify Rests 对话框中的 But only this duration(4=quarter)（执行此音符）文本框中填入要执行音符的时值"8"（8分音符），就会出现插入16分休止符加16分音符乐谱，见上图画圈和箭头所指处，以及下图被插入休止符的乐谱。

8.5　移　调

移调是用计算机打谱最方便的一项。在 Finale 软件中有三种可进行移调的操作：

① 用改变调号方式，将原调音符自动地移动到所需调的音高上；
② 选择需要移动的原音高音符的区域，上下移动原音音符的音高；
③ 圈起来需要移调的音符区域，按数字键"6"或者"7"上下逐级地移动原音音符的音高。

（1）单击主要工具栏"调号"工具的图标按钮，见右图。
（2）在需要移调的五线行内双击，会出现下图 Key Signature（调

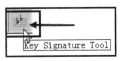

号设置)对话框,在对话框中:
① 单击上下滚动按钮,选择需要的调号和调性;
② 确认移调的区域,是整个乐谱还是部分小节,可以指定从第几小节到第几小节进行移调;
③ 移调后原音符的音高是向上还是向下;
④ 此处选择的是将 G 调,移调到降 A 调,移调的范围,从第 1 小节至下次移调;
⑤ 设置完毕单击 OK 按钮。

可以指定只给某几小节或者某个段落进行移调等,该对话框还有其他功能可供选择。

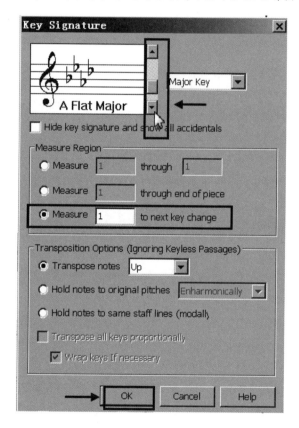

(3) 以下两图,图 a 是移调前原乐谱的前两行(G 调)的乐谱。图 b 是移调后的乐谱,请对照着看移调前后的乐谱。

(4) 单击主要工具栏"调号"工具的图标按钮,右击需要移调的乐谱,在调号工具的右键菜单中选择需要的调号,见左下图。

(5) 单击主要工具栏"选择"工具的图标按钮,右击需要移调的乐谱,在其右键菜单中选择需要的调号;也可以单击右键菜单中的 Key Signature 选项,见右下图,再在其对话框中选择需要的调号。

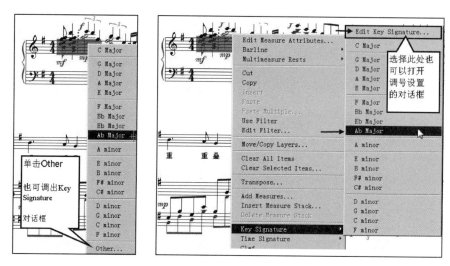

以上两图,左图是"调号"工具的右键菜单,右图是"选择"工具的右键菜单。从两个工具的右键菜单中都可以调出 Key Signature 对话框选择调号。

(6) 单击主要工具栏"选择"工具的图标按钮,圈起来要进行移调的区域,使之成为相反颜色,见左下图的乐谱。

(7) 在上图被选中的乐谱区域内右击,在出现的右键菜单中单击 Transpose 选项,见右上

图箭头所指处,然后将出现左下图移调的对话框。

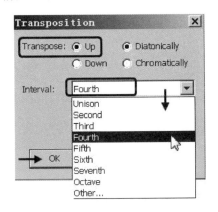

(8) 在 Transposition 对话框中:

① 指定 Transpose:Up(向上移调);

② 在 Interval(音程)的下拉选项中,选择 Fourth(4 度);

③ 单击 OK 按钮,完成音程移调,见左上图对话框中画圈和箭头所指处,右上图是上移了 4 度后的乐谱。

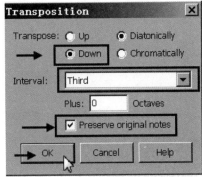

(9) 单击选择工具,在 Transposition 对话框中:

① 指定 Transpose:Down(向下移调);

② 在 Interval 的下拉选项中,选择 Third(3 度);

③ 在 Preserve original notes(保留原音符)选项前打上"√",意思是移调后原旋律还保留着,见右上图对话框中箭头所指处;

④ 单击 OK 按钮完成移调操作。左上图是原歌曲的旋律,移调后的乐谱见下图。

（10）另一项较简便快捷的移调操作：

① 单击主要工具栏"选择"工具的图标按钮；

② 将需要移调的内容区域圈起来，使其成为相反色，见下图 3 小节原乐谱；

③ 在英文输入的状态下，按数字键 9，会将所选区域的音符升高 8 度，见下图的乐谱；

④ 按数字键 8，会使所选区域的音符降低 8 度；

⑤ 按一下数字键"6"，会使所选区域的音符降低 2 度（一个自然音高），再按再降低 2 度；

⑥ 按一下数字键"7"，会使所选区域的音符升高 2 度，再按再升高 2 度；

⑦ 上图乐谱是在原旋律被选中后,按了 4 下数字键"7"的结果。

8.6 音符时值的缩放

(1) 单击主要工具栏"选择"工具的图标按钮,见右图箭头所指处。

(2) 把要缩放的音符圈起来使之成为相反的颜色,见下图乐谱。

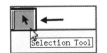

(3) 单击主要工具栏 Utilities(公共设置)选项,在其下拉菜单 Change(变更)的子菜单中选择 Note Durations(符头尺寸),见左下图箭头所指处。

(4) 在右下图 Change Note Durations(更改符头时值)对话框中:

① 在 Change all note Durations by(更改所有符头时值)的选择框中选择为 50%;

② 设置完毕单击 OK 按钮;

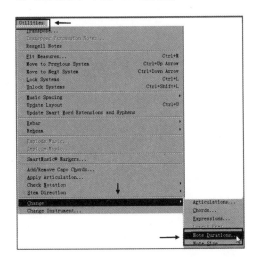

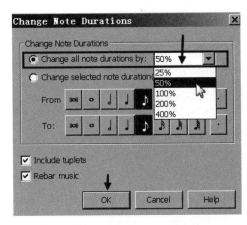

③ 原旋律谱的音符时值紧缩一倍的乐谱,就是上图展示的 3 小节乐谱。

（5）单击选择工具后，把需要变更的原旋律圈起来，使之成为相反颜色，见下图 4 小节乐谱。

（6）在左图 Change Note Durations 对话框中：

① 在 Change all note Durations by 选择框中选择 200％（扩大一倍）；

② 设置完毕后单击 OK 按钮；

③ 音符时值被放大了一倍的乐谱，见下图。因为时值被放大了，原谱放大后自动变成两行乐谱，见下图。

8.7　音符尺寸的缩放

音符尺寸的缩放，在 Finale 软件中分几处可以进行，但是也不太一样，例如：

①用"％"工具，每一次只缩放所选音符；

②公共设置中的工具，一次可缩放所选区域诸多符头；

③在插件中，可以更换音符，在更换音符时可指定音符的尺寸等。

（1）单击主要工具栏"％"工具的图标按钮。

（2）单击要缩放的音符头部，就会出现 Resize Notehead（音符缩放）对话框，在该对话框 Resize Notehead To(音符缩放％率)文本框中填入所需值，这里填入的是 150％，见左下图画圈和箭头所指处。

（3）右下图乐谱上第 5 个音符，就是刚被放大 150％的音符。此项百分比工具的"音符缩放"是对单个音符进行缩放的工具。

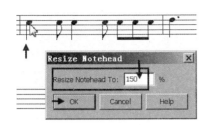

（4）单击主要工具栏"选择"工具的图标按钮,把要缩放符头的区域圈起来,使其成为相反的颜色,见下图两小节的乐谱。

（5）单击主要工具栏 Utilities(公共设置)选项,在其下拉菜单 Change 的子菜单中选择 Note Size(音符尺寸),见左下图箭头所指处。

（6）在 Change Note Size(更改音符尺寸)对话框中的 Resize Notes To 文本框中,填入所需缩放的值,这里填入的是 66％,见右下图箭头所指处。

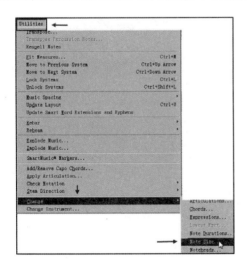

（7）下面的乐谱,是用"公共设置"选项中的更改音符工具缩小了音符 66％后的乐谱,可对照缩小前的乐谱比对。

（8）利用"％"缩放工具中的"缩放五线"选项,可在缩放五线的同时,一起缩放音符,其操作顺序：

① 单击主要工具栏"‰"的图标按钮。

② 单击要缩放的音符,见上图乐谱第 1 小节。

只有在页面、五线或者音符处单击对了激活点,才会出现缩放工具相应的对话框。

③ 在 Resize Staff 对话框的 Resize Staff To 文本框中填入 85(缩小到 85%)。如果要缩放整部乐谱的音符,可以不用选择,直接单击 OK 按钮钮完成操作即可。如果需要指定缩放五线的行数,在 Staff System Range(五线行范围尾)上部分,填入从第几行开始到第几行结束,见右图画圈和箭头所指处。

④ 下图 a 第一行乐谱是整个五线行缩小了 85% 的乐谱,钢琴伴奏是原来的尺寸。注意缩放时歌词也跟着一起缩放,如果需要可将歌词的字体扩大一号,见下图 b 的乐谱。

(9) 利用插件工具中的缩放工具,缩放和弦上面或下面的音符(只可选择进行和弦中上、下两个符头的缩放):

① 单击主要工具栏"选择"工具的图标按钮;

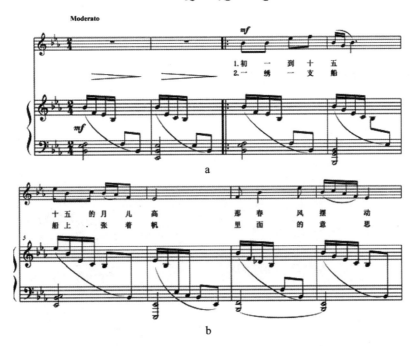

② 将要缩放音符的区域圈起来,使之成为相反的颜色,见下图;

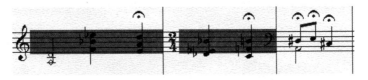

③ 单击主要工具栏 Plug-ins 选项,在其下拉菜单 Note, Beam ,and Rest Editing 的子菜单中选择 Resize Noteheads,见左下图箭头所指处;

④ 在右下图 Resize Noteheads 对话框中,按着对话框中画圈和箭头所指的去选择。音符的类型:普通音符、所有特殊音符和指定的音符;

⑤ 选择缩放和弦中的音符,最上面的音符还是最下面的音符;

⑥ 指定音符变更尺寸的编号为"1";

⑦ 符头的缩放比率为 133%(放大);

⑧ 设置完毕单击 OK 按钮,执行设置后,见下页乐谱。此操作只是放大或者缩小一串和弦音符中上、下两头的音符和特殊的符头等。

| Finale 实用宝典

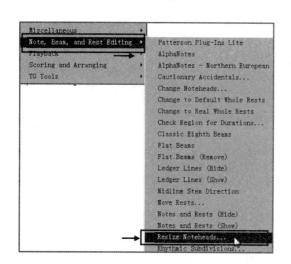
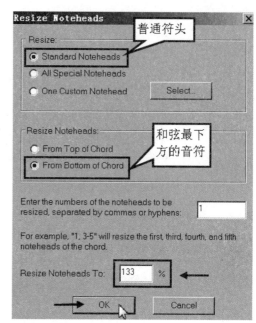

（10）从音符所使用的字体处，缩放音符尺寸的操作：

① 单击 Document 选项，在其下拉菜单中选择 Document Options，快捷键是 Ctrl＋Alt＋A；

② 在 Document Options-Fonts 对话框中，单击 Set Fonts（字体设定）按钮，在展开的内容中选择音符字体的字号，见下图画圈和箭头所指处；

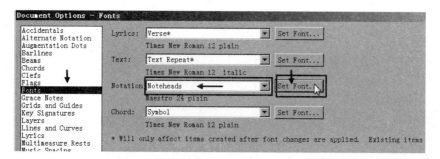

③ 在下图 Fonts(字体)的对话框中,选择要放大音符的字号。为了突出一点儿显示,这里选择了"小初"号。Finale 默认的字号是小一号,字体是 Maestro,见下图画圈和箭头所指处。

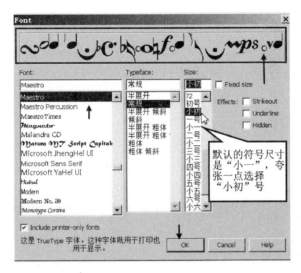

(11) 以下 3 例乐谱:
① 将音符原小一号的 Maestro 字体,放大了两档,成了"小初"号字的乐谱;
② 音符原小一号 Maestro 字体,原数值没有变的乐谱;
③ 将音符原小一号的 Maestro 字体,缩小了两档,成了"小二"号字的乐谱。

8.8 用彩色符头显示

（1）单击主要工具栏 Window，在其下拉菜单中单击 Score Manager，快捷键是 Ctrl＋K 键，见右图画圈和箭头所指处；

（2）在 Score Manager 对话框中，在右下方 Color Noteheads（彩色符头）前打上"√"，所选择声部中的音符，就会成为用彩色符头显示，见下图对话框中画圈和箭头所指处；

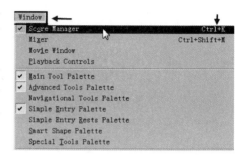

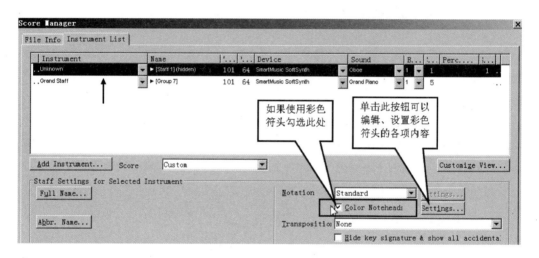

（3）乐谱中 7 个不同音高的音符，由 7 种不同颜色的符头显示，上图应为彩色的乐谱，不过此书无法显示；

（4）如果想自行设置音符的颜色，将在上图的两个对话框中进行编辑。

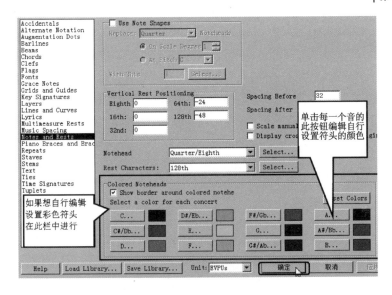

8.9 使用音名和唱名符头

(1) 单击主要工具栏"五线"工具的图标按钮,见左上图;

(2) 把要使用音名符头显示的范围圈起来,使之成为相反颜色,见右上图的乐谱;

(3) 右击所选音符,在出现的右键菜单中选择 Apply Finale AlphaNote Notenames(应用音名符头),见右图画圈和箭头所指处;执行音名符头后的乐谱,见右图。

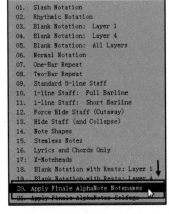

（4）在所选择音符范围的五线内右击，在出现的五线的右键菜单中，选择 Apply Finale AlphaNotes Solfege(应用唱名符头)，见下图箭头所指处；

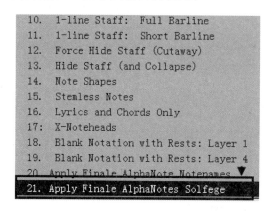

（5）被五线应用样式工具第 21 条执行后，就会出现符头用唱名显示的乐谱，见下图。

8.10 只显示音符的符头或符尾

只显示音符符头的操作，软件有三处可执行：
① 去掉所选音符的符尾：用五线工具的右键菜单中的第 15 项执行即可；
② 去掉所选声部的整个音符的符尾：在声部属性中选择不要符尾即可；
③ 在特殊工具中选择符尾的类型，选择"无"符尾、空白即可。
（1）单击主要工具栏"五线"工具的图标按钮。
（2）把需要去除符尾的音符圈起来，使之成为相反的颜色，见下图乐谱的后半部。

(3) 右击所选区域的五线行,在出现的五线工具的右键菜单中单击 Stemless Notes(无符尾音符)选项,乐谱上就只显示符头的音符,见下两图。

以下的操作可随心所欲地选择部分小节或者部分音符,来进行无符尾音符的处理。

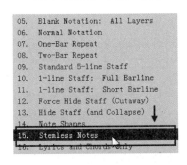

(4) 为所选的整个声部的音符制作无符尾音符:
① 单击主要工具栏"五线"工具的图标按钮;
② 右击要去除符尾音符声部的控制点,见左下图画圈和箭头所指处;
③ 在出现的右键菜单中,单击 Edit Staff Attributes(编辑五线谱属性)选项,见左下图箭头所指处;
④ 在右下图 Edit Staff Attributes 对话框中,把 Stems(符头)前的"√"去掉,意思是改为本声部的音符,符尾不显示;
⑤ 设置完毕单击 OK 按钮。下页第一幅乐谱图是设置后的无符尾的乐谱。

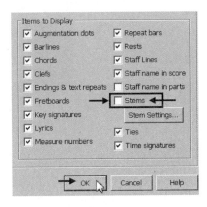

(5) 只显示符尾的乐谱的制作有两处:
① 单击高级工具栏"特殊"工具的图标按钮,见右下图画圈和箭头所指处;

② 在高级工具选择栏的特殊工具中,选择"音符符头编辑"工具,见左下图画圈和箭头所指处;

③ 单击右上图乐谱的第 2 小节,在音符符头上出现移动的控制点时,将其圈起来,使编辑点成为粉色,此时可选择将每一个音符设为一种样式,也可圈起来进行一次性编辑或者更换整个小节音符符头的种类等,见右上图画圈和箭头所指处;

④ 在下图音符符头选择对话框中,选择自己需要的音符符头形状、类型等,因为是无符头,这里选择一个空白的内容(无形状),原符头编号是 207,新选择的编号是 205,见下图箭头所指处;

⑤ 下图乐谱的第 2 小节,是执行无符头操作后的例子。此项制作的优点是,可以在乐谱的指定区域和指定的个别音符进行特殊符头的制作等。

（6）整个声部的音符无符头（只显示符尾）的制作：
① 单击主要工具栏"五线"工具的图标按钮，见右图箭头所指处；下图是有符头的乐谱；

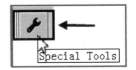

② 双击要执行无音符符头声部的五线行，会出现 Edit Staff Attributes 对话框，在该对话框左下方"独立设置"的内容栏，把 Notehead font（符头字体）前的"√"打上，再单击它右侧的 Select 按钮，见左下图画圈和箭头所指处；

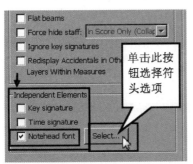

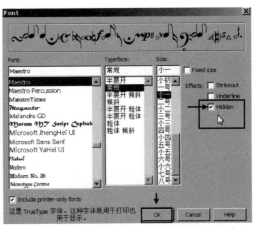

③ 在出现的 Font 对话框中，在对话框右侧 Hidden（隐藏）栏前打上"√"，见右上图画圈和箭头所指处；
④ 选择完毕单击 OK 按钮。无符头音符的乐谱，见下面乐谱谱例的两张图；
⑤ 无符头选项执行后乐谱上的符头，由原来的黑色变成浅灰色，但是打印出的文件会都显示为无符头乐谱。

8.11 TAB谱数字符头的缩放与编辑

（1）单击主要工具栏 Document(文档)选项,在其下拉菜单中选择 Document Options,快捷键是 Ctrl+Alt+A。以下的操作将放大下图 TAB 谱的数字符头。

（2）在 Document Options Fonts 对话框中选择 Tablature(TAB),再单击它右侧 Set Font(字体库)按钮,见左下图画圈和箭头所指处。

（3）在出现的 Font 对话框中,将 Finale 默认的 Arial 字体的原 5 号字夸张一点,调整到 4 号字,见右图画圈和箭头所指处。阅读 TAB 谱的演奏者,看数字比看它在五线上的位置重要,TAB 谱的数字符头的缩放,主要是调整字号的大小。

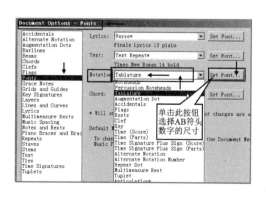
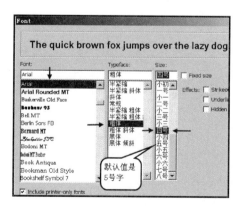

(4) 被放大了的 TAB 数字符头的乐谱,见下图六线上的数字符头。

(5) TAB 谱的编辑:

① 单击主要工具栏"五线"工具的图标按钮;

② 双击要编辑的 TAB 谱的五线,会出现 Edit Staff Attributes 对话框;在要编辑的 TAB 乐谱的左头部,右击该声部控制点也会出现 Edit Staff Attributes 对话框,见右图画圈和箭头所指处;

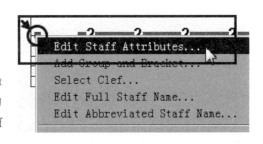

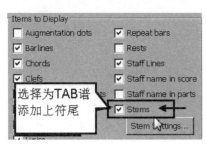

③ 在左图 Edit Staff Attributes 对话框中的 Stem 前打上"√",意思是让 TAB 数字显示符尾;

TAB 数字谱一般不用符尾,Finale 的默认值没有符尾,但是目前不太统一,有的国家出版物上显示符尾。

④ 单击 Window 选项,在其下拉菜单中单击"总谱管理"选项,在其对话框 Notaton(样式)中选择 Tablature,再单击它右侧的 Settings(选择)按钮,见右下图画圈和箭头所指处;

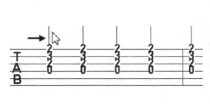

⑤ 在 Tablature Staff Attributes（TAB 谱属性）对话框中，做一下微调，如左下图对话框中画圈和箭头所指处等；

⑥ 单击高级工具栏"特殊工具"的图标按钮，然后出现右下图高级工具的具体工具盘，在右下图工具盘中选择"符头移动"工具，见箭头所指处；

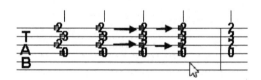

⑦ 单击高级工具栏中的"音符移动"工具后，再单击需要编辑的小节，小节内会在每个符头上出现可编辑的控制点，可以一个一个地调整（错开第二个和第四个音符位置，是为了让每串数字和弦音符易读），按住 Shift 键的同时单击多个符头可以一次同时调整多个符头，见上两图乐谱中的符头；

⑧ 单击高级工具栏中的"符尾伸缩"工具，单击需要编辑的小节，在每个符尾上会出现可调节的控制点，可以一个一个地调整（原默认值的符尾有点儿稍长），可以圈起多个符尾，还可以按住 Shift 键的同时单击多个符尾，同时调整多个符尾，见下两图中的内容，以及下页乐谱图调整符尾后的乐谱。

（6）可对所选的内容进行"高级"复制：

① 单击主要工具栏"编辑"的按钮，在其下拉菜单中调出 Edit Filter（编辑粘贴选项）的对话框，见下图；

② 在下图 Edit Filter 对话框中，单击对话框下方的 None（全不选），去掉全部打勾项目的对钩；

③ 将 Notehead，accidental and tablature string alterations（被更改的 tab 谱的符头、线号和临时记号）选项和 Stem and beam alterations（变更的符尾）选项前打上"√"，意思是只复制刚才用特殊工具调整的这两个方面的内容；

④ 完成后单击 OK 按钮；

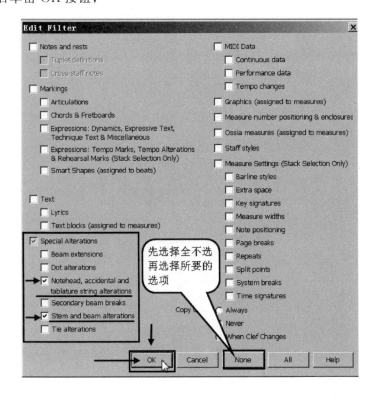

⑤ 单击主要工具栏"编辑"按钮，在其下拉菜单中，激活 Use Filter（使用过滤器），快捷键是 Alt+Ctrl+F，使该选项前打上"√"；见下图箭头所指处，这样就会在复制时只复制在 Edit Filter 对话框中选择的内容（数字符头的移动和音符符尾的缩放）；

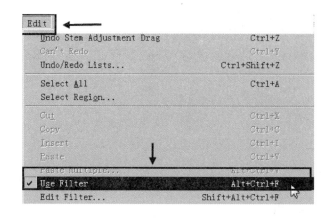

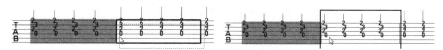

⑥ 将调整了数字符头排列和音符音尾的第 1 小节数据,复制到其他小节中的操作:单击第 1 小节,使它成为相反颜色,将其拖动到第 2 小节上,当出现黑框时松开鼠标即可完成复制,见上两图的乐谱。

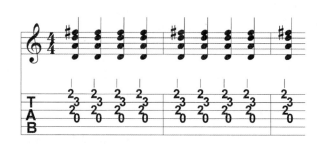

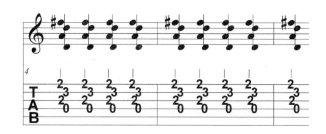

⑦ 看上图的 4 行乐谱,把调整了音符间距、符尾的第 1 小节的内容,复制到了类似内容的小节上,可以节省许多制作的时间和功夫;它不仅可用在同类乐器的六线吉他的数字谱之间,

进行复制内容,也可以将其复制到正常乐谱的小节上,见上图第 3 行乐谱的音符,就是正常乐谱的音符,它的原样是第 1 行(未复制调节内容)的乐谱。

8.12　音符与符头的其他变更

(1) 单击主要工具栏"五线"工具的图标按钮。
(2) 用鼠标把将要更换符头的乐谱区域圈起来,使其成为相反颜色,见下图乐谱。

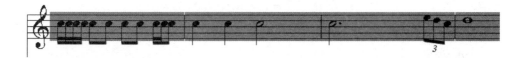

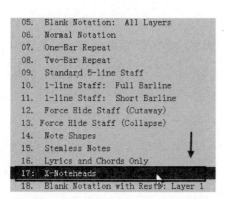

(3) 右击将要更换符头的乐谱(上图),在弹出的右键菜单中单击 X-Noteheads(X 符头)选项,见左图画圈和箭头所指处。

(4) 下图的乐谱是上一步执行 X 符头的乐谱。

(5) 单击主要工具栏"五线"工具的图标按钮,把将要执行其他符头更换的乐谱选中(下图乐谱),使其成为相反颜色。

(6) 在选中的乐谱上右击,在弹出的右键菜单中,选择 Note Shapes(音符形状)选项批量更换其他符头,见下图箭头所指处。

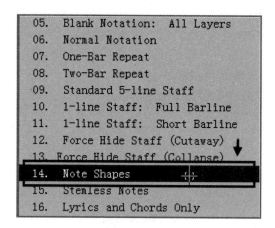

（7）上图乐谱是执行 Note Shapes 选择批量更换其他符头的结果，原来的符头在第 3 间 C 音的位置时会出现此三角式的符头。

（8）都是执行 Note Shapes 选项批量更换符头，原来音符在不同位置会出现不同形状的符头，见上图；上声部在五线的第 4 间上的符头样式，下声部在第 3 间上的符头样式，下图的上声部在上加 1 线上的符头样式等。

（9）用插件中的"符头变更"选项更改符头的操作：
① 单击主要工具栏"选择"工具的图标按钮；
② 将要更改符头的区域圈起来，使之成为相反的颜色，见下图的乐谱；
③ 单击主要工具栏 Plug-ins 选项，在其下拉菜单 Note, Beam , and Rest Editing 的子菜

单中选择 Change Noteheads(更改符头)选项,见下图箭头所指处;

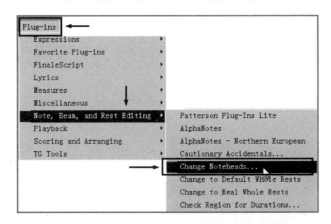

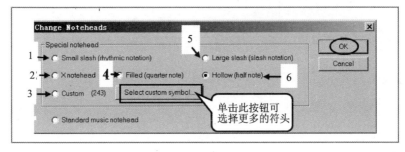

④ 在上图 Change Noteheads 对话框中选择所需符头形状(例如在更换符头对话框中标记的数字),选择完毕单击 OK 按钮,乐谱上的符头就会变成选择的符头样式。

◆ Change Noteheads 对话框中的选择内容有:

1) Small slash:小斜杠符头

2) X notehesd:X 符头

3) Custom(243):自选符头,单击 Custom 右侧的 Select custom symbol 按钮,打开其对话框自行选择字符库中的符头形状样式

4) Filled quarter one:正常的 4 分音符的黑符头

5) Large slash(slash notation):大斜杠符头

6) Hollow half note:空心的二分音符的符头

⑤ 下图乐谱的符头是 Change Noteheads 对话框中提供的 5 种默认值的符头,为了查看方便,列在五线上供读者们查看;

⑥ Change Noteheads 对话框中的第 3 个符头，是单击右侧 Select custom symbol 按钮后，自选符头对话框中的方形符头；

⑦ 左下图是打开 Custom 对话框显示的默认值。右下图是选择了一个方形符头。

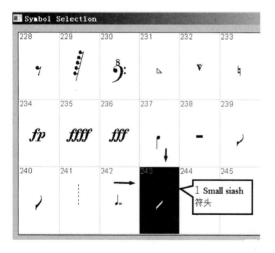
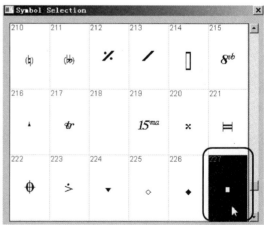

8.13 去除音符的加线

（1）单击主要工具栏"选择"工具的图标按钮，见右图箭头所指处；
（2）将需要去除音符加线的区域圈起来，使之成为相反颜色，见下图乐谱；

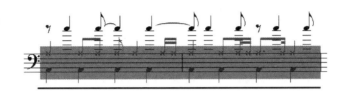

（3）单击主要工具栏 Plug-ins 选项，在其下栏菜单 Note，Beam ，and Rest Editing 的子菜单中，选择 Ledger Lines（Hide）（隐藏加线）选项，见下图画圈和箭头所指处；

（4）五线谱音符上的加线就会自动地消失（隐藏起来），见下图乐谱最上层声部音符的加线；
（5）如果需要把隐藏的加线恢复显示，单击上图中箭头所指的提示选项即可。

8.14 符尾的上下翻转或固定

（1）单击主要工具栏"简易输入"工具的图标按钮，见右图箭头所指处。

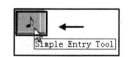

（2）按住 Ctrl 键的同时单击所选音符的符头，使其成为被激活的

粉色状态，然后按一下字母键"L"进行上或下翻转该音符的符尾。如果是一组 8 分音符或者 16 分音符，激活第 1 个音符后按一下字母键"L"即可翻转该音符的符尾，对照参见上两图乐谱。

（3）用快速输入法将输入指针对准要翻转的音符，或者是一组音符的第 1 个音符，然后按一下字母键"L"键，将音符的符尾上下翻转；

（4）单击主要工具栏"选择"工具的图标按钮，见右图箭头所指处；

（5）将需要翻转的音符符尾的区域圈起来，使之成为相反颜色，见下图的乐谱；

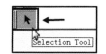

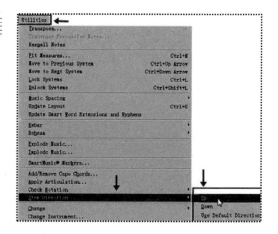

（6）单击主要工具栏 Utilities（公共设置）选项，在其下拉菜单 Stem Direction（符尾方向）的子菜单中选择 Up 选项，所选区域的符尾就会全部朝上；如果想让符尾朝下，选择 Down 选项；恢复原 Finale 符尾的默认值时，单击 Use Default Direction（默认值的符尾朝向）选项，见右图画圈和箭头所指处。

(7) 固定所选声部符尾朝向的操作：

① 单击主要工具栏"五线"工具的图标按钮；

② 双击要固定符尾朝向声部的五线行，弹出声部属性的对话框，在该对话框右下角单击 Stems Settings（符尾设定）按钮；

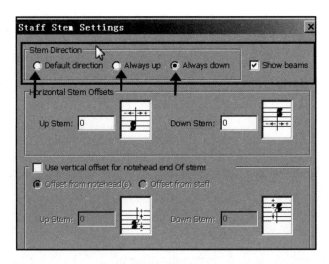

③ 在上图 Staff Stem Settings 对话框中选择所需固定的符尾朝向：

1）Default Direction（默认的符尾朝向）

2）Always Up（符尾始终向上）

3）Always Down（符尾始终向下）

在这里选择了"符尾始终向下"选项；

④ 上图乐谱的上声部，设置的是音符尾巴始终向上，下声部设置的是音符尾巴始终向下。

8.15 特殊符头的符尾调整

有些特殊符头，以及自制的各种符头（包括图形），如果需要出版或者追求美观，则需要进行微调，最起码调整一下符尾的连接位置等还是必要

的。Finale 软件也提供音符尾巴调整的设计框和查看窗口等。下面就特殊符头的符尾的编辑，以上图两种最常用符头的符尾连接，展示一下它的调整窗口：

（1）单击 Document 选项，在其下拉菜单中单击 Document Options，快捷键为 Ctrl＋Alt＋A，见左下图画圈和箭头所指处；

（2）在 Document Options-Stems 对话框的下方，单击 Use stem connection（有效的符尾连接）选项右侧的 Stem Connections（符尾连接设定）按钮，见右下图画圈和箭头所指处；

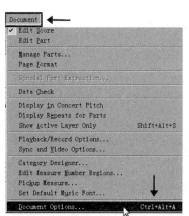
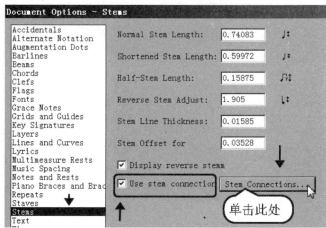

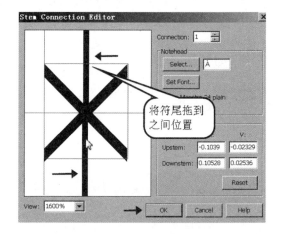

（3）在左上图 Stem Connections 对话框中，选择自己所需的符头字体、形状。选择完毕单击 Edit 按钮，会出现右上图 Stem Connections Editor（符尾连接编辑）对话框，在该对话框中将原来 X 符头的符尾，拖到之前的位置，也是由原来的侧面位置调整到正中间的位置，见右上图箭头所指处；

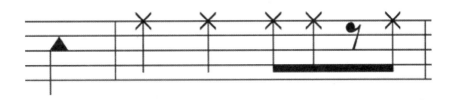

（4）被调整后的 X 音符的符尾连接，见上图乐谱中 X 符头的符尾（被移到正中间了）；

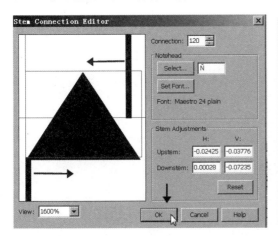 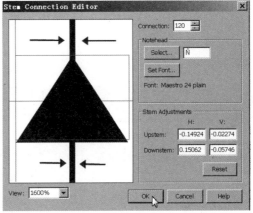

（5）在 Stem Connections（符尾连接设定）对话框中，找到三角符头，单击对话框下方的 Edit 按钮，会出现左上图 Stem Connections Editor（符尾连接编辑）对话框，在该对话框中，将原来三角符头的符尾托到中间的位置，见上两图箭头所指处；

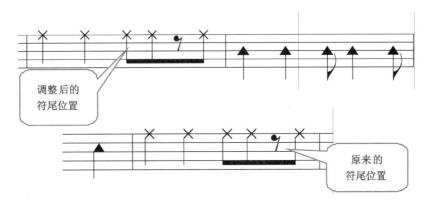

调整后的符尾位置

原来的符尾位置

（6）上两图的第一张图是本节特殊符头的符尾编辑制作的内容，将原来符尾移动到符头的中间位置；第二张图是调整前的内容；下图是还可以编辑的其他符头样式；

195	196	197	198	199	200	201	202	203	204	205	206	207
8va	ff	𝄽	▽	∥	=	♪	/				𝄾	•

208	209	210	211	212	213	214	215	216	217	218	219	220
■	▲	(♮)	(♭♭)	%	/	[ ]	8vb	▴	tr		15ma	×

221	222	223	224	225	226	227	228	229	230	231	232	233
‖	⊕	·	▼	◇	◆	■	𝄾	♫	𝄢	△	V	♮

8.16　符尾长度与角度的编辑

（1）单声部谱的音符符尾的编辑：

① 单击主要工具栏 Window 选项，在其下拉菜单中单击 Advanced Tools Palette（高级工具栏）调出高级工具栏，见右图画圈和箭头所指处；

② 单击高级工具栏"工具"的图标按钮，见左图箭头所指处；

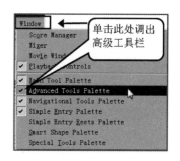

③ 在出现的高级工具盘中，选择"符尾伸缩工具"，见上图画圈和箭头所指处；

④ 单击需要伸缩符尾的小节，就会出现可执行伸缩的控制点，见左下图，然后拖动它进行伸缩即可。如果有多个需要伸缩的符尾，单击该小节后圈起要伸缩符尾的控制点，使控制点成为粉色，然后按键盘的"↑"或"↓"键，将其符尾拉长到所需的长度，见下两图乐谱的符尾。此

符尾的伸缩工具,只适用于(非横符尾)各独立的音符。

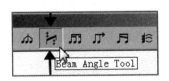

(2) 声部内横符尾伸缩的操作:

① 单击高级工具盘中"横符尾"的伸缩工具,见左图箭头所指处;

② 单击需要伸缩音符的小节,就会出现可执行符尾伸缩的控制点,见左上图,然后拖动它进行横符尾的伸缩即可。圈起来要执行横符尾伸缩的整个小节控制点,使控制点成为粉色,然后按键盘上的"↑"或"↓"键将其横符尾拉长到所需的长度,见上两图乐谱中的内容。此符尾的伸缩工具,只适用于横符尾的伸缩,见右上图箭头所指处。

③ 左下图是将符尾缩短的谱例。

(3) 多声部乐谱中的符尾的编辑:

① 单击主要工具栏"五线"工具的图标按钮,见右下图箭头所指处;

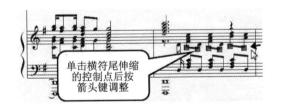

② 把将要进行符尾伸缩涉及的音符、区域等圈起来,使之成为相反颜色,见左下图的乐谱;

③ 在所选乐谱的五线行右击,在弹出的右键菜单中,选择 Stemless Notes(无符尾音符)选项(只保留所选择范围内乐谱的符头),见右下图箭头所指处和下页无阴影的乐谱;

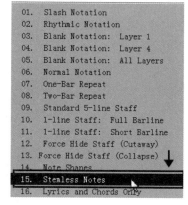

④ 单击特殊工具栏中的符尾上下伸缩工具，见右图箭头所指处；

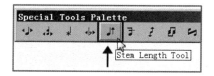

⑤ 将同节奏下方音符的符尾，托到最上面的第1声部中；1小节有多个要制作的音符时，圈起其控制点，使其成为激活的状态，按"↑"键将其拉长，见下图；

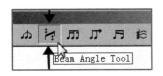

⑥ 单击特殊工具栏中横符尾的上下伸缩工具,见左图箭头所指处;

⑦ 将下方同节奏音符的横符尾托到最上边的第 1 声部中,1 小节有多个横符尾的控制点时,圈起它的控制点,使其控制点成为被激活的状态,按"↑"键将其拉长到所需的高度,见下图的乐谱符尾。

(4) 同时单击横符尾上下伸缩工具,在调整非同音高时,横符尾左侧的控制点是调整横符尾的高度的控制点,横符尾右侧的控制点是调整横符尾角度的控制点,见下图乐谱画圈和箭头所指处。

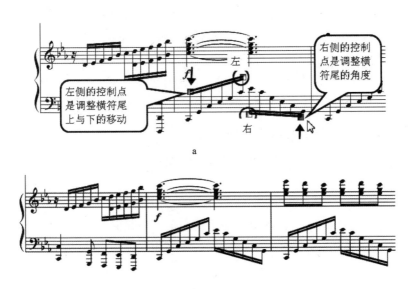

Finale 实用宝典

（5）上图 a,是未调整横符尾的乐谱;上图 b,是简单调整了一下横符尾角度的乐谱。

（6）横符尾的倾斜度还可以在 Document Options 中的 Beams(横符杆)选项中设定(快捷键是 Ctrl＋Alt＋A),见下图画圈和箭头所指处。其中有:依据音符的高低自动调整其横符尾的倾斜度;依据首尾两个音符自动调整横符尾的倾斜度;依据第 1 个音符自动调整横符尾的倾斜度;依据中线的音符自动调整横符尾的倾斜度等。

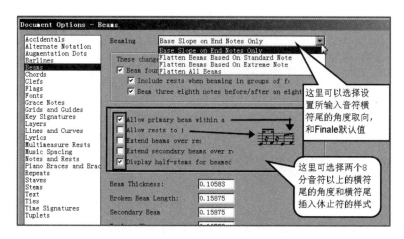

（7）在上图 Document Options-Beams 对话框的中部,有几项选择会让乐谱上的横符尾有较明显的变化,见下图箭头所指处。

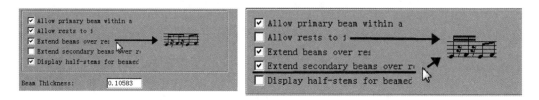

8.17 以拍为单位相连横符尾的编辑

如果对复杂音符横符尾之间连接的关系搞不清楚,会很浪费时间;弄清楚横符尾相连的关系,在打谱时可以做到让乐谱清晰、美观。在此简单地介绍一下以拍号为单位在横符尾相连的关系:

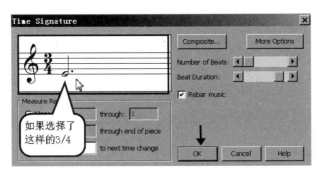

（1）如果选择了以一个3拍音符时值的3/4拍打出来8分音符或者16分音符的乐谱时，就会以3拍子为一个单位将横符尾连接起来，见上图画圈和箭头所指处以及下图乐谱的横符尾。

（2）如果在"拍号设定"的对话框中，选择了以3个4分音符的3/4拍，见左下图拍号设定对话框中的设定内容，打出来的乐谱就会自然地形成以横符尾1拍（两个8分音符或者4个16分音符）一连接的形式出现，见右下图两小节的谱例。

（3）在3/4拍的乐谱中，如果想让乐谱以独立的8分音符为单位显示，就需要在右图拍号设定对话框的上半部设置成6/8拍，将下半部分设置成3/4拍，再勾选上用3/4拍的形式显示在乐谱上即可，见右图画圈和箭头所指处；

（4）右图对话框内设定的结果，打出来的乐谱就会是下图两小节乐谱的样子；

（5）手动切断横符尾和连接横符尾的操作按键是"L"键。具体的操作，见上一章节中的内容。简单地介绍就是：用简易输入法

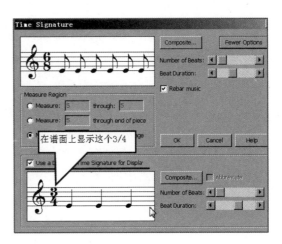

操作时,将一组8、16、32分音符的后一个音符选中,按"L"键即可。它既是断开横符尾键,又是和横符尾相连接的键。

(6) Finale 软件的默认值是,4/4 拍的乐谱,每 4 个 8 分音符相连。如果在 Document Options-Beams 对话框中,将上半部的 Beam four eighth notes together in common(在 4/4 拍中用 4 个 8 分音符相连)选项前的"√"去掉,打谱时就会出现每 1 拍(每个 4 分音符)由 2 个 8 分音符组成,见下图对话框箭头所指处和下面的两例乐谱。乐谱 a 是去除了选项的对钩。乐谱 b 是 Finale 的原默认值的设定,没有去"√"前的乐谱。

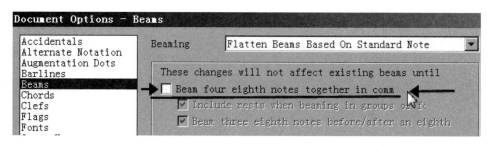

8.18 十六分音符以上横符尾的编辑

(1) 单击特殊工具盘中的"横符尾剪切"工具,见右图画圈和箭头所指处;

第八章　音符与休止符的相关操作

（2）单击乐谱需要断开横符尾的小节，该小节可执行处的音符就会出现其可执行的控制点，见左图小节横符尾上方画圈的控制点；

（3）双击要与前横符尾需要断开的控制点，见上图乐谱画圈和箭头所指处，在右图 Secondary Beam Break Selection（横符尾分断选择）对话框中，单击 16th，然后 16 分音符以上的勾选方框就会自动地被勾选上，见右图箭头所指处；

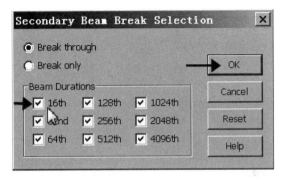

（4）单击上图 Secondary Beam Break Selection 对话框中的 OK 按钮后，执行处的横符尾就会断开，见上图乐谱的箭头所指处；

（5）在跨五线行制作的钢琴乐谱的横符尾的切分也是如此操作的，双击要切断横符尾的执行点，会出现"横符尾分断选择"的对话框，见下图乐谱画圈和箭头所指处；

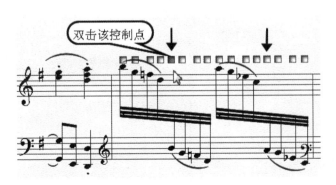

（6）在 Secondary Beam Break Selection 对话框中，单击 16th，意思是 16 分音符以上的横符尾都断开，选择完毕单击 OK 按钮，见左下图箭头所指处；

（7）按自己所选的横符尾编辑的乐谱，见右下图乐谱的箭头所指处。

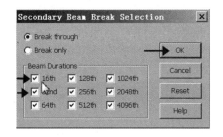

8.19 依据歌词编辑符尾

(1) 单击主要工具栏"选择"工具的图标按钮,见右图箭头所指处;

(2) 将所需编辑符尾的区域圈起来,使之成为相反的颜色,见下图乐谱;

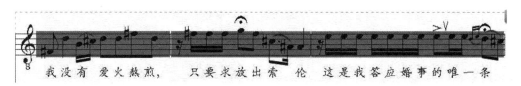

(3) 单击主要工具栏 Utllities 选项,在其下拉菜单 Rebeam(重组符尾)的子菜单中单击 Rebeam to Lyrics(按歌词重组符尾)选项,见左下图画圈和箭头所指处;

(4) 在右下图 Rebeam to Lyrics 对话框中,在 Break Beams at Each Syllabla(断开相连音符的符尾依据)选项右侧的选择栏中选择 All Lyrics(所有歌词),见右下图对话框箭头所指处;

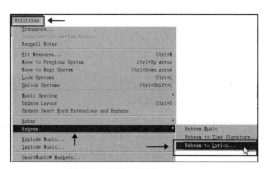
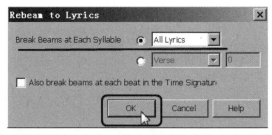

(5) 下图的乐谱,是按 Rebeam to Lyrics 选项执行后的乐谱。欧美出版的古典艺术歌曲的有歌词部分几乎都是这样印刷的;

(6) 多声部合唱乐谱依据歌词分断横符尾的操作顺序:

① 把将要执行按歌词分断的区域选中,使其成为相反颜色,见左下图有歌词部分的合唱总谱;

② 右下图 Rebeam to Lyrics 对话框中,在 Break Beams at Each Syllabla 选择栏中选择 All Lyrics,见右下图画圈和箭头所指处;

③ 下图合唱乐谱有歌词的部分,是被执行了"依据歌词分开横符尾"选项后的合唱乐谱的谱例。

8.20 横符尾跨小节的制作

(1) 单击主要工具栏"选择"工具的图标按钮,见右图箭头所指处;

(2) 用鼠标将需要编辑符尾的区域圈起来,使之成为相反的颜色,见左下图画圈处;

(3) 在主要工具栏 Plug-ins 的下拉菜单中,在 Note, Beam ,and Rest Editing 的子菜单中选择 Patterson Plug-Ins Lite(作曲助手),再在作曲助手的子菜单中单击 Beam Over Barlines(跨小节符杆),见右下图箭头所指处;

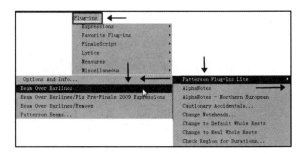

(4) 执行了 Beam Over Barlines 选项后,等于完成了符尾跨小节的制作,见左下图的乐谱,虽然乐谱的被执行处显示有原来音符的暗影,但是打印出来是不受影响;

(5) 如果想让左下图的乐谱显示得正常、美观,可勾选右下图对话框中箭头所指的内容,见下面的第(6)条;

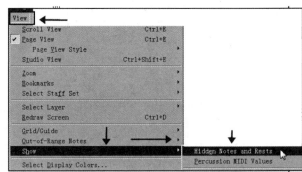

(6) 单击主要工具栏 View 选项,在其下拉菜单 Show 的子菜单中将 Hidden Notes and Rests(隐藏的音符和休止符)选项前的"√"去掉,见右上图画圈和箭头所指处;

（7）在 Show 的子菜单中，去除了 Hidden Notes and Rests 的"√"后，乐谱就美观了，见上图的乐谱；

（8）虽然上面只举了 8 分音符横符尾的跨小节制作，但 16 和 32 分音符的横音符符尾跨小节制作也是同样的操作，见下图乐谱中，16 分音符横符尾跨小节的制作谱例。

8.21　跨页面横符尾的制作 A（室内乐）

（1）把要制成跨页面横符尾的行（第 1 页的行），收录到 1 页面内，按上章第 1 节讲的跨小节连横符尾的制作来进行跨行横符尾的制作，见右图箭头所指处和以下的操作；

（2）在主要工具栏 Plug-ins 的下拉菜单中，单击 Note，Beam ，and Rest Editing 选项下的 Patterson Plug-Ins Lite 子菜单中的 Beam Over Barlines 选项，见下图箭头所指处；

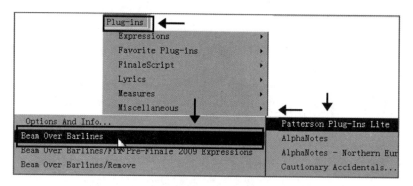

（3）在下图 Patterson Plug-Ins Lite 子菜单中，单击 Beam Over Barlines 选项后，跨行的横符尾就会连接上，见下图画圈和箭头所指处；

因为我们要制作跨页面的横符尾，还要把制作跨行的横符尾的行还原到下一页中，见下面的操作：

（1）单击高级工具栏"页面设置"工具的图标按钮，见右图箭头所指处；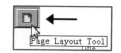

（2）单击主要工具栏 Page Layout（页面设置）选项，在其下拉菜单中单击 Space Systems Evenly（均等配置页面的行数）选项，见左下图画圈和箭头所指处；

（3）在右下图 Space Systems Evenly 对话框中的操作：

① 选择 All pages（所有页）；

② 在 Place（xx）systems on each page（每页放置的行数）的文本框中填入 3，意思是每个页面将均等地放置 3 行（也翻译成 3 个系统）；

③ 选择完毕单击 OK 按钮。见下页制作完成的乐谱（钢琴乐谱）。

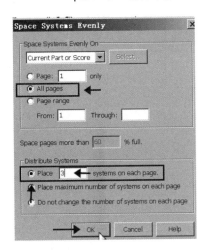
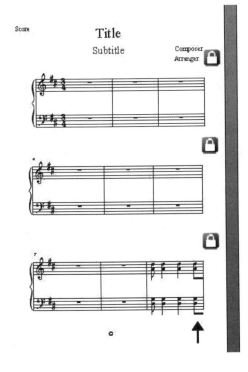
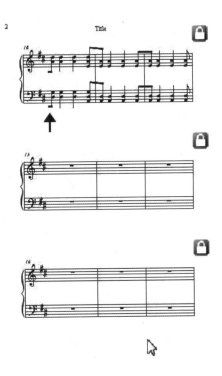

8.22 跨页面横符尾的制作 B(管弦乐)

(1) 本制作需要把下图乐谱要制作横符尾跨页面的那个小节移动到左侧页,使其能在一个页面上,见下图箭头所指处,制作完成后再恢复到原页面。

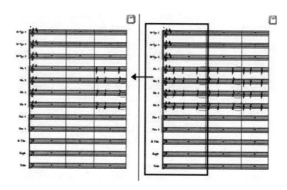

(2) 横符尾跨总谱的页面,其小节移动的方法:
① 将两页中的 4 小节圈起来,按 Ctrl+M,打开"均等配置行的小节数"对话框;
② 在"均等配置行的小节数"对话框中,选择将这 4 小节固定为 1 行的选项;
③ 按"确定"按钮完成所选的设置。

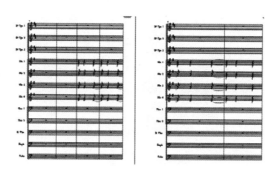

(3) 将该页的最后小节选中,使其成为相反的颜色,见右图。

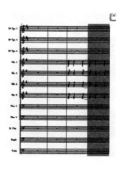

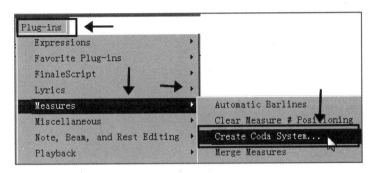

（4）单击主要工具栏 Plug-ins，在其下拉菜单 Measures（小节）的子菜单中单击 Create Coda System（创建尾声系统）选项，见上图箭头所指处。

（5）在 Create Coda System 对话框中，在 Create "To Code" in Measure（建立尾声到小节）文本框中填入 1。可把对话框中其他选项的对钩去掉。单击 OK 按钮完成操作，见左下图画圈和箭头所指处。

（6）右下图乐谱是执行了 Measures 子菜单的 Create Coda System 选项后的乐谱，它在 1 页中分出了个独立的专属尾声系统，见右下图箭头指向的乐谱。

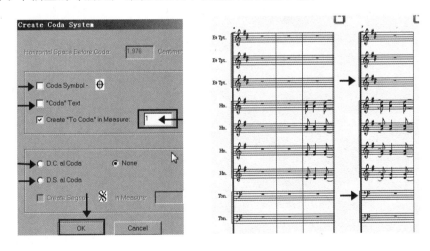

（7）将需要制作跨页面横符尾相连的音符圈起来，使之成为相反颜色，见左下图乐谱深颜色处。

（8）先在 1 页内，用以上方法把乐谱分离，见右下图乐谱的样子，再制作成横符尾跨小节连接，再制作跨页横符尾的样子，这样算基本完成了横符尾跨分页的问题。下一步是要把 1 页中的两个尾声系统分配到两页中去。

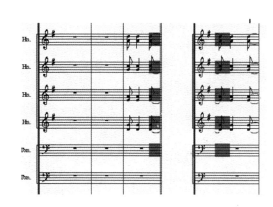

（9）把1页中的两个尾声系统，分到两页中的擦作：

① 单击主要工具栏"页面设置"工具的图标按钮；

② 在出现的"页面设置"按钮中单击它，在页面设置的下拉菜单中选择 Edit System Margins（编辑五线系统边距）选项，见右图的对话框；

③ 单击乐谱（正常页）的第4页的五线系统边距的控制点，使它成粉色状态；

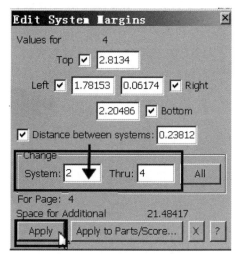

④ 在右图对话框将系统中的 Change 选项，前面的 System 文本框中的4改成2，意思是以选中第4系统为数据，将从第2系统到第4系统全部设置成一致的边距；

⑤ 单击 Apply（应用）按钮，所选页的（一个页面中）两个系统就变成以原正常的第4页为准的1个系统了（每页面就一致了）。

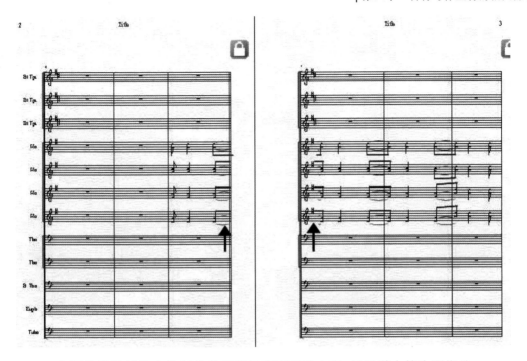

（10）上图的乐谱就是本节制作的横符尾跨页面的内容，见乐谱中箭头所指处。

8.23　跨五线行横符尾的制作

（1）单击主要工具栏"选择"工具的图标按钮，见右图箭头所指处。

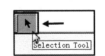

（2）把要进行跨行放置的音符区域圈起来，使之成为相反的颜色，见左图的钢琴乐谱。

（3）单击主要工具栏 Plug-ins，在其下拉菜单 TG Tools（TG 工具）的子菜单中，选择 Cross Staff（跨五线行）选项，见左下图画圈和箭头所指处。

（4）在 Cross Staff 对话框中（右下图）：

① 查看、填写 Split Point（分离点）的点值，从哪个音符的高度分离跨行；

361

② 移动音符时选择 Below(依据分离点向下)分离跨行的音符；

③ 在下方 Cross Notes To Which Staff(音符移动向五线的)选项栏,选择将所移动的音符向 Next(下行五线)分离音符的跨行操作；

④ 单击 GO 按钮完成此次的操作。

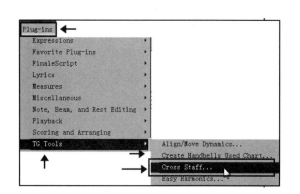
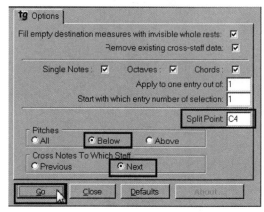

（5）执行跨五线行的操作后,乐谱就变成右图乐谱的样子,Split Point(分离点)设置的是 C4(中央 C 的音),此处根据输入的音符和要分离音符的高度而自行决定。

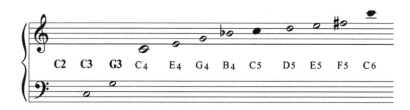

为了方便读者查看,特将 Finale 的各音高的顺序标记排列在上图中。目前音符输入(音高)所使用的 MIDI 键盘、电钢琴,有两种中央 C 的标注:C3 和 C4。如果你的电子乐器的中央 C 是 C3,可在重置的选择中,为中央 C 制定为 C3 的标准,见下图画圈处。Finale 默认值的中央 C 是 C4,想调换它也极其简单。

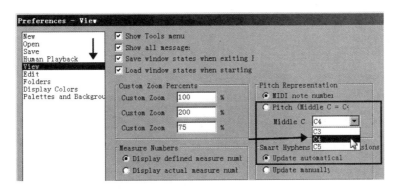

(6) 将下行的音符,往上行的五线进行跨行制作:

① 单击"选择"工具的图标按钮,将需要跨五线行的音符选中,使其成为相反的颜色,见右图箭头所指处;

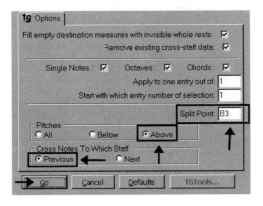

② 在 Cross Staff 对话框中:

1) 查看、填写 Split Point 的点值,从哪个音符的高度进行跨行分离,这里设置的是从 B3 音开始跨行进行分离;

2) 移动音符时选择 Above(依据分离点向上)分离跨行;

3) 在 Cross Notes To Which Staff(音符移动向五线的)选择栏中,选择将移动的音符向 Previous(上行五线)分离;

4) 单击 GO 按钮,完成此次操作,见左上图对话框中画圈和箭头所指处以及右侧设置后的钢琴乐谱。

(7) 下图是另类音型的跨行制作 A:

① 单击"选择"工具的图标按钮,将需要跨五线行的音符选中,使其成为相反的颜色,见下图;

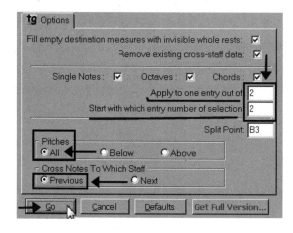

② 在 Cross Staff 对话框中：

1) 在 Apply to one entry out of（音符被移动的频度）选项的文本框内填入"2"；

2) 在 Start with which entry number of selection（小节横符尾开始的顺序）选项的文本框内也填入"2"；

3) 在 Pitches（移动对象的音域）选项中选择 All 全音域（不用选填分离点）；

4) 在 Cross Notes To Which Staff 选项中，选择将移动的音符向 Previous 分离。

5) 单击 GO 按钮，完成此次操作。

见上图对话框内画圈和箭头所指处，以及下图设置后的音符跨五线行的内容。

(8) 下图是另类音型的跨五线行制作 B：

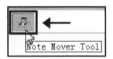　　① 单击高级工具栏"音符移动"工具的图标按钮，见左图箭头所指处；

② 单击"音符移动"工具后，在主要工具栏会出现 NoteMover（音符移动）的专用菜单。在其下拉菜单中，选择 Cross Staff，使该选项打上"√"，见左下图箭头所指处；

③ 单击下中图乐谱上行的小节，会出现音符移动的控制点，圈起来两个 C 音的控制点，托向下方的五线内松开鼠标即可，见下中和右下两图的画圈和箭头所指处；

  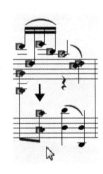

④ 单击特殊工具盘中的"符尾方向调转"工具，见左下图箭头所指处；
⑤ 单击下中图箭头所指处的符尾控制点，符尾就会自动调转，见箭头所指处；
⑥ 单击特殊工具盘中的"符尾上下调整"工具，见右下图箭头所指处，将下页左下图乐谱第 1 小节 G、C 两音 8 度音的横符尾调整到合适的位置；

  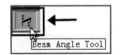

⑦ 单击"音符移动"工具的图标按钮；

⑧ 将第3小节下行的G、E的8度音上的两个G4、E4音，托动到上行的五线内，见左下图箭头所指处；

⑨ 右下图乐谱的第1和第3小节的音符是跨五线移动的制作，是用了高级工具栏中的"音符移动"工具和"特殊工具"制作的。很多不规律、较复杂的乐谱跨五线行的制作，都可以选用这两项工具并用的操作方法来解决。

8.24 复制和多重粘贴

复制功能是计算机打谱的最大优势之一，是手写谱不能比拟的。巧用、活用复制功能可以事半功倍。一般的复制应用操作如下：

(1) 单击主要工具栏"选择"工具的图标按钮，见右图箭头所指处。

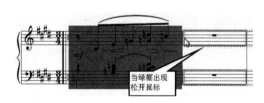

(2) 双击要复制的小节，或者把复制的内容圈起来使其成为相反的颜色后，将其拖动到要复制的小节上。在出现绿色方框时，松开鼠标即完成了复制，见左图和下图的乐谱。

(3) 下图是复制后的乐谱，如果反复记号也被复制了，就单击"反复记号"的图标按钮，再激活它的控制点，单击"删除"键将其删除。

(4) 如果要复制的内容和复制的去向都是同样的小节（如拍号、调号、位置），在你拖动到目标小节时，它会出现绿色的方框，松手后即完成复制；

第八章　音符与休止符的相关操作

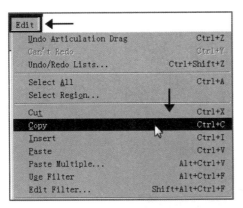

（5）如果是隔着不同的页面或者是两个文件之间的复制,选择完要复制的内容后,在 Edit 的下拉菜单中,单击 Copy(复制)选项,快捷键是 Ctrl+C,把现内容暂存到软件的剪贴板上,单击要复制的去向小节后,按 Ctrl+V 键粘贴所复制的内容,见左图箭头所指处。

（6）双击下图将要复制的小节,在复制较大篇幅或者整页内容时把要复制的内容圈起来,使其成为相反的颜色后,再将其拖动到要复制的位置。在拖动的复制内容出现绿色或黑色方框影格时,确认是自己需要复制的去向区域后,松开鼠标复制完成。见下图复制的乐谱内容,下面的复制不是粘贴到完整的小节上,它是在空出 1 拍半后才复制的,是错位 1 拍半的复制,见下图箭头所指处和再下图复制后的乐谱内容。

（7）复制的多重粘贴:

① 单击主要工具栏"选择"工具的图标按钮；

② 单击要复制的小节,或者将需要复制的区域圈起来,见右图的乐谱；

③ 隔着页面或者是两个(乐谱)文件的复制:选择要复制的内容后,在 Edit 的下拉菜单中单击 Copy 选项,快捷键 Ctrl+C,见下图

画圈、数字和箭头所指处；

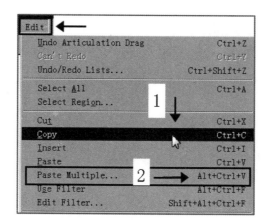

④ 把要复制的内容暂时存放到软件的剪贴板上，单击要复制的去向小节后按 Alt＋Ctrl＋V 调出多重粘贴的对话框，见下图箭头所指处；

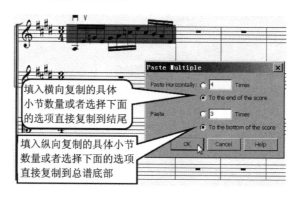

⑤ 在上图 Paste Multiple(多重粘贴)对话框中：

1) 填入需要乐谱 Paste Horizontalty(水平粘贴)的小节数量，或者选择它下方的"直接粘贴至乐谱横向的结尾处"选项；

2) 填入需要乐谱 Paste(纵向粘贴)的小节数量，或者选择它下方的"直接粘贴至乐谱纵方向最下行处"选项；

3) 选择完毕，单击 OK 按钮，见上图；

4) 调出 Paste Multiple(多重粘贴)对话框的快捷键是 Alt＋Ctrl＋V；

5) 下图乐谱是被多重粘贴后的乐谱，复制的快捷键是 Ctrl＋C，多重粘贴的快捷键是 Alt＋Ctrl＋V，普通粘贴的快捷键是 Ctrl＋V。在大面积或者跨页面的复制中只能用快捷键进行复制和粘贴。

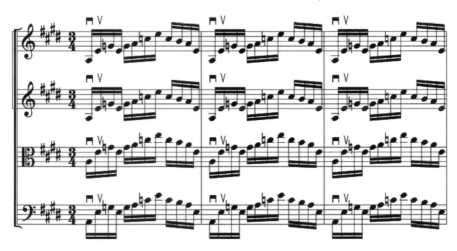

8.25 指定内容的复制

（1）单击主要工具栏"选择"工具的图标按钮。

（2）双击或者圈起来要复制的小节，使其成为相反颜色，然后按 Ctrl + C 键，将要复制的内容暂时储存到软件剪贴板上，见右图。

如果是单行谱，单击需要的小节，总谱需要用双击选中需要的小节。

（3）单击主要工具栏 Edit 选项，在其下拉菜单中先选择复制（Ctrl+C），已经复制过了，就选择 Use Filter（使用过滤器），它的快捷键是 Alt+Ctrl+F。再选择 Edit Filter（编辑过滤器）选项，打开它，其快捷键是 Shift+Alt+Ctrl+F，见左下图画圈和箭头所指处。右下图是 Edit Filter 对话框。

（4）初次打开 Edit Filter 对话框时，所有选项都是被选中的，单击 None 按钮（都不选）去所有勾选，选择自己需要的内容，见右下图方框中的内容。这里选择了要复制粘贴第 1 小节的内容是：

① 表情记号（强弱、拨奏、拉奏的标记）；

② 演奏记号如弓法等；

③ 特殊工具的两个同音和临时记号的间距调整；

④ 单击 OK 按钮，见右下图。

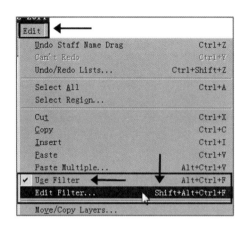
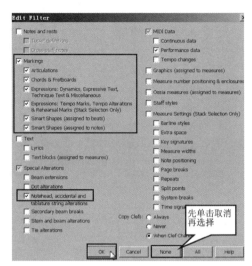

（5）上图乐谱是用 Use Filter 进行指定内容的复制粘贴的操作。在第 1 小节中，把强弱记号、拨弦记号、拉奏记号和弓法等标记好，在 Edit Filter 对话框中，选中以上要复制粘贴的这几项内容，进行复制粘贴到其他小节上即可，见上图乐谱的第 2～3 小节。被复制粘贴的内容，大多限同音型但不限音高，还可以专项指定复制粘贴的内容。其他选项希望读者自己去发掘。

8.26 声部层的复制或移动

(1) 声部层的复制:
① 单击主要工具栏"选择"工具的图标按钮,见左下图;
② 用鼠标把需要复制的乐谱圈起来,使其成为相反颜色,见右下图的乐谱;

③ 右击所选乐谱的五线,在出现的"选择工具"的右键菜单中,单击 Move/Copy Layers (声部层的复制与移动)选项,见左下图箭头所指处;

(2) 在右下图 Move/Copy Layers 对话框中:
① 选择 Copy;
② 在 Contents of Layer 1 into(将第 1 声部层放入)文本框内填入数字"2",并在此选项前打上"√",意思是将第 1 声部层的乐谱复制到第 2 声部层中去;
③ 选择完毕单击 OK 按钮,见右下图画圈和箭头所指处。

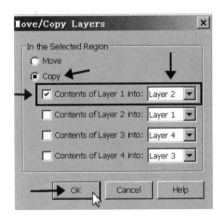

(5) 因为被复制到第 2 声部层的乐谱和第 1 声部层的乐谱是同样的内容,见上图乐谱;第

1 声部层乐谱的默认值是符尾向上,第 2 声部层乐谱的默认值是符尾向下,两个声部遇到一起符尾就自动分成了上、下都有的显示了。

(6) 单击主要工具栏 Document 选项,在其下拉菜单中选择 Show Active Layer Only(只显示所选层),快捷键是 Shift+Alt+S,见左下图箭头所指处,意思是只显示所选定的声部层,其他声部层暂时不显示。

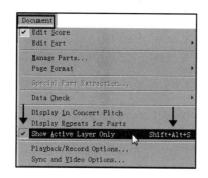
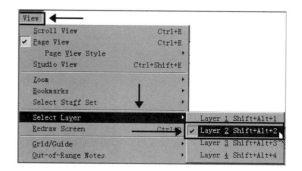

(7) 单击主要工具栏 View 按钮,在其下拉菜单 Select Layer(声部层选择)的子菜单中,选择 Layer 2,快捷键是 Shift+Alt+2(第 2 声部层),见右上图箭头所指处。

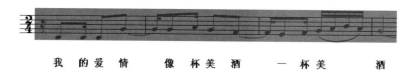

(8) 这样,乐谱上就只显示第 2 声部层了,见上图的乐谱。第 2 声部层的音符是红色的,当只是一个声部时,它的符尾会按 Finale 的默认值自动调整,符头在 3 线以下符尾会自动向上。

(9) 我们把上图第 2 声部层的乐谱选中,按两下数字键"6",让该音符整体的向下移动 3 度,见上图乐谱。

(10) 将 Show Active Layer Only 选项前的"√"去掉或者按 Shift+Alt+S 键,见右图箭头所指处。

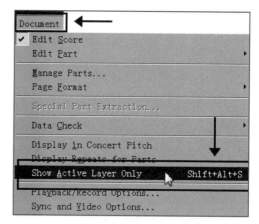

(11) 下图乐谱是由原来的一行谱,通过声部层的复制和按键,就成了 3 度叠置的重唱歌谱了;

Finale 软件的设计:1 行五线,可以输入 4 个声部层。各声部层的颜色,可以自行定义,见

左下图的对话框。

  Finale 默认的声部颜色是：

  第 1 声部层：黑色；

  第 2 声部层：红色；

  第 3 声部层：绿色；

  第 4 声部层：蓝色。

  这是为了打谱时在软件上修改、编辑等方便起见。

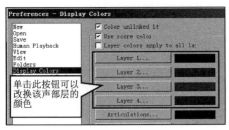

（12）声部层的移动：

① 单击主要工具栏"选择"工具的图标按钮。

② 将要移动的乐谱选中，使其成为相反的颜色，见右上图。

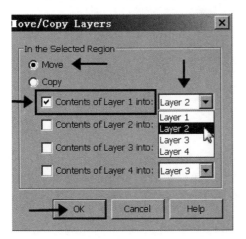

③ 在 Move/Copy Layers 对话框中：

1）选择 Move；

2）在 Contents of Layer 1 into 文本框内填入数字"2"，并在此选项前打上"√"，意思是将第 1 层声部的乐谱移动到第 2 层声部，为第 1 声部层再输入其他内容做准备；

3）设置完毕单击 OK 按钮，见左图画圈和箭头所指处。

④ 单击显示屏左下角声部层的选择按钮1，选择第 1 声部层，见左下图箭头所指处。

⑤ 再将 Document 的下拉菜单 Show Active Layer Only 选项前的"√"去掉，或者直接按快捷键

Shift＋Alt＋S 去掉勾选，让所有声部层都显示出来。下面乐谱的上行五线就会显示两个声部层（原来上声部的第 1 声部层被移动到了第 2 声部层去了，又新输入了一层空出来的第 1 声部层），见右下图的乐谱。

8.27　两个乐谱文件之间的复制

（1）在制作乐谱文件的过程中，打开另一个乐谱文件复制点儿内容的操作：先缩小当前文件显示窗口，调整至让两个窗口同时显示在屏幕中，见左下和下中两图箭头所指处；

（2）在被激活的窗口中用鼠标轻触其边框，会出现双箭头键，调节其窗口的大小直到合适尺寸，见右下图箭头所指处；

（3）单击"选择"工具，把要复制的内容圈起来，使其成为相反的颜色（见下图左边），再拖拉到另一个需要粘贴复制的窗口，当黑色方框出现在所需位置时松开鼠标，复制粘贴即完成，见下图右边；下图的乐谱是故意错开两拍子的。

（4）下页第二幅图是两个不同乐谱文件的复制粘贴，如果使用双显示器将更加方便。如果条件有限，也可用复制粘贴的快捷键，分别打开各自的文件进行复制粘贴。

第八章 音符与休止符的相关操作

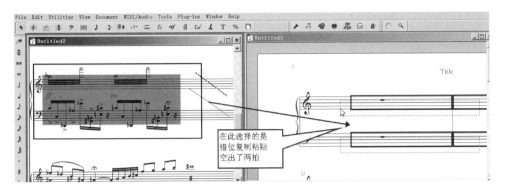

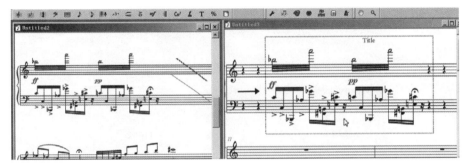

8.28 指定内容的删除

（1）单击主要工具栏"选择"工具的图标按钮，见左下图。
（2）把要删除的乐谱圈起来，使之成为相反的颜色，见右下图的乐谱。

（3）单击主要工具栏 Edit 按钮，在其下拉菜单中单击 Clear Selected Items（删除所选项目内容），见下图 Edit 对话框画圈和箭头所指处，然后会出现 Clear Selected Items 对话框。

（4）在 Clear Selected Items 对话框中，先单击下方的 None 按钮，去掉默认的所有勾选，然后

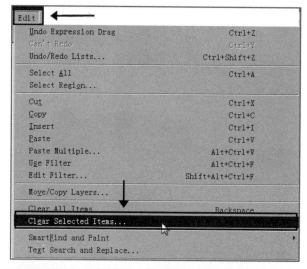

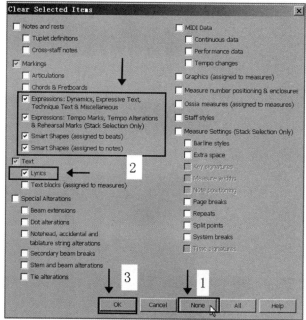

再选择自己要删除的内容,见上图对话框方框中的内容。这里我们选择了要删除的内容有:

① 表情记号(有两处 mp/mf 记号);

② 所选择区域中可变图形记号(几处连线标记);

③ 所选择区域中歌词内容。

(5)选择完毕单击 OK 按钮。

（6）上图乐谱的前 3 小节，是被删除了歌词、表情记号和可变图形记号（连线记号）的乐谱。本节仅举一个简单的乐谱谱例以示操作步骤。

8.29 非同时值 3 连音的制作

（1）左图是非同时值的 3 连音制作例子，不管使用简易输入法还是快速输入法输入乐谱，见左下和右下两图两种音符输入法的工具图标。先输入下中图中五线上的音符；

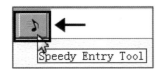

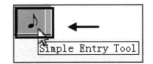

（2）单击主要工具栏"3 连音"工具的图标按钮，见左下图箭头所指处；

（3）单击右下图乐谱的第 1 个音符，见右下图乐谱音符上的箭头所指处。会出现 Tuplet Definition(3 连音(X 连音)定义)的对话框；

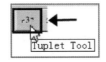

（4）在 Tuplet Definition 对话框中，先把对话框上方打开时显示的 3 个 Quarter(s)（四分音符）等于 2 个 Quarter(s)（四分音符）的横选项栏，改成 3 个 Eighth(s)（八分音符）等于 2 个

Eighth(s)（八分音符），见下图；

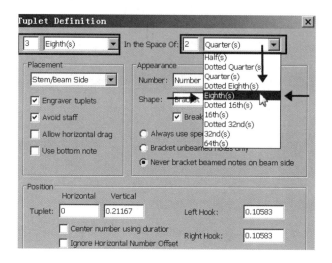

（5）选择完毕单击 OK 按钮；

（6）然后乐谱上就会出现 3 连音的标记和括弧。如果追求美观，再次单击 3 连音的第 1 个音，在出现 3 连音的控制点时，微调至自己满意的间距为止。下图的乐谱，是又再加一层上 3 度 D 音的乐谱。

8.30 批量去除 3 连音的数字

（1）单击主要工具栏"选择"工具的图标按钮。

（2）把要去除 3 连音数字的区域圈起来，使其成为相反的颜色，见下图的乐谱。

（3）单击主要工具栏 Utilities（公共设置）按钮，在其下拉菜单 Change 的子菜单中单击 Tuplets（3 连音）选项，然后会出现 3 连音编辑设置的对话框，见左下图。

(4) 在右图 Change Tuplets(3 连音变更)对话框中,单击 Number(数字)选项右侧栏的下三角按钮,在其下拉菜单中选择 Nothing,意思是不要 3 连音或者各种连音的数字标记。

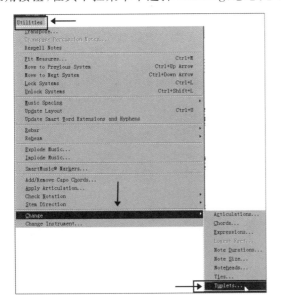
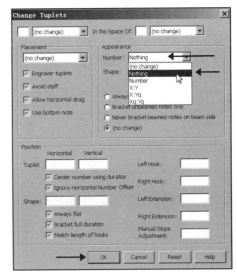

(5) 设置完毕,单击 OK 按钮。
(6) 所选乐谱上的 3 连音的数字标记,就会自动地被去除掉,见下图后 4 小节乐谱中的 3 连音(数字被自动地去除掉了)。

(7) 将非单一 3 连音中的连音数字去除的操作:
① 单击主要工具栏"选择"工具的图标按钮;
② 把要去除连音数字的区域圈起来,使其成为相反的颜色,见下图箭头所指处;

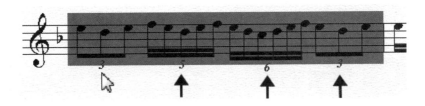

③ 单击主要工具栏 Utilities 按钮,在其下拉菜单 Change 的子菜单中单击 Tuplets 选项,见左下图;

④ 在左下图 Change Tuplets(3 连音变更)的对话框中,单击 Number 选项右侧的下三角按钮,在其下拉菜单选择中 Nothing,意思是不要 3 连音或多连音上的数字标记;

⑤ 选择设置完毕单击 OK 按钮。

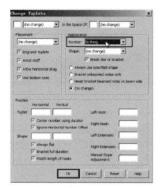

(8) 所选乐谱上的几种连音的数字标记被去除了,见右上图乐谱的连音的下方。

8.31 枝杈符尾的制作

本节讲解的是右图枝杈符尾的制作。

(1) 用 MIDI 键盘输入还原 D 和升 D 时,乐谱上会显示如左图样式的音符,普通电脑键盘输入单音后,按数字"1"会增加 1 个同度音,再按"＋"号,增加个升号可呈升 D 音。

(2) 用简易输入法激活降 E 音后,按"\"(同音异名变换键),将降 E 音变成升 D 音。

(3) 单击高级工具栏"特殊工具"的图标按钮,见右图箭头所指处。

（4）在左上图高级工具盘中，选择"符头移动"工具和临时记号移动工具，见左上图箭头所指处。将右上图乐谱音符的还原记号和升号记号之间的间距，调整成下图乐谱中第1个音符样式的间距（每个符头前面显示的还原记号和升号记号与符头之间的间距）。

（5）单击主要工具栏 Edit 按钮，在其下拉菜单中单击 Edit Filter（编辑过滤器），见左下图箭头所指处。

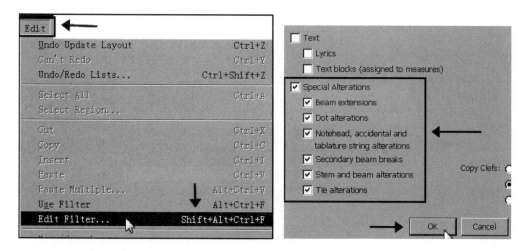

（6）在右上图 Edit Filter 对话框中，选择所需复制粘贴的内容，这里勾选了有关特殊工具修改过的内容，如临时记号和符头之间的移动的微调等，这里是把特殊工具所涉及到的内容全选上了，见右上图对话框内画圈和箭头所指处。

（7）将左上图乐谱中的第1个音符选中复制粘贴到其他音符上，当拖放时出现黑色影框时，松开鼠标复制粘贴即完成。见右上图乐谱上音符与临时记号之间的间距，这里只是复制粘贴了第1个音符，被调整了的临时记号与符头之间的间距。

| Finale 实用宝典

（8）单击 Document 选项，在其下拉菜单中选择 Document Options，快捷键是 Ctrl＋Alt＋A 。在 Document Options-Stems 选项中，查看原音符 Stem Line Thickness（符杆的粗细）的数值，这里原符杆的线值是 1.8125 EVPUs，见右图画圈和箭头所指处。

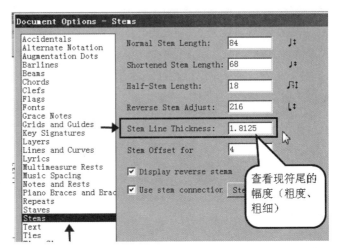

（9）在高级工具栏特殊工具盘中激活"符尾"工具，见左下图箭头所指处。

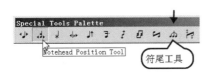

（10）单击要制作枝杈符尾的小节，会出现符尾编辑的控制点，圈起来整小节符尾的控制点，使其成为相反颜色，见右上图；

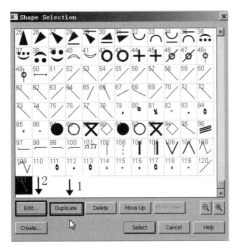

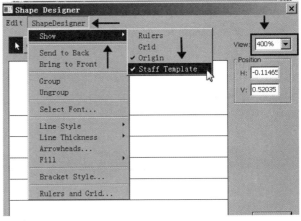

（11）双击音符符尾编辑的控制点，会出现左上图 Shape Selection（图形选择）对话框，在对话框中，先选择一个图形，按 Duplicate（复制）按钮将所选图形复制一个，再单击 Edit 按钮。

（12）在出现的 Shape Designer（图形设计）对话框中（见右上图）：

① 将 View 调整到 400%；

② 在 Shape Designer 按钮的下拉菜单 Show 的子菜单中，选择 Staff Template(五线模板)，让设计窗口中显示五线，作为设计图形时的参考值。

(13) 在左下图 Shape Designer 按钮的下拉菜单 Line Thickess(线的粗细)的子菜单中，选择数值 .5pt，或者选择 Other 选项。在出现的 Line Thickness 对话框中，填入线幅的粗细值为 1.8125 EVPUs，见下两图箭头所指处。

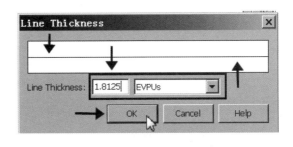

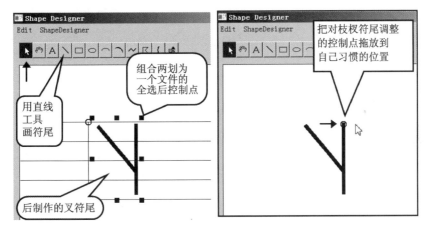

(14) 在左上图 Shape Designer(图形设计)对话框中：

① 选择直线绘图工具，画两笔枝杈符尾的符杆；

② 按"箭头键"按钮后，再按 Ctrl+A 激活所划的两笔内容的控制点，在 Shape Designer 按钮的下拉菜单中选择"组合"，使其组合成一个文件；

③ 将枝杈符尾的控制点调整到自己习惯使用的位置，见右上图箭头所指处。

(15) 在 Shape Designer 对话框操作之后，就会回到 Shape Selection 对话框显示的方框中，见左下图箭头所指处；单击 Select 按钮后，乐谱上需要换置枝杈符杆的音符就会被自动地添加上制作的枝杈符杆，见右下图乐谱音符上制作的枝杈符尾。

| Finale 实用宝典

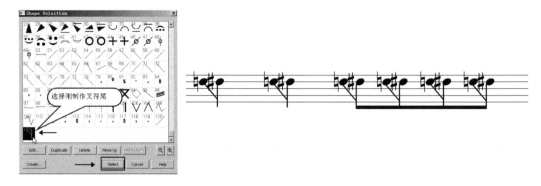

8.32 弦乐泛音的制作

弦乐的泛音主要有两大种，一是人工泛音，二是自然泛音。不过自然泛音会根据泛音列的度数和第几倍音的不同而不同。人工泛音和个别自然泛音的制作顺序如下：

（1）纯 4 度人工泛音的制作：

① 把将要制作人工泛音的乐谱或者单个音符输入到五线上，见下图乐谱。它的上方一般为纯 4 度音程，想要使其发音，要将旋律音放在下方，与上方的音符音程构成纯 4 度，可在输入音符时直接输入纯 4 度音程即可，下面是从单旋律音符开始做起的；

② 单击主要工具栏"选择"工具的按钮；
③ 把要制作人工泛音的乐谱圈起来使之成为相反颜色，见下图乐谱；

④ 右击所选乐谱，在出现的右键菜单中，选择 Transpose（移调）选项，见左下图画圈和箭头所指处；

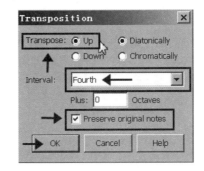

⑤ 在右上图 Transposition(移调)的对话框中,选择 Transpose 选项中的 Up 选项,在 Interval(音程)栏中,选择 Foueth(4 度)音程。将 Preserve original notes(保留原来的音)选项打上"√",确定后单击 OK 按钮;

⑥ 然后在原乐谱上,就会自动地生成一层纯 4 度的音程,见上图的乐谱;

⑦ 单击主要工具栏 Plug-ins 选项,在其下拉菜单 TG Tools(TG 工具)的子菜单中,选择 Easy Harmonics(简易泛音)选项,见下图画圈和箭头所指处;单击"简易泛音"选项后,会出现下页左图简易泛音选择的对话框。

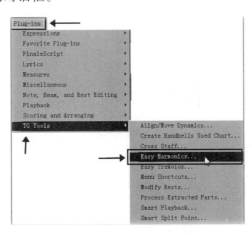

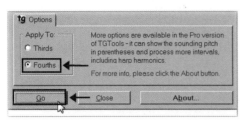⑧ 在 Easy Harmonics 对话框中,先选择 Fourhs(4 度),意思是制作 4 度的人工泛音,然后单击 Go 按钮,见左图画圈和箭头所指处;

⑨ 乐谱旋律层的纯 4 度音程的音符,就会自动形成,表示泛音的空菱形音符符头,见下图乐谱上声部音符的符头。

(2) 三度人工泛音的制作:

① 单击主要工具栏"选择"工具的图标按钮;

② 将要制作 3 度泛音的音符选中,使其成为相反颜色,见右图 3 度音程的乐谱;

③ 单击主要工具栏 Plug-ins,在其下拉菜单 TG Tools(TG 工具)的子菜单中,选择 Easy Harmonics 选项,见左图画圈和箭头所指处;

④ 在 Easy Harmonics 对话框中,先选择 Thirds(3 度),意思是制作 3 度的泛音,然后单击 Go 按钮,见左下图画圈和箭头所指处以及右下图制成的 3 度泛音的乐谱。

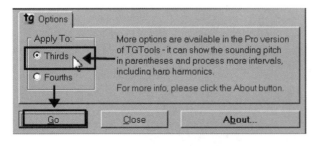

(3) 自然泛音：
① 将要制作自然泛音的音符选中，使其成为相反的颜色，见左下图的乐谱；
② 单击高级工具栏"特殊"工具的图标按钮，见右下图箭头所指处；

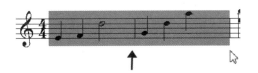

③ 单击特殊工具盘中的"符头"工具，见左下图箭头所指处；
④ 单击要更换符头的小节，该小节内所有符头上会出现控制点，见右下图首小节的箭头所指处，圈起该小节所有的符头，使其成为被激活的状态，双击某个音符的符头，就会出现符头选择的对话框；

⑤ 在打开的"符头更换"对话框中，选择泛音的符头即空菱形的泛音符头，选择完毕，单击下方的 Select 按钮，见下图箭头所指的第 225 号图形的泛音符头；
⑥ 然后乐谱上选择的符头就会成为泛音的符头，见下页乐谱音符的符头。此制作的选择，是以小节为单位，一小节一小节地进行制作。第 2 小节的制作，同前 1 小节的制作相同。

(4) 保留泛音的低音音符：
① 单击特殊工具盘中的"符头"工具，见下页乐谱下的左下图箭头所指处；
② 单击要更换符头的小节，该小节内所有符头上就会出现控制点，见下页乐谱下的右下图箭头所指处。圈起该小节上层的符头，使其成为被激活的状态，双击某个选中的符头，就会出现"符头图形"选择的对话框；
③ 也可以按住 Shift 键的同时，单击所要更换符头的控制点，这样可以同时选择多个符头一起更换；
④ 在"图形选择"对话框中，将现在的 207 号正常的符头改换成第 225 号空菱形的泛音符头，

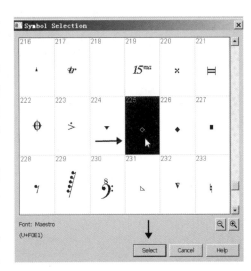

见下图箭头所指处，选择完毕单击 Select 按钮；

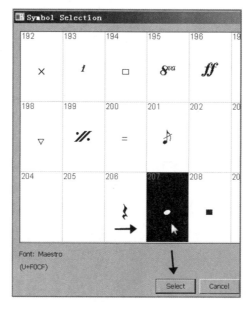

⑤ 然后所选择的符头，就会自动地成为空菱形的泛音符头，见下图乐谱上层的泛音符头；

⑥ 下图乐谱就是西洋弦乐器（尤其是小提琴）常用的泛音类型，也适用于其他弦乐器，也包括中国的民族弦乐器等。

8.33 1/4 微分音记号的添加

（1）单击主要工具栏，"添加演奏记号"工具的图标按钮，见左下图箭头所指处。

（2）单击要添加记号的音符，见右下图箭头所指处，会出现 Articulation Slection（演奏记号选择）对话框。

（3）在 Articulation Slection 对话框中，单击对话框下方的 Duplicate 按钮，将现有的演奏记号复制一个，见左下图画圈和箭头所指处。

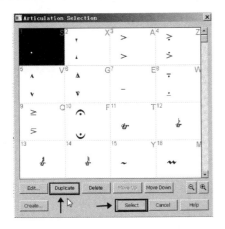
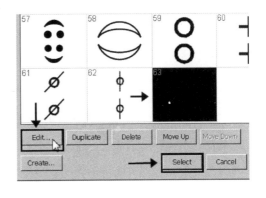

（4）在右上图 Articulation Slection 对话框中，随便复制一个演奏记号后，再单击 Edit 按钮，打开"演奏记号设计器"的对话框，见右上图。

（5）在 Articulation Designer（演奏记号设计器）对话框中，先选择 Characyer（字符）选项，再单击对话框右侧的 Set Font（字符集）按钮，见下图画圈和箭头所指处。

在演奏记号图形选择的对话框中，复制一个现成记号，再进行编辑，会进入其演奏记号制作的字体和字号。

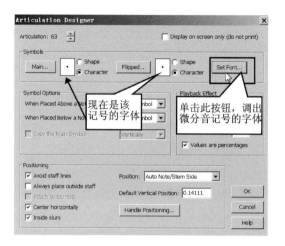

（6）在 Font 对话框中，先选择 EngraverFontExtras 字体，并从显示栏中查看该字体字符的形状等，单击 OK 按钮，确定选择的内容，见左下图画圈和箭头所指处。

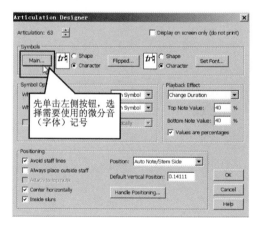

（7）在右上图 Artculation Designer 对话框中，单击 Main（主符号）按钮，打开 Engraver Font Extras 内容一览窗口中的各种字符内容。

（8）在 Engraver Font Extras 显示栏即 Symbol Selection（字符选择）对话框中，选择所需的微分音字符，这里选择的是第 74 号"降 1/4 音记号"，选择完毕，单击 OK 按钮返回到 Artculation Designer 对话框，见下两图画圈和箭头所指处。

（9）在 Artculation Designer 对话框中可以看到第 74 号"降 1/4 音记号"后，再单击 Flipped（翻转）按钮，打开 Symbol Selection 对话框，也选择第 74 号"降 1/4 音记号"，意思是在乐谱中，符尾向上的音符使用它，Flipped 符头向下的音符也使用它（第 74 号"降 1/4 音记号"）。除非你设定了只使用一个记号（Main（主符号））时，可以不用选择翻转后的字符，见右下图。

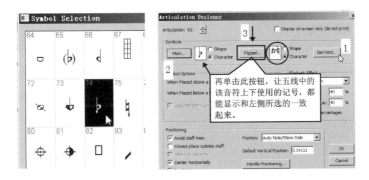

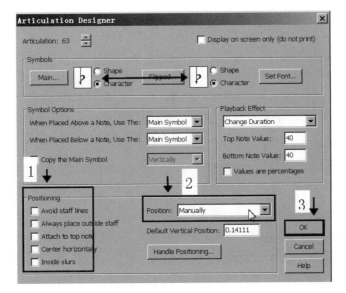

（10）在 Artculation Designer 对话框中，使 Main 和 Flipped 两个按钮点开的显示内容一致后，再照上图对话框所标注的数字选择：

① 位置 1：不选择；

② 位置 2：选择手动操作。选择完毕后，单击 OK 按钮。

（11）在左下图演奏记号选择的对话框中，确定所选内容后，再单击对话框下方的 Select 按钮，选择的第 74 号"降 1/4 音的记号"，就会添加到乐谱上单击的 D 音的音符上。见右下图的乐谱，然后拖动添加的临时记号的控制点，调整到合适位置即可，微分音记号的添加与制作，见下两图。

（12）再次制作相同字体字符集的内容时，就要稍简单些了。例如在演奏记号选择对话框中，将同字符集的"降 1/4 音记号"选中，单击 Duplicate 按钮，将现有的内容复制一个，再单击 Edit 按钮，见下页第三幅图画圈、数字和箭头所指处；

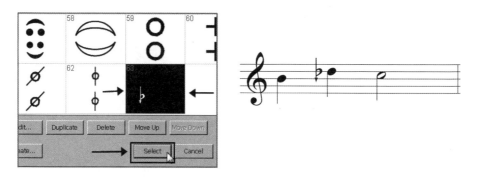

（13）因为与将要制作的字符内容同是 Engraver Font Extras 字体，在 Artculation Designer 对话框中，直接单击 Main（主符号）和 Flipped（翻转）两个按钮，只选中所需要的内容即可，见右下图画圈和箭头所指处。

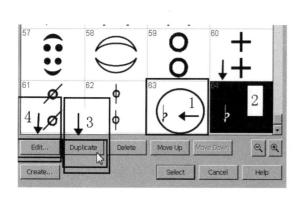
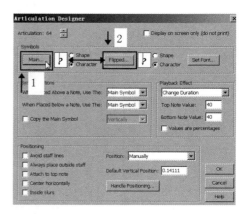

（14）先单击 Main 按钮，在打开的左下图的对话框中，选择所需的微分音记号后，再单击 Flipped 按钮，并确定与 Main 所选的内容相同后，单击 OK 按钮，见下两图画圈和箭头所指处；

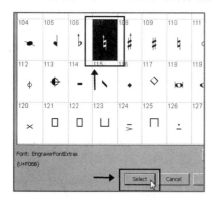
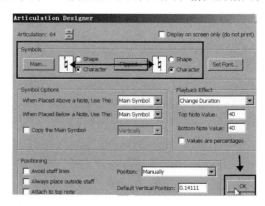

(15) 制作第 1 个微分音记号时需要费点事儿,再往下制作同类字体字符字号等内容时就会省去几步操作了。如果所作作品有多个微分音记号,就先都选定并添加在演奏记号的对话框中待用。演奏记号类的记号是跟着音符移动而移动的,不会串位。不过添加到乐谱上的微分音记号,在乐谱播放声音时不起作用,谱上的显示和打印乐谱时也没有问题,见下图画圈处。

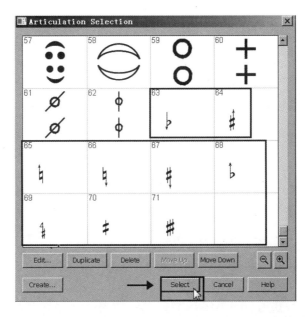

(16) 下图乐谱上的几个临时(1/4 微分音)记号,就是 Engraver Font Extras 字体中的内容,根据乐谱还可以调整它的字号等。目前使用的字号是"小一",第 8 个音符的 D 音字号是"一号"。

(17) 为了方便读者使用,下面把 Engraver Font Extras 字体中涉及的 255 个字符内容罗列出来,供读者参阅。有些字符是同样的,是研发者待制作和再添加的,为使用者制作添加留有余地。

Finale 实用宝典

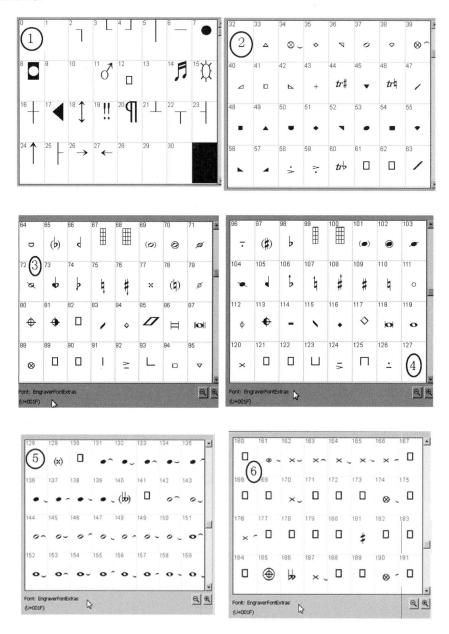

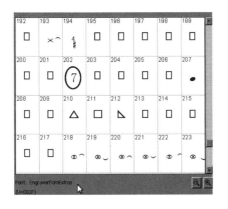 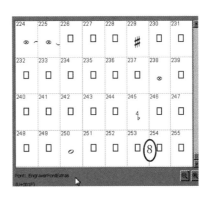

8.34 振(颤)音的制作

（1）先将要制作振(颤)音的音符输到五线上，见上图的乐谱。比如第 1 小节的前两拍，为将要制作的 G 和 D 音，2 分音符的振音预备。首先要输入 G～D 两个 4 分音符的音（两个音符相加等于 2 分音符的时值）。一般制作振音至少由两个音符构成，要求先制作两个音符的时值相加是所制作振音的时值，比如：

① 要制作全音（4 拍子）符时值的振音：需要两个 2 分音符时值的音符；
② 要制作 2 分音符（2 拍子）时值的振音：需要两个 4 分音符时值的音符；
③ 要制作附点 2 分音符（3 拍子）时值的振音：需要两个 4 分音附点符时值的音符；
④ 要制作 4 分音符（1 拍子）时值的振音：需要两个 8 分音符时值的音符；
⑤ 要制作附点 4 分音符（1 拍半）时值的振音：需要两个 8 分音附点符时值的音符，并以此类推。

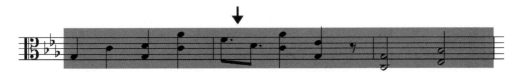

(2) 单击主要工具栏 Plug-ins 按钮,在其下拉菜单 TG Tools 的子菜单中,单击 Easy Tremolos(简易振(颤)音)选项,见下图画圈和箭头所指处;

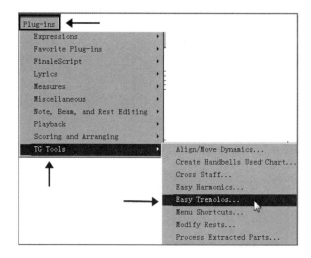

(3) 在 Easy Tremolos 的对话框中,一般情况下,直接单击 Go 按钮即可。振(颤)音的默认值都是 32 分音符(3 条横符尾)。如果需要 16 分音符或者 64 分音符的振音,可在对话框中 Total number of beams(横符尾总数)文本框内填入所需横符尾的数字即可,2＝16 分音符的振音,4＝64 分音符的振音,设置完毕单击 Go 按钮即完成振(颤)音的制作,见下图画圈和箭头所指处。

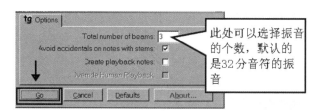

(4) 上图乐谱是经过(1)～(3)的操作制成的,由"选择"工具将所要制作的乐谱选择 1 小节或者某 2 个音符为一个单位进行;下图是制作振音之前的乐谱。以上制作的振音,是国际标准的振音记法,它因制作振音的时值不同而稍有不同。

(5) 下页第二行乐谱是在振音指定对话框的 Total number of beams(横符尾总数)文本框内分别填入不同的数字 4、2、3、5 后,显示的不同乐谱,见乐谱上标记的数字及显示的横符尾数

量。

8.35 跨五线的振(颤)音的制作

(1) 把需要制作跨五线振(颤)音的音符输入到一行五线内,见左上图乐谱的音符。
(2) 单击高级工具栏"音符移动"工具的图标按钮,见右上图箭头所指处。
(3) 单击"音符移动"工具的图标按钮后,就会出现 Note Mover(音符移动)选项,在其下拉菜单中选择 Cross Staff(跨五线放置)选项,见左下图箭头所指处。

(4) 单击需要制作跨五线振音的小节,在出现音符移动的控制点上单击,然后将音符拖到下行的五线后松开鼠标,该音符就会被移动到下行的五线中,见右上图箭头所指处。
(5) 拖动时可将多个音符圈起来一起拖动,见下图画圈和箭头所指处,但是要拖放到五线内再松开鼠标,不然的话音符就不会留在下行的五线中。

（6）原下行五线内的全休止符可以事先将其处理掉，也可以有音符之后再处理，见左下图乐谱箭头所指处的休止符，以及从上行五线拖动到下行的音符。

（7）单击主要工具栏"五线"工具的图标按钮，见右下图箭头所指处。

（8）右击下行的五线行，在其右键菜单中单击 Blark Notation：Layer1（使第 1 声部空白）选项，见下图，下行五线中的休止符就会被去除。

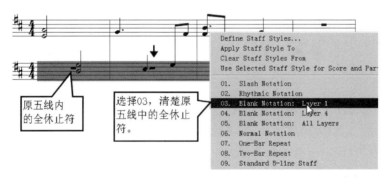

（9）单击主要工具栏"选择"工具的图标按钮。

（10）圈起将要执行跨五线行放置音符的区域，使其成为被激活的状态，选中五线的上一行或两行均选上，见下两图。

（11）单击主要工具栏 Plug-ins 选项，在其下拉菜单 TG Tools 的子菜单中，单击 Easy Tremolos 选项，见下图箭头所指处。

（12）在"振音选定"对话框中，如果需要的是 32 分音符的振音（绝大多数是 32 分音符），直接单击 Go 按钮即可，见下页第二幅图画圈和箭头所指处。

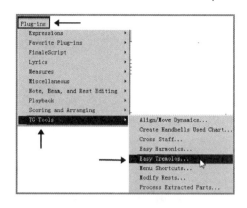

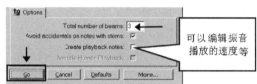

（13）制成的跨五线行的振音样式，见上图乐谱。如果觉得不够美观，还可以进行简单地调整，例如下图乐谱音符中的样式，下图乐谱调整了跨五线行的振音样式。

（14）跨五线振（颤）音的另一种制作：

① 单击主要工具栏"五线"工具的图标按钮；

② 右击下图乐谱下行的五线，在其右键菜单中，选择 Blark Notation：Layer1 选项，见下图箭头所指处；

③ 见下页第二幅图乐谱下行五线中被去除的休止符（下行已处理成空白），把需要制作跨五线行振音的音符区域选中；

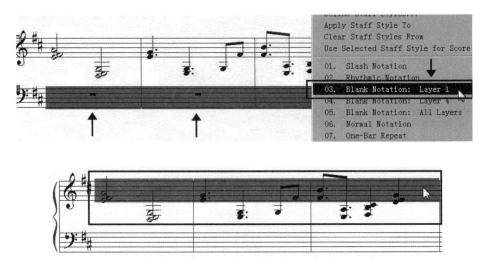

④ 单击主要工具栏 Plug-ins 选项，在其下拉菜单 TG Tools 的子菜单中，单击 Cross Staff 选项，见下图箭头所指处；

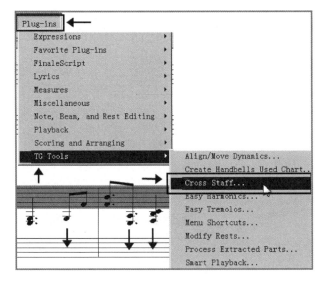

⑤ 在 Cross Staff 对话框的 Split Point 文本框内填入 D4，意思是从上行五线中切分到下行五线的中轴音，或者称为切割点的音高等，见左下图。D4 等于是五线谱下一间以下的音符将被移动到下行的五线中去。单击 Go 按钮后，D4 以下的音符就会从上行五线中移动到下行五线中去，见右下图乐谱的下行；

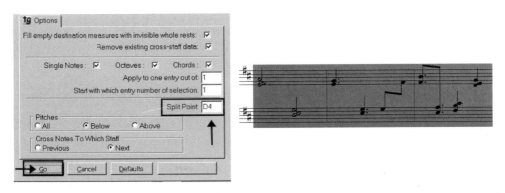

⑥ 在主要工具栏 Plug-ins 的下拉菜单 TG Tools 的子菜单中，单击 Easy Tremolos 选项，在出现的 Easy Fremolos 对话框中（左下图），单击 Go 按钮，即完成制作，见右下图被执行后的乐谱。

（15）把上一步制成的跨五线行的振音，用特殊工具稍调整一下，就会变成上图的乐谱。从本节(13)处开始的跨五线行振（颤）音的另一种制作的 6 个步骤，比上一个例子的制作步骤简化了许多。不过各有各的制作方法，读者多了解一种制作的过程，可以一通百通，应用到其他类型的乐谱制作中去。下图是制作本节"跨五线行振音"制作执行前输入的乐谱原样式，为方便读者对照着查看。

8.36　竖琴刮(滑)音的制作 A

本节将介绍右图竖琴刮(滑)音乐谱的制作 A：

(1) 单击主要工具栏"简易输入"工具的图标按钮，见左下图箭头所指处；

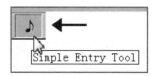

(2) 单击主要工具栏 Simple(简易输入)按钮，在其下拉菜单中单击 Simple Entry Options(简易输入选项)，在其对话框中，将 Fill with rests at end of measure(未输入处用休止符填充)选项前的"√"去掉，见右图箭头所指处，意思是乐谱没有输入部分，不使用休止符进行自动填充乐谱；

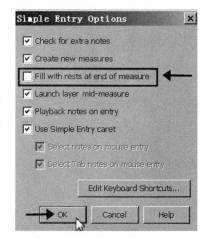

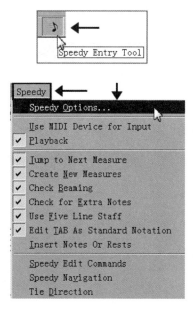

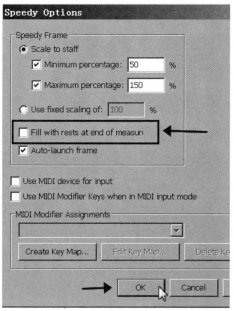

（3）单击主要工具栏"快速输入"工具的图标按钮,见左上图箭头所指处；

（4）在主要工具栏 Speedy(快速输入)的下拉菜单中单击 Speedy Option(快速输入选项),见左上图箭头所指处；

（5）在 Speedy Option 对话框中,将 Fill with rests at end of measure 选项前的"√"去除,见右上图箭头所指处,单击 OK 按钮,完成设置。

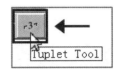

（6）先大体把乐谱上的音符输入成左上图乐谱的样式；

（7）单击主要工具栏"3 连音"工具的图标按钮,见右上图箭头所指处；

（8）单击左上图乐谱中的第 1 个音符(B 音),会出现 Tuplet Definition(3 连音设计器)对话框；

（9）在下图 Tuplet Definition 对话框中：

① 在左上栏填入"1"和 32 分音符；

② 在右上栏的 In the Space of(等的时值)中填入 1 和 2 分音符,意思是一个 32 分音符等于 1 个 2 分音符的时值；

③ 将 Appearance 的 Number(数字)和 Shape(括弧)都选择成 Nothing；

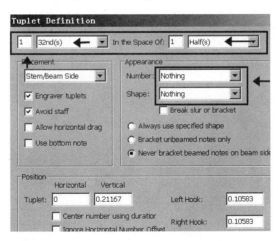

（10）把左下图乐谱的 B 音执行了 1 个 32 分音符等于 1 个 2 分音符的处理之后,它的时值和间距就长了,也自动地和后 1 个音符的横符尾断开了,见左下图乐谱；

（11）再次单击"3 连音"工具,单击第 3 个 C 音,在调出 3 连音的对话框后,和第 1 个音符

 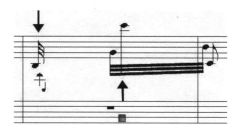

进行同样的操作，让它也成为 1 个 32 分音符等于 1 个 2 分音符的样式，这样第 3 个音符的时值和间距也自动地展开了，见右上图箭头所指处；

（12）单击简易输入或者快速输入工具，选中第 2 线上的 G 音，按"/"键，让它和前 1 个 B 音的横符尾相连；

（13）单击高级工具栏中的"特殊"工具，选择高级工具盘中的"音符移动"选项。照右上图的乐谱样式，将左上图 G 音和 B 音拖动到像右上图的样式(靠近第 1 个和第 3 个音符)；

（14）单击高级工具盘中的"符尾"工具，见左下图箭头所指处；

（15）按住 Shift 键的同时单击左下图乐谱的第 2 和第 4 个音符符尾的控制点；

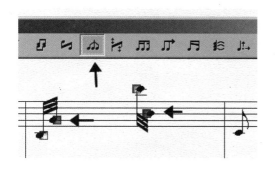 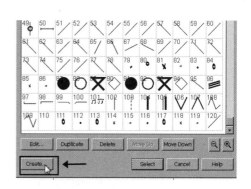

（16）双击左上图选中的控制点，然后出现右上图的"符尾图形选择"对话框，这里需要一个空白的图形，如果没有空白的图形，就单击对话框下方的 Create 按钮，创建 1 个空白的图形，然后单击 Select 按钮，完成制作即可。此操作去掉了符尾使其成为空白的音符符尾，见上图画圈和箭头所指处；

第八章　音符与休止符的相关操作

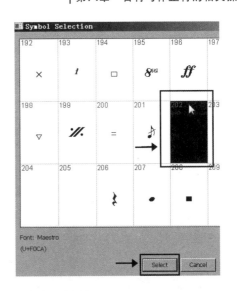

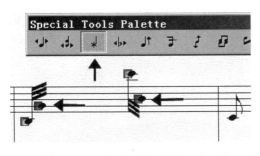

（17）单击高级工具盘中的"符头"工具，见左上图箭头所指处；

（18）按住 Shift 键的同时单击左上图乐谱的第 2 和第 4 个音符符头的控制点；

（19）在右上图"符头图形选择"对话框中，选择一个空白符头的图形，单击 Select 按钮，确定所选内容；

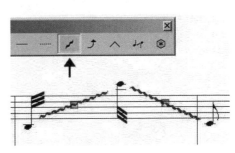

（20）单击主要工具栏"可变图形"工具的图标按钮，在出现的可变图形的工具盘中，选择"刮（滑）音记号"，见右图箭头所指处；

（21）将所选的刮（滑）音记号，输入到制作的竖琴刮滑音乐谱的音符上即可。

8.37　竖琴刮（滑）音的制作 B

竖琴刮（滑）音的制作 B，将以右图乐谱的内容，介绍其制作的步骤：

（1）先在五线上输入 5 个音符，见右图乐谱中的音符；

（2）单击主要工具栏"3 连音"工具的图

标按钮；

（3）在上图乐谱中单击第 1 个音符 B 音，然后会出现左下图 Tuplet Definition（3 连音设计器）对话框；

（4）在 Tuplet Definition 对话框中，在左上栏中填入 1 和 32 分音符；右侧栏 In the Space of 栏中填入 1 和 4 分附点音符，意思是一个 32 分音符等于 1 个 4 分附点音符的时值；

（5）在对话框 Appearance 的 Number 和 Shape 栏中都选择 Nothing，见左下图对话框画框和箭头所指处；

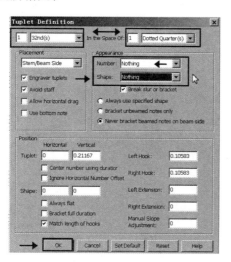
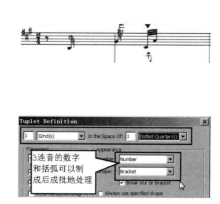

（6）再单击右上图乐谱的中央 C 音，在出现的"3 连音设计"对话框中，和上一步填入的内容相同；

因为乐谱是 2/4 拍的，8 分音符或 8 分休止符以后还有 1 个 4 分附点音符的时值，让前 1 小节的 B 音和本小节的 C 音，显示的是 32 分音符，但是它内部的时值实际上已是 4 分附点音符时值的长度了。

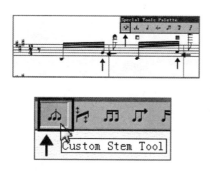
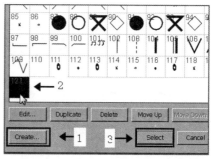

（7）单击"特殊"工具的图标按钮，在特殊工具盘中，选择"音符"移动工具，将第 2 个和第 4

个音符横向拖动到第1和第3个音符的邻近处,见左上图画圈和箭头所指处;

(8) 在特殊工具盘中,选择"符尾"工具,单击乐谱第2个和第5个音符符尾的控制点,在出现的右上图"符尾图形选择"对话框中,选择1个空白的符尾图形;

(9) 如果没有空白的符尾图形,单击对话框下方的 Create 按钮,制作1个空白符尾的图形,单击 Select 按钮,所选音符的符尾就会被去掉(成空白状态的符尾);

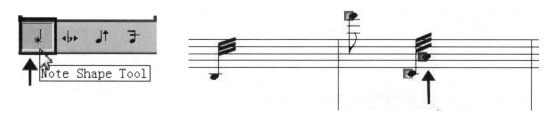

(10) 单击特殊工具盘中的"符头"工具,见左上图箭头所指处,将乐谱的第2个和第5个音符符头的控制点激活后双击它,会出现右图"符头图形选择"的对话框;

(11) 在右图"符头图形选择"的对话框中,选择1个空白的符头图形,单击对话框下方的 Select 按钮,完成符头的去除操作,见右图画框和箭头所指处;

(12) 单击特殊工具盘中的"音符"移动工具,见左下图画框和箭头所指处,把右下图乐谱上的音符,尤其是刚制作的竖琴刮(滑)音符的间距和横符尾的长度等,

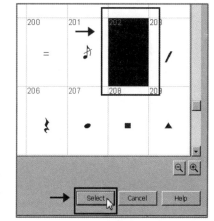

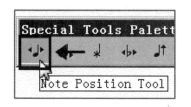

大致调整成左下图乐谱上音符的样式;

(13) 单击主要工具栏"可变图形"工具的图标按钮,见右上图;

(14) 在"可变图形"工具盘中,选择 Glissando Tool(刮音)符号工具,添加到乐谱上即可,刮(滑)音记号有两种,选择使用哪一种要根据作品而定,见下图的乐谱。

8.38 竖琴刮(滑)音的制作 C

竖琴刮(滑)音的制作 C,将以左下图乐谱的内容,介绍其制作的步骤:
(1) 先在乐谱上,输入 7 个音符(多少不限),见右下图乐谱的音符;

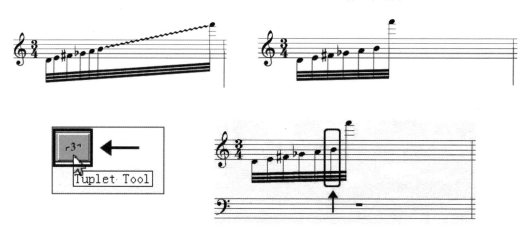

(2) 单击主要工具栏"3 连音"工具的图标按钮,见左上图箭头所指处;
(3) 单击右下图乐谱的第 6 个音符(B 音),见右上图画圈和箭头所指处;
(4) 在下图 Tuplet Definition 对话框中的左上栏中填入 1 和 32 分音符;在右侧栏 In the Space of 栏中填入 17 和 32 分音符,意思是 1 个 32 分音符等于 17 个 32 分音符的时值;
(5) 在 Appearance 的 Number 和 Shape 栏中都选择 Nothing,见下图画圈和箭头所指处;
(6) 选择完毕,单击 OK 按钮;

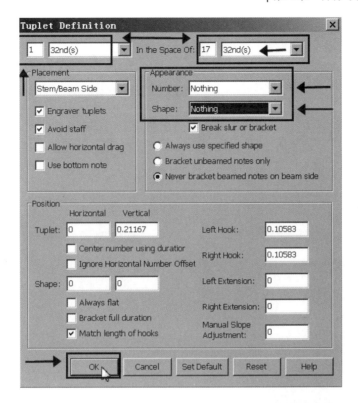

(7) 左上图是被执行操作后的乐谱,因为是 3/4 拍,1 小节要有 24 个 32 分音符,从第 6 个音符算起,还应该有 18 个 32 分音符,因最后 1 个 32 分音符保留,还有 17 个 32 分音符的位置;所以选择第 6 个 32 分音符,让它等于 17 个 32 分音符的时值,这样它就会占用 17 个 32 分音符的时值。见左上图乐谱音符的间距。

(8) 单击右上图特殊工具盘中的"音符移动"工具,把乐谱中音符之间的间距稍调整一下;

(9) 再单击特殊工具盘中的"符尾上下角度调整"工具,见左下图画框和箭头所指处;将乐谱音符横符尾的角度稍做调整,见右下图乐谱音符横符尾的斜度等;

（10）单击主要工具栏"可变图形"工具的图标按钮，并选择该工具盘中的刮奏记号，为下方两个乐谱的刮（滑）音符添加该记号，见下两图左右两乐谱上的两种不同的刮奏记号。

以上罗列了 3 种竖琴刮（滑）音的制作步骤。使用哪一种方法要根据作品的具体情况而定。希望读者可以以此进行更精彩的发挥。

第九章

歌词输入的相关操作

  Finale 是美国研发和制售的软件，该软件打中文、输入歌词要稍微麻烦些，但掌握了该软件后，也是可以很好地为中文打谱很好的服务的。关于在 Finale 软件中打中文歌词，Finale 的各版软件稍有不同。本书介绍的是 2014 版，本版的歌词输入、方式是从 Finale 2011 版定型更改的模式。输入中文歌词时要尽量使用原装 Windows 或 Word 等自带的字体，自己后加装到系统中的中文字体大多在软件出乐谱图片时，中文字体会出现乱码，虽然通过其他办法可以弥补，但很麻烦。

9.1 直接往乐谱上输入歌词

(1) 单击主要工具栏"歌词"工具的图标按钮,见右图箭头所指处;

(2) 单击主要工具栏 Lyrics(歌词)按钮,在其下拉菜单中,选择 Type Into Score(直接在总谱上输入)选项,见左下图箭头所指处;此 Type Into Score 选项也可以在打开的 Lyrics Window(歌词窗口)中选择;

(3) 单击要输入歌词音符的符尾部,会出现歌词输入的光标,直接输入所需文字即可,按空格键光标会移动到下一个要输入歌词音符的下方;

(4) 如果要输入的歌词位置离音符的上下距离不合适,可上下拖动窗口左侧 4 个 3 小三角最左侧的(左第 1 个)三角,见右下图画圈和箭头所指处;

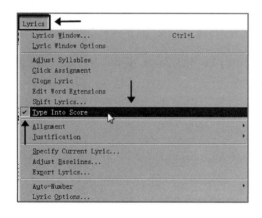

(5) 如果下一个要输入的歌词相隔水平两个音符,就要按两下空格键,检查要输入的对象是否在输入的光标位置,是否在其音符的下方位置,见右下图箭头所指处;

（6）单击主要工具栏 Lyrics 按钮，在其下拉菜单中，选择 Lyrics Window，快捷键为 Ctrl＋L，见左下图箭头所指处；

（7）在打开的 Lyrics 对话框中选择第 2 段以及其他段的歌词输入（是输入其他段歌词的选择处），见右下图画圈和箭头所指处。

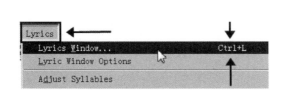
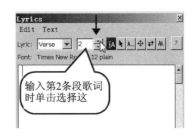

9.2 通过鼠标单击输入歌词

（1）单击主要工具栏"歌词"工具的图标按钮，见左下图箭头所指处。

（2）单击主要工具栏 Lyrics 按钮，在其下拉菜单中单击 Lyrics Window，快捷键为 Ctrl＋L，见右下图箭头所指处。

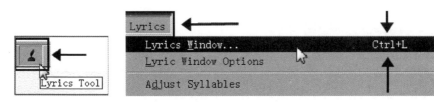

（3）在左下图对话框中，把需要的某几段歌词内容输入到"歌词窗口"。在输入一个汉字时，一定要注意按一下空格键，最少按 1 下空格键，按几下空格键没有关系，如果不按空格键，在单击输入歌词时字会连在一起。如果文字后边有标点符号，可以不按空格键。

（4）在右下图歌词窗口的上排按钮中，单击"单击输入"工具按钮，见右下图箭头所指处。

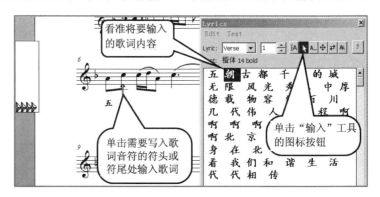

（5）仔细检查要单击输入到乐谱的文字，先用鼠标选中窗口歌词的开始处，使其成为相反的颜色，对准要输入歌词的音符，单击即可把歌词输到所单击的音符下方的位置处，见右上图。

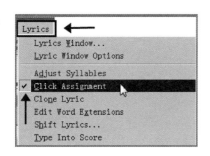

（6）"单击输入"工具还可以在"歌词"工具按钮的下拉菜单中选择，单击 Clik Assigment（单击指定）激活该输入工具，见左上图箭头所指处。

（7）右上图的歌谱是用"单击输入"工具输入的歌词。单击输入，在输入歌词时一定要仔细检查有无错字，避免事后修改的麻烦。在输入时如有错字马上按 Ctrl ＋ Z（撤销）键，撤回到上一步的操作，再重新输入。此输入法有它自身的优点。

9.3 特殊字符的输入

（1）按 Ctrl＋L 键，打开 Lyrics Window 对话框；

（2）在 Text（文字）按钮的下拉菜单中，选择 Insert Symbol（插入字符）选项，见左下图箭头所指处；

（3）Insert Symbol 选项的上两项内容是：

① InsertHard Space（插入空白），快捷键是 Ctrl＋Spaccebar

② Insert Hard Hyphen（插入连字符）

（4）在 Symbol Selection（字符选择）对话框中，选择所需的字符后，单击 Select 按钮，字符就会输入到歌词窗口固定位，见右下图箭头所指处。

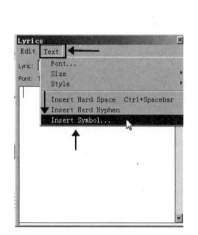
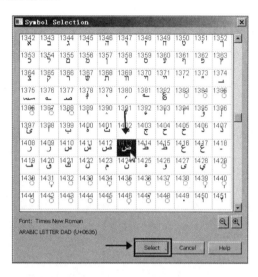
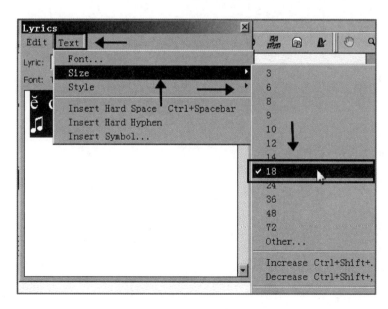

(5) 在"歌词输入"对话框中，单击输入的字符，使其成为相反颜色，再在 Text 按钮的下拉菜单，Size(尺寸)的子菜单中选择 18 字号，见上图箭头所指处；

(6) 下图的字符，就是被放大了的字符，字符内容是随意输入的。在 Symbol Selection(字符选择)对话框中，有字符约 3000 个，几乎平时作品所需要的字符差不多都会有。除此之外还可以调入约 2 万个软件附属模板中的字符，以及网上还可以下载该公司制作的字符安装使用。

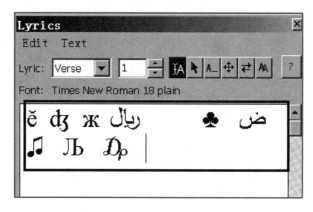

(7) 在歌词窗口中单击"单击输入"工具，选择开始要输入的字符，再单击需要输入字符的音符，即可把字符输入到相应的位置上，见下图箭头所指处。

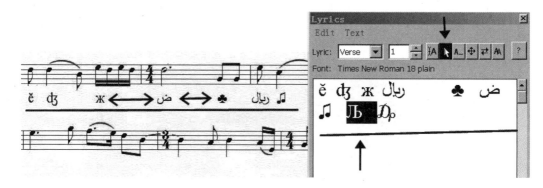

9.4 对已输入歌词的修改

（1）确定好错字以及它所在的声部层和段落,见左下图歌曲第 1 段第 9 个字"耀"字,这里替换成"亮"字;

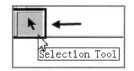

（2）单击主要工具栏"选择"工具的图标按钮,见右上图箭头所指处;
（3）双击需要修改的"耀"字,使其成为相反的颜色,然后输入"亮"字,见下两图画圈和箭头所指处;

（4）对个别版本的 Finale 软件,可选择"直接往总谱上输入"选项替换错字。具体操作:单击需要替换歌词的音符,激活所选择的"字",使其成为相反的颜色,直接输入要替换的新字即可。见下面两图。

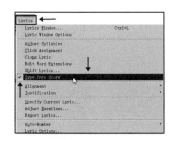

9.5 歌词的删除

（1）单击 Window 选项，在其下拉菜单中单击 Edit Palette（编辑工具栏）选项，调出编辑工具盘，见下两图箭头所指处；

（2）Edit Palette 中的"左弯箭头"，它是返回上一步操作的按钮，和 Ctrl+Z 键的功能相同。在输入歌词（或其他操作）时，如果输入失误时，可撤销上 1 步，或者若干步操作失误的内容；

（3）单击主要工具栏"歌词"工具的图标按钮，在其下拉菜单中，打开 Lyrics Window，快捷键是 Ctrl+L，见左上图；

（4）按 Ctrl+A 键，选中"歌词窗口"中显示的全部歌词内容，见左上图歌词窗口内，按 Delete 键删除所选歌词的内容，见上中图；

（5）删除其他段落的歌词：在段落选择栏处，单击上三角，选择所需删除段落的数字号，并选中该段歌词使其成为相反颜色，按删除键，删除所选的歌词即完成，见右上图；

（6）下图乐谱的两段歌词，就会被删除掉，见下图无歌词的乐谱。

9.6　歌词音引线的编辑

（1）以上乐谱歌词右侧的横线就是"音引线"，它如同国内歌词音符上的连线，意思是该歌词继续同上面的音符延续演唱；如果想调整音引线的长短，可在两处调出（激活）音引线编辑的控制点，再进行编辑。

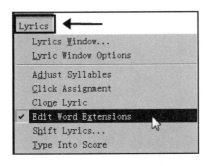

（2）单击主要工具栏"歌词"工具的图标按钮。

（3）在主要工具栏 Lyrics 按钮的下拉菜单中选择 Edit Word Extensions（编辑音引线）选项，见左上图菜单中箭头所指处。

（4）打开 Lyrics Window，打开歌词窗口，见右上图箭头所指处，快捷键是 Ctrl＋L。

（5）单击 Edit Word Extensions 选项后，乐谱歌词右下方的音引线，就会出现编辑它的控制点，见上两图歌词音引线上显示的控制点，然后用鼠标拉长或缩短，编辑它即可；

（6）去除音引线的操作：

① 单击主要工具栏"歌词"工具的图标按钮；

② 单击主要工具栏 Lyrics 选项，在其下拉菜单中，单击 Lyrics Options（歌词选项），见右图菜单箭头所指处；

③ 在 Lyrics Options 对话框中单击 Edit Word Extensions 按钮，见左下图箭头所指处；

④ 在 Word Extensions（音引线设定）对话框中，将 Use Smart Word Extensions（使用自动的音引线）选项前的"√"去掉，即可去除乐谱歌词的自动音引线，见右下图箭头所指处。

(7) 下面的乐谱是去除歌词音引线的乐谱，所谓去除歌词的音引线，实际上就是关闭了"使用自动的音引线"的选项，但是激活音引线的编辑选项后，想要使用哪个歌词的音引线，还可以手动拉出歌词的音引线，但只是不是使用自动音引线的功能罢了。

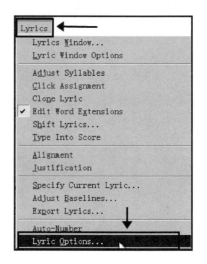

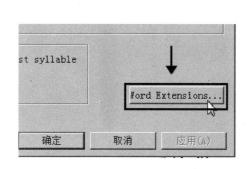

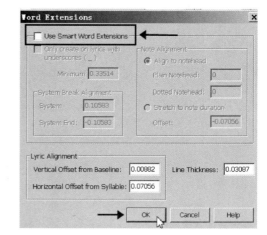

9.7 歌词窗口简介

歌词窗口,也称为歌词输入对话框,它是歌词输入最重要的窗口,有此窗口,歌词选项的下拉菜单,打开或不打开就没那么重要了。它是 Finale 从 2011 版软件开始启用的,当年它还不太好用,变化较突然及使用者不太习惯,现在的 2014 版本逐渐地被完善起来了,也好用了。在此单立一节作简单的介绍。

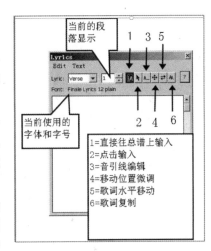

在此对右图"歌词窗口"中的 6 个按钮作以简单的介绍,对应右图按钮标记的数字编号:

(1) 1="直接往总谱上输入"工具按钮:激活它,单击所要输入歌词的音符,就会出现歌词输入的光标,然后直接输入歌词即可;

(2) 2="单击输入"工具按钮:检查好输入的歌词,但要注意,汉字之间一定要按空格键(多按不限),至少 1 个空格键,然后选择好歌词的开始处,单击需要输入歌词的音符,即可输入歌词到音符的下方。

(3) 3="音引线"工具按钮:激活它,歌词右下方会显示音引线的控制点,用鼠标选中其控制点(可一次圈起多个音引线的控制点),按左、右方向箭头键,可将音引线拉长、缩短或者隐藏音引线等;

(4) 4="歌词位置的微调"工具按钮:激活它,每个歌词的文字上会出现控制点,圈起它们按上、下、左、右的方向箭头键,对文字摆放位置进行微调,这是 2014 版 Finale 中添加的;

(5) 5="歌词水平移动"工具按钮:该工具只能以音节为单位向左、右两个方向移动歌词,它会使整个歌词向左或者向右移动;

(6) 6="歌词复制"工具按钮:在多声部合唱作品中,输入完成 1 行声部的歌词后,激活"歌词复制"工具按钮后,可将歌词复制到同节奏不同音高的其他几行声部中去,这时只复制歌词的文字,原音符的音高等不被复制。

以上 6 个工具按钮,都和"歌词"按钮下拉菜单的内容选项相同,使用时选择一方即可,但是歌词的"窗口"只是"歌词窗口"中,见上图画圈和箭头所指处。

9.8 歌词位置的垂直调整

Finale 软件有三处可以垂直调整歌词位置的操作：

① 当单击"直接往总谱上输入"的工具时，在页面的左侧会出现调整垂直距离的控制点，通过它最左侧的三角进行调整；

② 在"歌词基线调节"的对话框中，有项通过数字来调整歌词垂直的位置；

③ 激活歌词窗口中的第 4 个按钮，在文字微调的控制点上，也可以微调个别歌词的垂直位置，不过用此功能只能调整单个文字的位置，不是对所有歌词位置的自动调整。

（1）单击主要工具栏"歌词"工具的图标按钮，见下图箭头所指处；

（2）单击主要工具栏 Lyrics 按钮，在其下拉菜单中选择 Type Into Score（直接在总谱上输入）选项，见右下图箭头所指处；

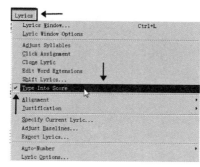

（3）单击右图要调整垂直间距的第 1 个音符，窗口左侧会出现调整垂直位置的控制点（4 个竖三角），用鼠标拖最左侧的竖三角，往上或者往下移动调整歌词的垂直位置即可，见右图箭头所指处；

（4）乐谱左侧，调整垂直距离控制点（4 个竖三角）的第 3 个和第 4 个三角，是调整某一行歌词垂直间距的控制点，请对照乐谱上下两行的歌词察看它们与乐谱的垂直位置，见左下图箭头所指处；

（5）单击主要工具栏 Lyrics 选项，在其下拉菜单中单击 Adjust Baselines（基线调节）选项，调出其对话框，见右下图画圈和箭头所指处；

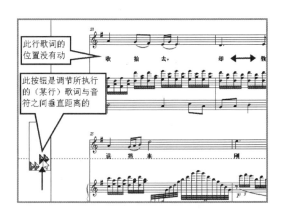 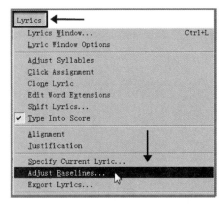

（6）在主要工具栏"编辑"按钮的下拉菜单中单击"计量单位"，事前选定习惯的计量单位，这里选择的是用"厘米"显示，见下图箭头所指处；

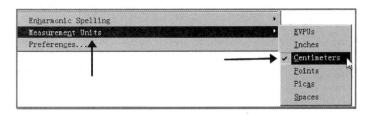

（7）在打开的 Adjust Lyric Baselines（歌词基线调节）对话框中，填写 Offsets（偏移量）文本框中的数值，来设定所需歌词与音符之间的垂直距离，见下图画圈和箭头所指处，现数值是目前第 1 段歌词与音符的垂直数据；

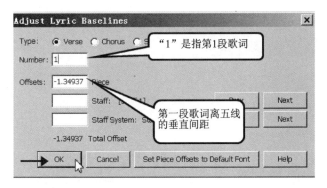

（8）在下图对话框中填入第 2 段歌词与音符之间的垂直数值，见下图箭头所指处，如果不中意，可单击对话框下方的"返回默认值"按钮，恢复到原来垂直间距的数值；

（9）通过"微调"按钮也可以调整个别字的垂直间距：

① 单击主要工具栏"歌词"工具的图标按钮；

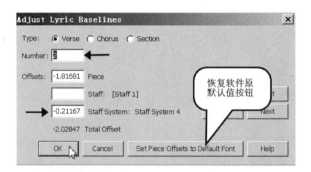

② 在主要工具栏 Lyrics 的下拉菜单中单击 Lyrics Window，快捷键是 Ctrl+L，见下中图；

③ 在 Lyrics 窗口中激活第 4 个（歌词位置微调）按钮，见下中图箭头所指处；

④ 在歌词上显示的歌词移动微调控制点上单击，然后按上、下、左、右键调整歌词，也可手动调整；

⑤ 右下图是将个别字垂直调整的样例，也是唯一可把单个字词、标点符号等随意调整的歌词工具，见右下图乐谱第 2 段歌词中的两个字。

9.9　歌词位置的水平调整

（1）单击主要工具栏"歌词"工具的图标按钮，见左下图箭头所指处。

（2）单击主要工具栏 Lyrics 选项，在其下拉菜单中单击 Adjust Syllables（调整音节）选项，见右下图画圈和箭头所指处。

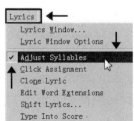

（3）乐谱的歌词上就会出现音节调整的控制点，见下图箭头所指处。

（4）把需要调整的歌词控制点圈起来，见下图乐谱歌词的控制点和画横线处。

（5）单击歌词选项，在其下拉菜单 Alignment（对齐）的子菜单中选择 Center（居中），快捷键是 Ctrl＋Shift＋'，将歌词音节自动居中，规整到音符的正中位置，见下图箭头所指处。

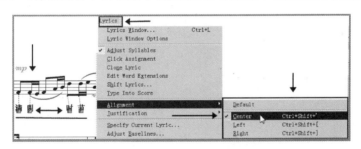

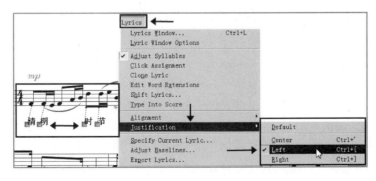

（6）也可以在 Lyrics 选项的下拉菜单中单击 Justificaton（调整），在"调整"的子菜单中选

择需要调整对齐的选项,见上图箭头所指处。

下表是"歌词"按钮下拉菜单中两个有关选项快捷键表的对照:

Justificaton(调整)选项子菜单的快捷键		Adjust Syllables(调整音节)选项子菜单的快捷键	
Default	Default	Default	Default
Center	Ctrl＋'	Center	Ctrl＋Shift＋'
Left	Ctrl＋[	Left	Ctrl＋Shift＋[
Right	Ctrl＋]	Right	Ctrl＋Shift＋]

(7) 使用 Shift Lyrics(移动歌词)选项水平移动歌词位置的操作:

① 在主要工具栏"歌词"按钮的下拉菜单中单击 Shift Lyrics(歌词移动)选项,见左下图画圈和箭头所指处。

② 在右下图 Shift Lyrics 选项中,选择向左右方向水平移动歌词的用法:

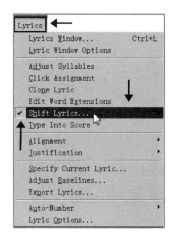 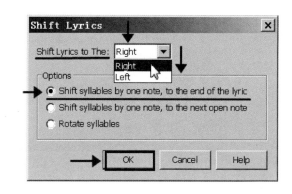

1) 在 Shift Lyrics to The(歌词移向)的选择栏中,选择向左、右移动歌词;

2) 在 Options 选项栏中,是选择 Shift syllables by one note, to the end of the lyrics(向曲终一个个地移动歌词)还是 Shift syllables by one note, to the next open note(按音节移动歌词直到未被输入歌词音节之处),以及 Rotate syllables(重复前面1个字后,向后倒着移动);

3) 选择完毕单击 OK 按钮,这里选择的是对话框中画横线和箭头所指处,见右上图;

4) 下图 b 的乐谱的歌词是在图 a 歌词移动对话框中选择了向右移,向曲终方向一个一个地移动歌词的操作。先单击图 a 乐谱的第1个音,当"边"字移动到第2个 G 音上时,又单击了第2个 G 音,见图 b 箭头所指处以及被移动的第1段歌词内容,图 a 乐谱是移动歌词前的原乐谱;

5) 此外,在歌词移动的对话框中,还可以选择"相反移动"的选项等。

(8) 在 Lyrics 对话框中查看或定位歌词的输入位置：

① 单击主要工具栏 Lyrics 选项,在其下拉菜单中单击 Lyrics Optins(歌词选项),见下图画圈和箭头所指处；

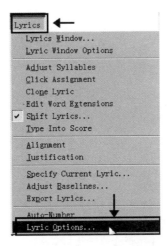

② 在 Document Options – Lyrics 对话框中,选择歌词和音符之间的对齐位置。下图对话框

左侧上方的选择栏,是对齐歌词与音符位置的选择项目,右侧栏是文字与音节的偏移度选项。一般情况可不调节,只用默认值。英文和其他外文中的拼读字有长有短,可参考选用此选项。

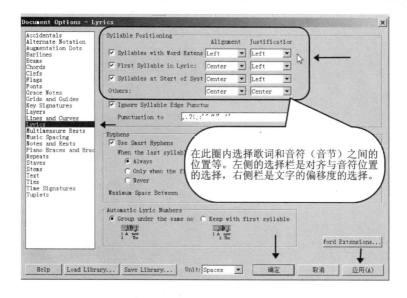

9.10　更改和指定歌词的字体

　　固定歌词的字体和字号:如果平时只打中文歌词或者主要以打中文文字为主,可将歌词文字的字体和字号等固定下来以便使用。歌词的字体和字号也可以在输入完歌词以后再进行变更。但一定要注意,目前(Finale 2014)软件在出歌词图片文件时,有时某些字会出现乱码,尤其是自行装入系统的字体,最好在开始打谱时,试好较保险的字体,万一输完歌词不成再重复输入,耗时费力。

　　(1) 单击 Document 选项,在其下拉菜单中单击 Document Options,快捷键是 Ctrl+Alt+A,见左下图箭头所指处;

　　(2) 在文档选项的对话框中,选择 Document Options - Fonts,见右下图画圈和箭头所指处,这里显示的是 Finale 默认的字体和字号。根据 Finale 的不同版本,显示出来的字体也稍有不同。如果经常打中文歌词,为了避免麻烦,可在此设定,为的是使用时省事,不过在输完歌词以后,再调整字体字号也是可以的,有时会出现乱码和不稳定等。

　　(3) 多数 Finale 软件歌词字体、字号默认使用的是上方显示的 Times New Roman 12 plain,见右下图。

第九章 歌词输入的相关操作

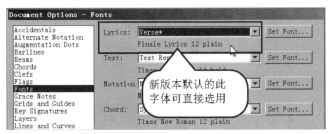

(4) 如果打开"字体"的对话框显示的字体、字号是 Finale Lyrics 12 plainz,见上图画圈和箭头所指处,可以不用动,此字体在输出图片时一般不乱码,可更改字号和粗细即可;

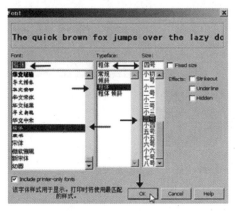

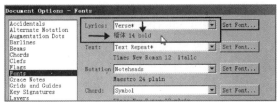

(5) 在 Document Options – Fonts 对话框的右上角,单击 Set Font(字体设定)按钮,会出现左上图 Fonts 对话框,在该对话框中把 Finale 歌词原默认的字体、字号 Times New Roman 12 plain,变更成所需的中文的字体、字号,见左上图箭头所指处;

(6) 返回 Document Options – Fonts 对话框后,会显示设置的字体和字号,见右上图箭头所指处;

（7）输入歌词前，先查看歌词输入窗口使用的字体、字号，见左上图箭头所指处。如果字体选择不当输入时不会出问题，用普通的打印也觉察不出问题，只在输出乐谱图片文件时，会出现如右上图乐谱中文字乱码的现象，见右上图的歌词部分；

（8）对已输入歌词字体和字号的更改：

① 在歌词窗口中将输完的歌词选中，使其成为相反的颜色。单击 Text，在其下拉菜单中选中 Font（字体）选项，见左下图箭头所指处；

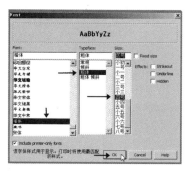

② 在上中图 Font 对话框中，选中所需中文的字体和字号，这里选择的是楷体、加粗、四号字号；

③ 右上图字体对话框中的文字内容是设定后的显示。随之五线乐谱音符下方的歌词也会自动地变更成右上图所示文字格式；

④ 以上歌谱是 Finale 软件输出的图片文件。题目和作者处用的文字是 Finale 歌词文字，歌词是楷体四号字加粗，输出的图片文件是 PNG，纸张尺寸是 A4，一页内显示 9 行五线。

9.11 歌词段落号的自动插入

Finale 可以自动插入歌词的段落号,也可以手动输入歌词段落号,可根据不同作品的内容、样式等进行不同的处理方法。

(1) 在使用自动插入歌词段落号之前,要先单击主要工具栏的"文档"按钮,在其下拉菜单中选择"文档选项",在文档选项的对话框中选择 Lyrics,在"文档选项-歌词"对话框的左下方选择自动插入编号的位置,见左下图箭头所指处;

(2) 也可以单击主要工具栏 Lyrics 选项,在其下拉菜单中单击 Lyrics Optins(歌词选项),见右下图画圈和箭头所指处;

 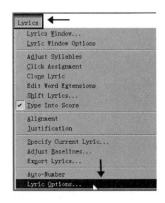

(3) 在 Document Options-Lyric 对话框中选择 Automatic Lyric Numbers(自动歌词编号)中需要的数字显示位置,见下图箭头所指处的歌词段落数字的插入摆放位置图,选择完毕单击"确定"按钮,这只是在自动插入歌词编号前确定编号数字的摆放位置。

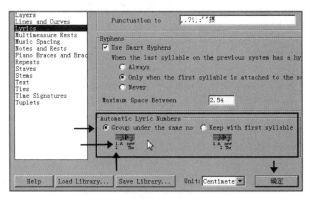

第九章 歌词输入的相关操作

（4）单击主要工具栏 Lyrics 选项，在 Lyrics（歌词）按钮的下拉菜单中，单击 Auto-Mumber（自动歌词编号）子菜单中的 Verses（独唱）选项，见左图箭头所指处，此选项要和歌词窗口中的选择一致；

Auto-Mumber（自动歌词编号）子菜单：

1）Verses（独唱）

2）Choruses（合唱）

3）Sections（乐段）

（5）在选择了 Auto-Mumber 后，乐谱歌词的头部就会自动显示被插入歌词段落的编号，见上图歌词的开始处。这里编号出现的数字是 2 和 3，因为此处把第 1 段歌词的位置输入到此曲后半部分的副歌了，它是两段歌曲共用的歌词，位置在两段歌词的中间的水平线上，见右图箭头所指处，这种情况的歌词段落号，用手动插入就可以解决。

9.12 歌词段落号的手动输入

（1）单击主要工具栏"歌词"工具的图标按钮；

（2）在 Lyrics 选项的下拉菜单中单击 Lyrics Window，见右图箭头所指处；

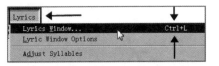

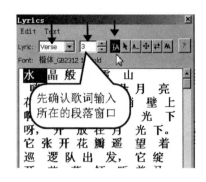

(2) 在 Lyrics Window 对话框中,查看要手动输入的歌词号左上图所在的段落窗口,这里的第 1 段歌词输入在第 3 段歌词的窗口中,见右上图箭头所指处;

(3) 在"歌词窗口"中激活"直接往总谱上输入"选项,见右上图第 3 个箭头所指处;

(4) 单击歌词前的 8 分休止符,在出现的输入光标上输入数字"1";在输入下一段歌词号码前,先将"歌词窗口"中的那段歌词找出来,然后单击与前面相同的位置并输入段落号"2",见上图;

(5) 歌词段落号输入后,在"歌词"窗口,单击"歌词微调"工具,将输入的数字号码调整到合适的位置,见上图歌词开始处数字号码;

（6）也可以在开始输入歌词时直接输入歌词段落号码。

9.13　多段歌词中的括弧使用

本节内容是要为左下图乐谱，第 3 小节的歌词做一个括弧；
（1）单击主要工具栏"表情记号"工具的图标按钮，见右下图箭头所指处；
（2）双击左下图乐谱需要添加括弧处，会出现 Expression Selection（表情选择）的对话框；

（3）在 Expression Selection 对话框的下方，单击 Create Miscellaneous（创建其他标记）按钮，见下图箭头所指处；

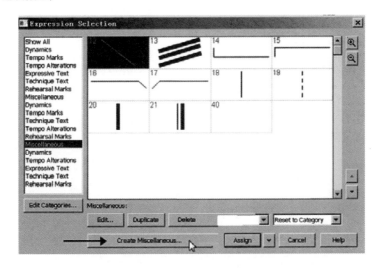

（4）在 Expression Designer（表情记号设计器）对话框中，输入右括弧的字符，然后选中，使其成为相反颜色后，再将它的字号放大，见下两图箭头所指处；

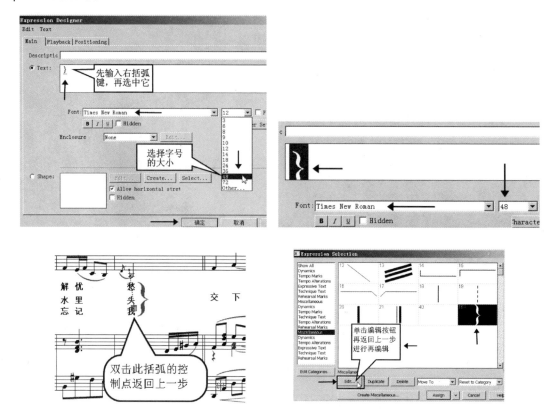

（5）如果觉得乐谱中的括弧不理想,双击该括弧的控制点,返回到 Expression Selection 对话框,再在对话框中单击 Edit 选项的按钮,见上两图中箭头所指处。

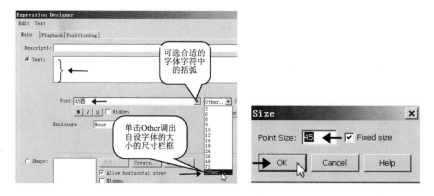

（6）在 Expression Designer 对话框中,重新编辑括弧的字体和字号等,见左上图箭头所指处,这里尝试选择了中文的幼圆字体;在字号选择栏,如果没有合适的字号可选择 Other 选项,并在弹出的 Size(尺寸)对话框中,填入所需的字号,这里填入了幼圆字的 45 号字符,见右上图

箭头所指处;

(7) 下图乐谱第 3 小节歌词右侧的括弧,是幼圆字体 45 号;

(8) 括弧的样式会根据所选字体的不同而不同。对有 8~9 段或者更多段歌词的括弧,可选择 Symbol 字体,它的优点是用上中下 3 个字符组成一个括弧,普通字体字符的放大是有限制的。在 Symbol 字体集窗口中 236、237、238、252、253、254 这 6 个字号可组成两个大的括弧。

(9) 因为我们大多数歌曲的歌词都是两段,下面制作一个经常使用宋体字符的括弧的例子;

(10) 在"表情记号"对话框中,选择宋体字符,选择它后,在"字号选择"中选择"另外",在出现的 Size 对话框中,填入 45 号字号,见下两图。

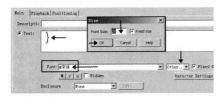 

9.14 歌词的复制

(1) 单击主要工具栏"歌词"工具的图标按钮,见左下图箭头所指处;

(2) 在 Lyrics 选项的下拉菜单中,单击 Clone Lyrics(复制歌词)选项,见右下图箭头所指处;

(3) 先把同样节奏歌词的第 1 行声部的歌词输完,见下页第一幅乐谱图乐谱第 1 行声部的歌词位置;

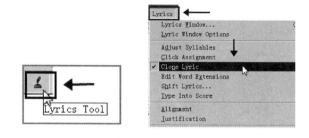

（4）将该歌词的第1声部选中，使其成为相反颜色，见下图箭头所指处；

（5）将限制声部拖到第2声部，在出现的黑框对齐同样小节后松开鼠标歌词就会被复制到第2声部中，而音高没有变，见下图箭头所指处；

（6）与上一步同样的操作，把选中的第1声部的歌词，拖到下声部，即完成了歌词的复制，见下图女声合唱声乐部分的歌词；

（7）歌词的复制也可以使用过滤器选项进行：

① 单击主要工具栏"编辑"按钮，在其下拉菜单中单击 Edit Filter（编辑过滤器）选项，打开其对话框；

② 在打开的 Edit Filter 对话框中，只选择要复制的内容，见左下图箭头所指处；

③ 然后"编辑"栏下的 Use Filter（使用过滤器）选项就会自动地被勾选上，见右下图箭头所指处，这样在复制时也只是复制歌词，其他音高和节奏不会受影响。

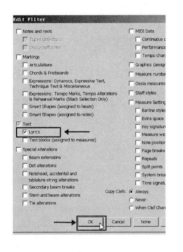

9.15　歌词的导出

（1）单击主要工具栏"歌词"工具的图标按钮，见右图箭头所指处；

（2）在 Lyrics 按钮的下拉菜单中单击 Export Lyrics（导出歌词）选项，见左下图箭头所指处；

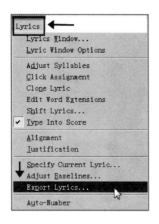 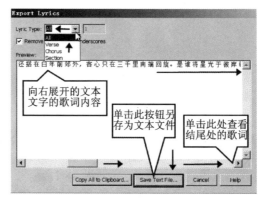

（3）在 Export Lyrics 对话框中，选择 All，再在对话框下方单击 Save Text File（保存文本文件）按钮，见右上图画圈和箭头所指处；

（4）在出现的对话框中，选择歌词的保存位置、填入歌词保存的名称等，见右图箭头所指处；

（5）打开文字处理软件 Word，单击"计算机"，再单击"游览"文件夹，见左下图箭头所指处；

（6）找到保存的歌词文件，在文件类型的选择栏中选择"文本文件"应自动保存的是文本文件类型，只有选择文本文件才能打开它，见右下图箭头所指处。如果没有安装 Word 软件在系统中选择写字版插件也会打开保存的歌词。

（7）用 Word 软件打开后可以对文本文件进行编辑。见下图显示的导出的歌词文字。

几度沧桑几度沧桑，贝壳又还原为蓝色的海。天地三笔沉曦含辉，流水一湾洁白行云。虹桥还搭在百年前郊外，客心只在三千里南端回旋。是谁将星光于彼岸铺成夜色？一溪月跌入银河般闪烁的缘里。那畔声微声微。花间的蝴蝶从梦里飞来，贪恋着花朵舍不得离开，花雨红似火，我的金丝雀在花香。

第十章

Finale version 25 简介

  2016 年底发布的 Finale version 25 版软件，是 MakeMusic 公司成立 25 周年的纪念版。它的上一版软件是 Finale 2014 的 d 版。Finale version 25 与以前最大的不同在于，从 Finale version 25 版软件开始，Finale 进入了 64 位软件的时代，也是 Finale 软件在各方面目前比较好的设计与制作，也是改制之后的 Finale 2014 版软件。Finale version 25 版软件有明显的几处变化，请见下面的几项内容。

10.1 启动窗口的界面变化

打开软件的乐谱设置向导窗口,比 Finale 2014 版的界面少了一个按钮,变得简洁了。例如在下图的左下方,单击其所需要的内容可直接打开该软件的视频和文字使用说明的介绍等。

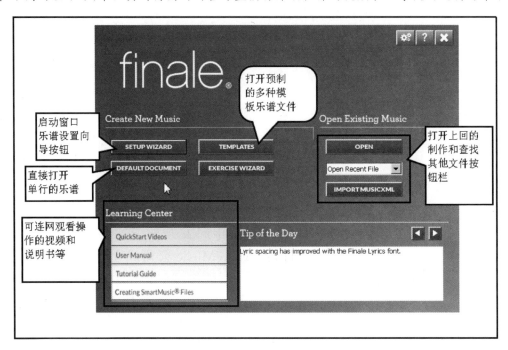

10.2 五线总谱中的声部重排

总谱中五线声部的重新排列工具,在 Finale 2011 版本首现。后续的 Finale 2012 和 2014 版软件取消了该工具,虽然在前两版该软件的"总谱设定"对话框中可用同样的操作执行它,但是没有像 Finale 2011 版放在五线谱专用菜单下方使用起来方便,新版 Finale version 25 软件又恢复了此工具。对于经常写总谱的音乐工作者来说,有它无它还是不一样的。

五线总谱声部重排的使用：

(1) 单击主要工具栏"五线谱"工具的图标按钮，见右图箭头所指处；将出现"五线谱"工具的专用菜单；

(2) 在主要工具栏 Staff(五线谱)的下拉菜单中，单击 Reorder Staves (声部重排)选项，见下图画圈和箭头所指处；

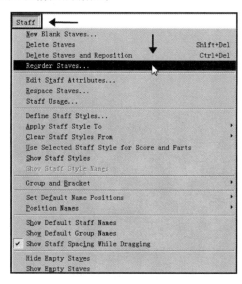

(3) 在 Reorder Staves 对话框中，单击需要重排声部的名称，例如左下图选中的是 Jaw Harp(口拨琴)名称，然后单击该对话框右侧框中的上三角，将该声部名称移动到需要的声部排列位置，见下两图画圈和箭头所指处；

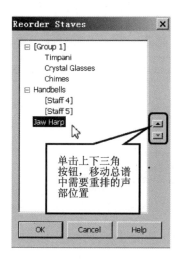
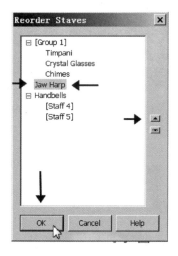

445

（4）在右上图对话框中，确认 Jaw Harp 声部被上移到了 Chimes（管钟）乐器声部的下方后，单击 OK 按钮完成操作，见右上图箭头所指处。该声部在总谱中的摆放位置等，通过以上操作，总谱声部的重新编排变得方便多了。

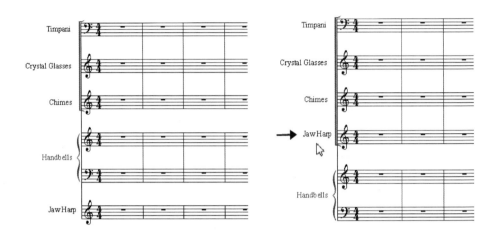

（5）上两图，左侧图是 Jaw Harp 声部重排前在总谱中的位置，右侧图是 Jaw Harp 被移动到 Handbells（手铃）声部上面的总谱位置，见右上图箭头所指处。这里只举了一个声部（重排）的谱例。声部的重排是可以自由地调换总谱中各声部之间的上、下行位置的，虽然在 Finale 2014 版也可以自由地进行总谱中的声部重排，但还是 Finale version 25 版的此选项使用起来更方便些。

10.3 符头的更换

Finale version 25 版中音符符头的更换，改成了可在"公共设置"菜单下面的子菜单中进行简单地换置了。其操作顺序：

（1）单击主要工具栏"选择"工具的图标按钮，见左下图箭头所指处；

（2）选中乐谱中需要更换符头的区域，使其成为相反的颜色，见右上图；

（3）在主要工具栏单击 Utilities（公共设置）按钮，在其下拉菜单 Change 的子菜单中，单击 Noteheads(符头)选项，见下图画圈和箭头所指处；

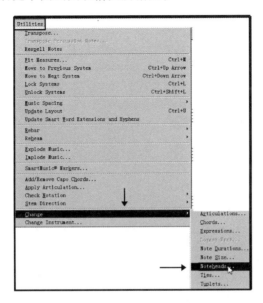

（4）在出现的 Change Noteheads(更换符头)对话框中，选择右侧 Change to(更换至)栏下方的符头样式，这里选择的是 Hollow(half note)(空心 2 分音符)的符头，见下图箭头所指处，选择完毕单击 OK 按钮；

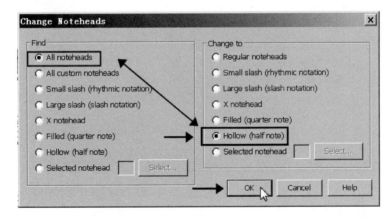

（5）下图是更换后的符头样式；
（6）在 Change Noteheads 对话框中，右侧 Change to 下方可以更换的符头样式有：
1）小斜线符头
2）大斜线符头
3）叉符头

4）实心符头

5）空心符头

6）自由选择图形设计库中的符头。

（7）选中乐谱小节中的和弦音符,使其成为相反的颜色,见右图的乐谱；

（8）按着下图对话框中的数字顺序进行操作：

① 选择其他符头样式,单击 Select 按钮；

② 在下图"图形样式选择"的对话框中,选择所需的符头样式,这里选择的是第 227 号,不过也可以选 208 号符头样式。

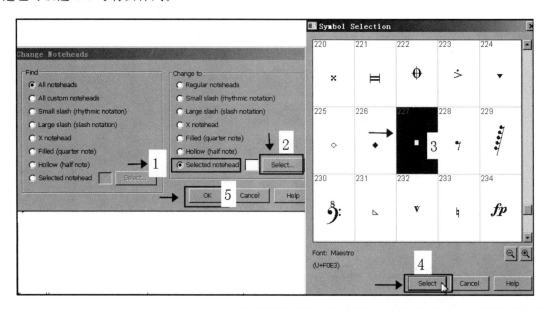

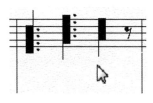

（9）左图音符的符头,是在原正常和弦音符中,更换了符头图形选择对话框中的第 208 号图形符头样式的音符；

（10）下图乐谱的下行是原乐谱的正常音符符头。上行的 4 小节乐谱被更换了 4 种不同的符头样式,最后 1 小节的空方框符头是"图形样式选择"对话框中第 173 号图形样式。

10.4 乐谱图片输出中的汉字

  Finale version 25 版,在生成图片文件(尤其是 PDF 图片)时的汉字的显示,比 Finale 2014 b 版和 Finale 2014 c 版本要好很多。笔者在下图的歌曲中使用了3种中文文字的字体:

1）隶书；

2）楷体；

3）宋体。

都不乱码。

见上图歌曲乐谱输出的图片文件中的中文文字。Finale 2014 版最早在输出乐谱的图片文件时，中文文字有乱码现象。

10.5　同一调性输入省去了 8 度移谱

Finale version 25 版在 Document 选项中，增加了 1 项方便的 8 度移谱功能。应用说明：

（1）单击 Document 选项，在其下拉菜单中在 Display in Concert Pitch（用同一调性输入）选项前打上"√"，见左下图画框和箭头所指处。

（2）在勾选了 Display in Concert Pitch 选项后，输入右下图总谱上的音高时，就会如右下图显示总谱上的音高。

（左下图是 Finale2014 版软件，"文档"选项下拉菜单的情况。）

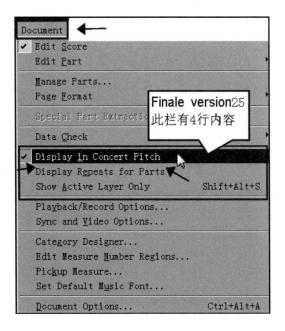
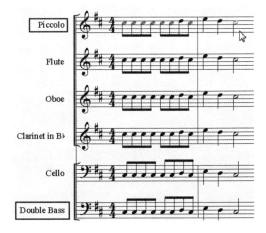

（3）如果在左上图菜单中的 Display in Concert Pitch 选项前打上"√"，会成为右上图乐

谱显示的音符的音高和变调乐器也用同一个调号显示总谱了；

（4）在 Document 的下拉菜单中，如果将 Display in Concert Pitch 选项前的"√"去掉，总谱就会恢复成原来的实际音高，转调乐器也会恢复成原音高，见右图总谱上画圈和画线处；

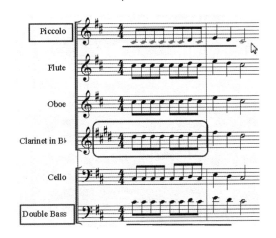

（5）Finale version 25 版，在 Document 选项的下拉菜单中的 Display in Concert Pitch 选项下面新增加了一项：Keep Octave Transposition in Concert Pitch（在音乐会音高显示中保持 8 度移谱）选项。这样，在该项前打上"√"，在撤销非同一调性（如上图总谱）原音高显示后，总谱上两头的短笛和倍大提琴声部不会移动 8 度，见下图菜单中的选择和下页乐谱中上下两头声部的音高。

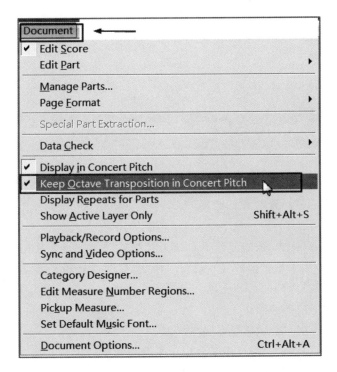

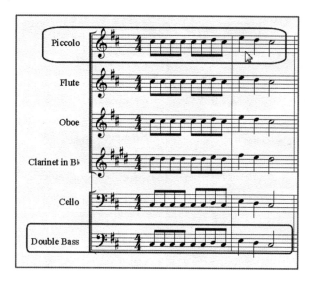

（6）如果要是不在上图菜单中选择 Keep Octave Transposition in Concert Pitch 选项，就需要在撤回"用同一音高输入"后，手动将左图总谱上方的短笛声部的音高移高 8 度。把最下面倍大提琴声部的音高往下移低 8 度，变成左图总谱现在这样，见左图总谱中画圈和箭头所指处。

Finale version 25 版软件，在 Document 选项的下拉菜单中新增添一项：Keep Octave Transposition in Concert Pitch 选项。如果将此选项打上"√"，这样用非同一调性显示时，不用给两头的声部的 8 度移谱了，见上图画圈和箭头所指处两头的声部音高。

如果想让 Finale version 25 正常地发挥其功能，最好在安装新版本前删掉旧版 Finale 软件，不仅仅是 Finale version 25，安装其他新版的 Finale 软件也是如此，不然的话最新安装的 Finale 软件会出现问题。

10.6 Finale version 25 工具和面板的图标和图形

Finale version 25 版默认的工具图标和图形，以及工具盘的图标和图形、与 Finale 2014 版几乎相同，不过工具的图标图形和颜色等可以自选，Finale 中有多种图标图形和颜色可供选择。

下图是 Finale version 25 版的部分工具和工具盘的图标图形。使用时，在"窗口"按钮的下拉菜单中调出它们，为了使打谱的显示器窗口简洁，有的工具和工具盘可以用快捷键进行操作，不必使用工具和工具盘的图形和图标。以下图片中图标内容从上至下依次为：

① 编辑面板；可用快捷键操作。
② 高级工具栏；使用时必须放置在显示屏上，不能代替。
③ 文件工具栏；如果熟悉了，可用其他操作菜单和快捷键代替。
④ 简易输入休止符面板；可用快捷键代替。
⑤ 页面设计面板；如果熟悉了，可用其他操作菜单和快捷键进行操作。

⑥ 显示面板；如果熟悉了，可用其他操作和快捷键进行。
⑦ 特殊工具面板；使用时必须调出不能代替。
⑧ 主要工具栏；必须放置在显示屏上。
⑨ 可变图形工具面板；熟悉了可用快捷键操作。
⑩ 简易音符输入面板；熟悉了可用电脑键盘和快捷键以及 MIDI 键盘输入。

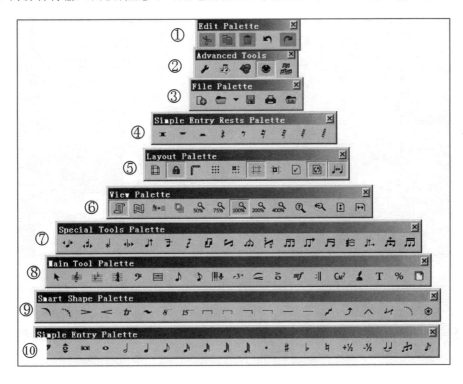

附　录

　　《我与 Finale 打谱软件》，是 2007 年应《音乐周报》总编的约稿。人民音乐出版社理论部原主任徐德建议笔者附在本书。该文中提到笔者在无资助、无回报的情况下，仍挤出作曲和写论文的时间去写 Finale 和推广 Finale 教程的初衷和目的。

　　笔者用 Finale 2014 和 Finale version 25 软件制作了一些乐谱，以供读者查看 Finale 软件所制乐谱的效果、字符显示样式以及它的部分制作功能等。

　　Finale 2014 版软件的中英文快捷键表几乎列举并翻译了 Finale 2014 版所有的快捷键内容。虽然是 Finale 2014 版的快捷键表，但 99% 以上适用于 Finale version 25 版，以及未来 5～15 年 Finale 新版软件的操作，可供国内广大音乐工作者用好此款全球顶级的音乐打谱软件提供方便和帮助。

I. 我与 Finale 打谱软件

我正式学用 Finale 的时间并不长,从 2000 年算起,只有七年时间。1999 年我为建国 50 周年大庆创作的交响合唱组曲《神州畅想曲》在北京第二界国际音乐节被公演后,又接到了北京亚齐美文化发展公司为年轻歌手张时佳创作一盘 CD 的委约。因为一人在几个月内要创作 15 首原创新歌并且还要制作伴奏,不借助电脑,我怕完不成,于是在家中已有两台打中文很花时间的日式系统电脑旁又添置了一台 PC 中文操作系统的电脑。委约完成之余我安装了 Finale 2000 和 Encore 4.2,均为美国知名的打谱软件。打开英文版 Finale 尝试着操作,我觉得挺难的而且查不到有关它的中文介绍资料;我又试着操作原版的 Encore 打谱软件,一个星期下来,我打了几首作品后,就决定不再用该软件。原因有二,一是它难以完成我需要制作的乐谱,二是一旦我花时间把 Encore 软件搞熟练了再换其他软件,又要有一段较别扭的适应过程,甚至可能因为忙,影响我再去学用其他打谱软件。用就要用一个能一步到位、有发展前途的软件,这是我从 1989 年开始,这 10 年来学用电脑音乐软件的一点儿体会。

2000 年秋应邀赴日参加东京现代音乐节,到母校东京艺术大学取经时看到作曲专业学生提交的创作作品全部是用电脑打印的。几天的音乐活动结束后我又自费多呆了一周,这次是我自 1997 年放弃申办日本的永久居住权两年后的一次重游。日本世界著名的电器街"秋叶原"离东京艺大有两站地,我在那儿学习期间总喜欢多花 1~2 千日元把轻轨的月票买到秋叶原站。那里几处电脑音乐店的器材、软件、CD、LD、DVD 等内容琳琅满目。各国的新器材、软件,各种类别的音乐光盘应有尽有,而且你可以自由地接触、操作、弹奏、研究世界最新的电子合成器、工作站、电脑音乐软件等或让店员们给你讲解等。日本商人的统计学和比较学方面工作做得很细,学习忙时我仅从有关的店里取些免费的介绍资料即可了解到全球电脑音乐方面的发展动态、趋势等。二十世纪 90 年代初,秋叶原的乐器店和软件商店里售有大约 15 个品牌的电脑音乐打谱软件,如:EZVision J、Encore J、Music Time J、Cubase Score、Ballade、Recliet PLUS、Natya、Raga Grama 和乐谱印刷太郎等。其中,有些是日本本国研发的,有些是世界著名品牌被译成了日语,当时的某些打谱软件只能在几款特定的电脑上使用,换一款软件几乎等于换台电脑。那时我曾购买和使用过的部分软件、电脑现已被淘汰。随着计算机技术的飞速发展,计算机价格不断地下降以及使用 PC 计算机群体的扩大,软件研发商们也必然会考虑到要赚使用 PC 群体的钱。这也是我 1995 年在中国音乐学院的《世界最新电脑音乐制作情报及软、硬件介绍及演试》大型学术讲座中曾告诫大家的:"在国内搞电脑音乐,不要急于放弃 PC 计算机去购置昂贵的苹果电脑,苹果和 PC 机的差距会越来越小。"果然不久以后几乎所有世界著名品牌的音乐软件都逐渐有了 PC 机能使用的版本。

那次东京重游正值世界著名的德国音乐软件 Cubase VST32 和 Nuendo 被翻译成日文并捆绑专用声卡及说明书在热卖的时期。日文版 Finale 2000 几乎和美国同时上市，Logic Pro、2496(Samplitude 的前身)、Sound Forge、Cakewalk 9.0，Cool dit、Sibelius 等多款世界著名的电脑音乐制作、录音、打谱和多种影、图像处理等软件都有日文版在售。硬件音源生产的数量、品种在逐渐减少，现在想来那是各电脑音乐硬件音源制造商们正投入精力、技术搞软件音源研发的时期中。在走访友人时，有人建议我买 Cubase 软件，有人建议我买美国的 Logic，刚获得 1999 年第 6 届全日本艺术歌曲作曲比赛第一名的桥本刚同学送我一份他用 Finale 制作的获奖作品《爱》，使我把购买目标锁定在日文版 Finale 2000(约合 5000 元人民币)上，这里顺便提一下日本人的版权意识很强也很自觉，都自己买自己的软件用，复制别人的软件视同犯罪。从日文版 Finale 2000 我看到美国 Finale 厂家从此版本开始才不加保留地把内容真正地投向了 PC 计算机市场，以前较重视苹果电脑用户。

我安装好 Finale 不久，就接到一位日本友人的来电，约我把两首艺术歌曲给他编配成钢琴三重奏。当我把他的歌曲编配成 Finale 文件后并打印出漂亮的总谱与分谱后，他满意地给我的帐户中汇入了谢礼。之后几个夜晚我失眠了，很多往事涌上心头。啊，我为了寻找好用的打谱软件花费了多少精力、财力，8 年了，别提它了。我期待的打谱软件终于被美国的 Coda Music Technology 公司研发出来了，音乐工作者今后将要迎来一个创作的春天，音乐作品出版繁荣的春天。随之，我回国后为自己印制了几千张一页 36 行和 42 行的大谱纸。几十年的工作与创作的磨练，使我书写的总谱让多国同行赞美，还购有各种高档的写谱工具，但这必定不如电脑打谱，这也不仅仅只是牛车与汽车，而是有些手工操作无法与计算机比拟。我斗胆预测，未来世界作曲界将进入一段在不改变五线记谱的规则下出现各种奇异与复杂的音响时期，未来 25 年世界作曲技术将达到音乐史的高点。

2001 年秋在天津国际音乐节暨全国中青作曲家新作品交流会上，我注意到，来自全国各地及海外华人参展作曲家的作品 95％以上是手写谱，有电脑打的谱也仅限于已经停产了的 Encore 软件所制，几乎没有用好 Finale 的作曲家。中日两国在各种音乐软件的应用、研发与投入方面的思想意识差距较大，我觉得 Finale 是一项值得推荐给国内音乐工作者的里程碑式的打谱软件。

回京后，我陷入了思考，我是中国改革开放后第一位从日本国立音乐艺术类大学学成回国的作曲专业人员。我应该发挥我多年在外学习和积累的优势，做一件让常人现阶段不易完成的事，引领国内音乐者一步到位地跨入到电脑音乐打谱的世界最前列，把发达国家的科技文明研发成果学到手。我深知人们学好 Finale 后，会给国内音乐界带来翻天覆地的变化。从幼儿园音乐教师到专家级音乐教授，国内的音乐工作者都会喜欢上它。2001 年底我在没有任何经济资助下开始默默地准备 Finale 教材的编著工作；给美国的 Coda Music Technology 公司发信询问"在中国把应用 Finale 的打谱技术公开发表是否侵权，是否允许"等；交付了两万日元将 Finale 2000 升级到 2002 版；在 Finale 2002 版的帮助文档中打印出近两千页的外文说明；购买了日本有关 Finale 方面的书籍。2002 年初我开始编著 Finale 的速成教材。

写管弦乐作品我会一部作品写上它一年半载，不知疲惫而且还有兴奋感，著书我还是第一次，常感到它有些漫长，对书的内容也没把握，有创作的委约也不敢接，因为写这类书是有时限的，每隔 12 月将又有新版 Finale 版本问世，如果耽误了会白费一年的功夫。我设计页面写作的版式也费了不少时间，因为一动图，文字就会错位，我只好自己受累多看几遍，并想以出版此书来推动当时我国乐谱出版界的滞后。某些全国作曲比赛的作品征集规则太中国化，某些所谓的全国作曲比赛，让一些社会上的作曲家们看不到此类消息的刊登，如果他们在某音乐类院校中打听或查找到有关比赛的消息，也因主办方明确指定了报送参赛作品的单位和可以参赛作品的数量而被迫放弃，或没有资格参加等。

难到中国只有在音乐类院校、文化部门工作等单位的人才能创作出交响作品吗？虽然这可能是中国过去的国情，但在 21 世纪 2007 年的今天甚至 2017 年的今天还这样规定是有碍我国交响音乐创作的发展的。我从 1998 年到现在，在日本了解到的大大小小的各种作曲比赛几乎没有要求作曲家提供参赛新作品的音响的，大多数是不问参赛者单位等，几乎全是自由投稿，大多数会把比赛评委人员的名字公布出来，这样你可以根据评委的注重点和作曲风格等决定是否投稿。日本有几位世界知名作曲家是没进过音乐学院的自学者，也不去单位上班。中国的全国作曲比赛要考虑到以作曲为生的作曲家和离退休作曲老教师的群体，可不问参赛资格，写交响音乐作品类的作曲家们很辛苦，收入也有限。如果每次作曲比赛都要求作曲家们提供参赛新作的音响的话，会让一些有心想从事交响作品创作的年轻人感到高不可攀而敬而远之。纵观世界各发达国家的发展道路来看，经济和艺术的发展是并行的。艺术发展的先行会给科技发展带来一些启迪和灵感。邓小平讲"音乐创作是人类灵魂的工程师"；爱因斯坦讲"我的很多研究成果来自于小提琴演奏的启迪"；钱学森讲"我从我妻子所从事的音乐工作中受到许多启发，使我在研究工作中不去钻牛角尖"等。美国政府把对发展艺术放在国家经济投入的第三位，可见对此的重视程度，而且艺术发展本身也会给国民经济做出巨大贡献。所以我要宣传 Finale 打谱软件，因为它可以成为音乐工作者们学习、研究、教学、创作的好帮手，让中国作曲家们节省些开支，让 Finale 为部分新作的音响提供参考做贡献。

第一册教材完成后，我找了一个跟音乐无关系的国防工业出版社（别名：新时代出版社）出版此书，旨在让更多的出版社都有可能出版音乐乐谱方面的书籍，促成一个乐谱出版市场竞争活跃、繁荣的局面。《Finale 最新电脑打谱速成》问世后，我收到来自多方面音乐工作者、乐谱出版者的好评与肯定，感到欣慰与喜悦，为我能把国内音乐工作者使用 Finale 音乐打谱软件的进程提前了几年而感到自豪。人人献出一点爱，祖国的明天更精彩。

高松华 2007 年秋

Ⅱ. 示例曲谱

古筝独奏小曲三首
（一）

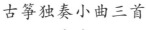
高松华　曲

古筝独奏小曲三首
（二）
高松华 曲

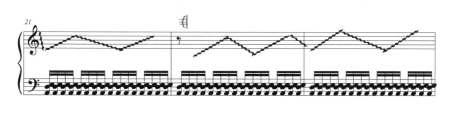

古筝独奏小曲三首

(三)

高松华 曲

Moderato　中速、稍自由

Finale 实用宝典

Ⅲ. Finale 2014 相关的快捷键操作

序号	英文	中文	快捷键
文件菜单(File Menu)			
1	Launch Window	启动窗口	Ctrl+Shift+N
2	New (default new action)	新建	Ctrl+N
3	Open	打开	Ctrl+O
4	Close	关闭	Ctrl+W
5	Save	保存	Ctrl+S
6	Print	打印	Ctrl+P
7	Quit	退出	Alt+F4
编辑菜单(Edit Menu)			
1	Undo	撤消	Ctrl+Z
2	Redo	重复	Ctrl+Y
3	Undo/Redo List	撤消/重复列表	Ctrl+Shift+Z
4	Cut	剪切	Ctrl+X
5	Cut to Clip file	剪切(生成剪切板文件)	当选择剪切时按 Ctrl
6	Copy	复制	Ctrl+C
7	Copy to Clip file	复制(生成剪切板文件)	当选择复制时按 Ctrl
8	Insert	插入	Ctrl+I
9	Insert from Clip file	插入(从剪切板插入)	当选择插入时按 Ctrl
10	Insert and Filter	插入和过滤	Ctrl+Shift+I
11	Insert and Filter from Clip File	插入和过滤(从剪切板)	选择插入式按 Ctrl+Shift
12	Paste	粘贴	Ctrl+V
13	Paste Multiple	粘贴(多次)	Ctrl+Alr+V
14	Paste（Paste from a Clip file）	粘贴(从剪切板粘贴)	当选择替换项目时按 Ctrl
15	Paste and Filter	粘贴和过滤	Ctrl+Shift+V
16	Use Filter	启用过滤	Alt+Ctrl+F
17	Edit Filter	编辑过滤	Alt+Ctrl+Shift+F
18	Delete Measure Stack	删除小节块	选中小节(多小节)按 Delete 键

序号	英文	中文	快捷键
19	Select All	全选	Ctrl＋A
20	Update Layout and unlock systems	更新版面和移除行锁定	Ctrl＋Shift＋U
21	Clear All Items	移除所有项目	Backspace 键
查看菜单（View Menu）			
1	Page View	页浏览	Ctrl＋E
2	Scroll View	卷轴浏览	Ctrl＋E
3	Studio View	工作室浏览	Ctrl＋Shift＋E
4	Redraw Screen	刷新屏幕	Ctrl＋D
5	Zoom In	放大	Ctrl＋加号或按下 Ctrl 和 right＋click
6	Zoom Out	缩小	Ctrl＋减号（负号）或按下 Ctrl＋Shift＋－
7	Custom Zoom 1	自定义缩放1	Ctrl＋1
8	Custom Zoom 2	自定义缩放2	Ctrl＋2
9	Custom Zoom 3	自定义缩放3	Ctrl＋3
10	View At X %	视图 X%	Ctrl＋0
11	Fit Width	对齐宽度	Ctrl＋]
12	Fit in Window	对齐窗口	Ctrl＋[
13	Add Bookmark	添加书签	Ctrl＋B
14	View At Last Size	显示上次的缩放尺寸	在总谱上双击鼠标右键
15	Define a Staff Set	定义一个五线谱设置	当选择更新版面时按 Shift。
16	Show/Hide Rulers	显示/隐藏尺	Ctrl＋R
17	Change layers	切换声部	Alt＋Shift＋数字（1－4）
运用一般的键盘捷径（General Keyboard Shortcuts）			
1	OK all open dialog boxes	确认所有打开对话框	Ctrl－单击 Ok 按钮。
2	Cancel all open dialog boxes	（取消）所有打开对话框	Ctrl＋单击 Cancel 按钮
3	Apply a Metatool	应用快捷工具	按下一个数字或字母并单击乐谱
4	Program a Metatool	设定快捷工具	按 Shift＋数字键或 Shift＋字母键
5	Program a keyboard equivalent for a tool	设置一个工具的键盘快捷键	按 Shift＋功能键（F2－F12）
6	Switch to a tool you've programmed	切换一个已设置工具	按功能键（F2－F12）

序号	英文	中文	快捷键
7	Select Yes or No in dialog boxes	选择"是"或"否"对话框	键入 N 为"否",Y 为"是"
8	Move to top of page/score	移至本页的顶部	Page Up
9	Move to bottom of page/score	移至本页的尾部	Page Down
10	Next or Previous Page(page view)	下页或上页(页浏览)	Ctl+Page Up or Ctl+Page Down
11	Advance one increment up vertically	逐步上移	Alt+Page Up
12	Advance one increment down vertically	逐步下移	Alt+Page Down
13	Move left one screen(page view)	向左翻页	HOME
14	Move right one screen(page view)	向右翻页	END
15	Move to beginning(page view)	页面移至谱头	Ctrl+HOME
16	Move to end(page view)	页面移至谱尾	Ctrl+END
17	Advance one increment right horizontally	逐步右移	Alt+HOME
18	Advance one increment left horizontally	逐步左移	Alt+END
演奏符号工具(Articulation Tool)			
1	Display the Articulation Selection dialog box	显示演奏符号选择对话框	在一个音符或休止符上方或下方单击或单击一个音符显示演奏符号把手,或拖拉一组音符
2	Select an articulation	选择一个演奏符号	单击,或 Shift+click 把手
3	Delete an articulation	删除一个演奏符号	选择符杆按 Delete 键,或用鼠标右击其符杆,从与之有关的菜单选择 Delete。拖一组带有符杆音符删除其符杆
4	Display the Articulation Designer dialog box	显示演奏符号设计对话框	双击一个符杆把手,或鼠标右击符杆并从弹出菜单选择编辑演奏符号定义。
5	Highlight the note which the articulation is assigned	点亮查看演奏号所属的音符	按住 Alt,单击演奏记号的把手查看该记号的所属音符
6	Remove manual adjustments	移除手动调整	Backspace 键
和弦记号工具(Chord Tool)			

Finale 实用宝典

序号	英文	中文	快捷键
1	Display positioning arrows	显示位置箭头	单击乐谱(但不能单击在任意音符或休止符上)
2	Display the Chord Definition dialog box	显示和弦定义对话框	单击一个没有和弦符号的音符(在和弦菜单中用手动选择),或双击一个和弦符号把手,或用鼠标右击符杆把手并从弹出菜单选择编辑和弦定义。
3	Delete a chord symbol	删除一个和弦符号	选择符杆把手和按下 Delete 键,或鼠标单击符杆并从弹出菜单选择 Delete
4	Input chord symbols using MIDI keyboard	用 MIDI 键盘输入和弦符号	音符和弦符号在 MIDI 键盘上弹奏选择并单击
5	Analyze chord in one or two staves	在一行或两行五线谱中分析和弦	在和弦菜单中选择用一个—或两个—五线谱分析,在和弦中的一个音上单击
6	Select a Suffix (type into score mode)	选择一个后缀(输入进入曲谱模式)	写入 root,后面跟着:0
7	Remove manual adjustments (Symbol or fretboard)	移除手动调整(符号或指板记号)	Backspace 键
谱号记号工具(Clef Tool)			
1	Display the Change Clef dialog box	显示改变谱号对话框	小节里双击
2	To change the clef for a region.	改变部分区域的谱号	选择好区域(部分或整小节),然后双击选中区域
3	Adjust the mid-measure clef position	调整小节中谱号的位置	拖拉该一小节谱号的把手
4	Delete a mid-measure clef	删除小节中谱号。	选择符杆按下 Delete 键,或鼠标右击把手并从弹出菜单选择 Delete
5	Change a mid-measure clef to another clef	改变小节中谱号	右击把手后选择编辑谱号
表情工具(Expression Tool)			
1	Display the Expression Selection dialog box	显示表情选择对话框	在小节或音符上/下双击

序号	英文	中文	快捷键
2	Select an expression handle	选择表情把手	单击或 shift＋单击 选择多把手,或按 ctrl＋A 去选择所有可用把手
3	Move selected expressions and attachment point	移动选中表情和其连接点	拖动所选中的表情把手
4	Move the expression without changing the attachment point	移动选中表情但保留其连接点	Alt＋拖动所选中表情把手
5	Add selected expression to adjacent staff	在上/下行五线谱添加选中表情	选中表情把手然后按 Ctrl＋Up 箭头或 Ctrl＋Down 箭头来添加到上/下行五线谱
6	Add selected expression to all staves above/below	在所以上/下行五线谱添加选中表情	选中表情把手然后按 Ctrl＋Home 箭头或 Ctrl＋End 箭头来添加到所有上/下行五线谱
7	Add selected expression to all staves	在所有五线谱行添加选中表情	选中表情把手然后按 Ctrl＋Alt＋Enter 添加到所有五线谱行
8	Delete selected expressions	删除已选择的表情	按 Delete 或鼠标用法右击从弹出菜单中选择删除
9	Resize a shape expression	改变一个形状表情记号	双击一个表情把手,或鼠标右击把手并从弹出菜单中选择编辑谱形状表情图形
10	Display the Expression Designer dialog box	显示表情设计对话框	双击表情把手,或鼠标右击把手并从弹出菜单中选择编辑文字表情记号定义
11	Display the Shape Expression Designer dialog box	显示图形表情设计对话框	Ctrl＋双击表情记号把手(图形表情记号),或鼠标右击把手并从弹出菜单选择编辑图形表情定义
12	Display the Expression Assignment dialog box	显示表情置入对话框	Shift＋双击表情把手,或鼠标右击把手并从弹出菜单选择编辑表情置入设定
13	Remove manual adjustments	移除手动调整	Backspace 键
图形工具(Graphics Tool)			
1	Align Left	左齐	Ctrl－Shift－[（左方括号）
2	Center Horizontally	中平齐	Ctrl＋Shift＋'（省略符号）

Finale 实用宝典

序号	英文	中文	快捷键
3	Align Right	右齐	Ctrl＋Shift＋](右方括号)
4	Align Top	顶齐	Ctrl＋－（减号）
5	Center Vertically	居中	Ctrl＋Shift＋＝（对手）
6	Align Bottom	底齐	Ctrl＋Shift＋－（减）
7	Place a graphic in the Shape Designer	在形状设计器中放一个图形	在形状设计显示区中单击，放置图形对话框显现
8	Select a graphic or graphics	选择一个图形或多个图形	单击一个图形或拖封闭框，shift－单击图形
9	Display the Graphic Attributes dialog box	显示"图形属性"对话框	Ctrl＋Shift＋T 或双击图标
10	Place a graphic in the score	在谱中放置一个图形	双击谱，放置图形对话框显现
11	to export	导出一个音乐例子的区域	在页浏览视图下双击并拖拉住一个区域
12	Resize selection rectangle proportionally	保持比例的缩放选中区域（四方格）	Shift＋单击拖拉编辑把手的一角
13	Delete the selected graphics	删除选中的图形	按 delete 删除一个或多个已选择的图形
14	Adjust the graphic's position in the score	在乐谱中调整图形的位置	拖拉一个选择的图形
15	Resize the graphic horizontally or vertically	缩放图形的水平或垂直位置	拖一个图形的边界把手
16	Resize the graphic proportionally	保持比例的缩放图形	Shift＋单击后拖住编辑把手的一角
		手抓工具（Hand Grabber Tool）	
1	Temporarily switch to Hand Grabber Tool	临时转换到手抓工具	右击
		实时录入工具（Hyper Scribe Tool）	
1	Indicate where to begin transcription	指定实时录入的开始	单击要进行实时录入的小节
2	End HyperScribe in the middle of a measure	在小节中部终止实时录入	Ctrl＋单击乐谱任意区域
		歌词工具（LYRICS TOOL）	
1	Display the lyrics window	显示歌词视窗	Ctrl＋L

序号	英文	中文	快捷键
2	Click Assign lyrics one syllable at a time	单击输入歌词（以音节为单位）	单击谱线内的音符位置
3	Click Assign lyrics all at once	单击输入所有歌词	Ctrl－单击谱线内的第一个音符位置
4	Display a Word Extension handle	显示一个词扩展把手	选择歌词菜单，编辑词扩展。或在歌词视窗内单击编辑歌词扩展钮
5	Move Syllables	移动歌词音节	选择歌词菜单，调整音节。或在歌词视窗内单击调整音节钮后单击拖拉把手
6	Left Justify syllable	向左调整歌词音节	调整音节钮选中后按 Ctrl＋[
7	Right Justify syllable	向右调整歌词音节	调整音节钮选中后按 Ctrl＋]
8	Center Justify syllable	歌词居中	调整音节钮选中后按 Ctrl＋'
9	Align syllable block to the Left	歌词音节左对齐	Ctrl Shift＋[
10	Center syllable block Horizontally	歌词音节居中	Ctrl＋Shift＋'
11	Align syllable block to the Right	歌词音节右对齐	Ctrl＋Shift＋]
12	Clear manual positioning	移除手动调整音节位置	Backspace 键
多用途工具菜单（Utilities menu）			
1	Update Layout	刷新版面布局	Ctrl＋U
2	Transpose	移调	Ctrl＋6～9
3	Program a Transposition	设置移调	Shift＋Ctrl＋6～9
4	Fit Measures	设置每行小节数量	Ctrl＋M
5	Lock systems	锁住行	Ctrl＋L
6	Unlock systems	解锁行	Ctrl＋U
7	Apply Note Spacing	按音符调整音距	Ctrl＋4，或选择工具选中时按 4
8	Apply Beat Spacing	按音拍调整音距	Ctrl＋5，或选择工具选中时按 5
9	Implode Music	压缩多声部至一行谱	1（选择工具选中时）
10	Explode Music	分布声部	2（选择工具选中时）
11	Check elapsed time	查看演奏至此的时间	3（选择工具选中时）
小节工具（MEASURE TOOL）			
1	Display the Add Measures dialog box	显示增加小节对话框	Ctrl＋单击小节工具，或鼠标右击小节工具然后从下拉菜单选择加小节
2	Add single blank measure to the score	添加一空白小节	双击小节工具，或鼠标右击小节工具然后从下拉菜单选择加一个小节

序号	英文	中文	快捷键
3	Display the Measure Attributes dialog box	显示小节属性对话框	双击顶部小节线把手或小节,或鼠标右击把手(或上方)然后从弹出菜单选择编辑小节属性
4	Make the Measure wider or narrower	使小节加宽或变窄	左右拖顶部小节线把手
5	Display a beat chart	显示节拍表	单击第二个小节线把手或中间把手(如果共有三个),或鼠标右击把手然后从弹出菜单选择编辑节奏表
6	Display a split-point bar	显示一个小节分离点	单击第三个(底部)小节线把手,或鼠标右击把手然后从弹出菜单选择编辑分离点
7	Move a beat horizontally in all staves	在所有五线谱内水平移动一个拍	在节拍表中拖一个下方把手
8	Move a beat and all subsequent beats horizontally in all staves	在所有五线谱中水平移动一拍及随后所有拍	在节拍表中按 Shift+拖下方把手
9	Add another pair of beat positioning handles	加另一对节拍位置把手	在节拍表中上方两个把手中间双击
10	Display the Beat Chart Element dialog box	显示节拍表元素对话框。	在节拍表中双击一个上方把手(除了第一个)
11	Delete a beat chart pair from the beat chart	从节拍表删除一个节拍表对	在上方把手单击选择后按 Delete
12	Change a barline	改变一小节线	鼠标右击把手然后从菜单中选择想要的小节线种类(一般、双、终、实、虚、隐形、勾形)
13	Display a handle on every measure number	在每个小节数上显示把手	单击小节工具
14	Display the Measure Number dialog box	显示小节数对话框	Shift+双击小节工具
15	Reset measure number positioning	重设小节数数字的位置	按退格键,或鼠标右击把手并从弹出菜单选择恢复默认位置

序号	英文	中文	快捷键
16	Hide a measure number	隐藏一个小节数字	单击小节数把手按删除键,或右键点击菜单中选择删除
17	Move a measure number	移动一个小节数字	拖小节数字把手
18	Display the Enclosure Designer dialog box	显示小节数字框设计的对话框	双击一个小节数把手,或鼠标右击把手并从弹出菜单选择编辑小节数字框设计
19	Force a measure number to appear	显示一个小节数字	Ctrl+单击一个没有小节数的小节
20	Force measure numbers on a measure in all staves of a staff system	显示到五线谱的每各小节数字	在一个小节上 Ctrl+shift+单击
21	Remove a multimeasure rest	移除多小节休止符	右击把手,在弹出菜单中选择移除多小节休止符

镜像工具(MIRROR TOOL)

序号	英文	中文	快捷键
1	Display Mirror and Placeholder icons	显示镜象和放置图标	单击镜象工具
2	Display the Placeholder dialog box	显示镜象和占位符对话框	选择带有音符或带有占位符图标小节
3	Display the Tilting Mirror dialog box	显示倾斜镜象对话框	双击一个空小节或带有镜象图标小节
4	Display the Mirror Attributes dialog box	显示镜象属性对话框	Shift+双击一个带有镜象图标小节

音符移动工具(NOTE MOVER TOOL)

序号	英文	中文	快捷键
1	Display a handle on every notehead in the measure	在一个小节内每个符头显示把手	单击一个小节
2	Select a handle or handles	选择一个或多个把手	单击,Shift+单击,拖选或 Shift+拖选多个把手
3	Delete selected notes (still in their original measure)	删除选中的音符(保持在他们原始小节)	按 delete,或鼠标右击把手并从弹出菜单中选择删除
4	Move or Copy notes to another measure	移动或复制音符到另一个小节	拖一个音符或一组音符到小节尾部,单击音符移动器菜单的选择即可
5	Copy notes to the beginning of a measure	复制音符至小节的始点	拖一个或一组音符到小节的开始处(如果这个小节的节奏不完整)

序号	英文	中文	快捷键
注解小节工具（OSSIA TOOL）			
1	Display handles on every ossia measure	在每个 Ossia 小节显示把手	在页浏览方式单击 Ossia 工具。
2	Display a handle on a measure–assigned ossia measure	在 Ossia 小节显示一个把手	在卷帘浏览模式中单击 Ossia 工具并单击附有 Ossia 小节的小节
3	Display the Ossia Measure Designer dialog box	显示 Ossia 小节设计对话框	在页浏览模式中双击文本的任何地方，在卷帘浏览方式单击不附有 Ossia 小节的小节，或双击带有 Ossia 小节的小节，双击一个浮动小节把手或鼠标右击把手并从弹出菜单中选择编辑 Ossia 定义
4	Select an ossia measure	选择一个 Ossia 小节。	单击 Ossia 小节把手
5	Move a selected ossia measure	移动一个 Ossia 小节。	拖把手
6	Delete a selected ossia measure	删除一个已选择的 Ossia 小节	按 delete，或鼠标右击把手并从弹出菜单选择 delele
7	Display the Page Assignment for Ossia Measure dialog box	显示 Ossia 小节页分配对话框	Shift＋双击页分配浮动小节把手，或鼠标右击把手并从弹出菜单中选择编辑 Ossia 小节（页浏览方式）
8	Display the Measure Assignment for Ossia Measure dialog box	显示 Ossia 小节的小节分配对话框	Shift＋双击小节分配浮动小节把手，或鼠标右击把手并从弹出菜单中选择编辑 Ossia 小节（卷帘浏览方式）
页面布局工具（PAGE LAYOUT TOOL）			
1	Display Page and System Margins	显示页和行边距	单击页布局工具
2	Resize page, margins or system	重设页尺寸，页边距或行组	拖拉把手（页浏览）
3	Move a system	移动行组	拖拉行组块（页浏览）
4	Move a system without moving other systems	移动行组（保持其他的行组不动）	Ctrl＋拖动行组块
5	Select handles	选择多个把手	用鼠标拖动要选择的把手
6	Select all system handles	选择所有把手	Ctrl＋A
7	Reset staff system positioning	行组复位	Backspace
反复记号工具（REPEAT TOOL）			
1	Display the Repeat Menu	显示反复号选择菜单	单击不带反复号的工具

序号	英文	中文	快捷键
2	Display the Repeat Selection dialog box	显示反复号选择对话框	双击已选小节
3	Delete a text repeat, repeat barline	删除一个文本反复号，反复线	单击把手并按 delete，或鼠标右击把手并从弹出菜单选择 delete
4	Move a text repeat	移动一个文本反复号	选择把手并拖
5	Change the size of a repeat barline's bracket	改变反复线括号的尺寸	上下左右拖拉反复号括号把手
6	Display the Repeat Designer dialog box	显示反复号设计对话框	双击文字反复号把手，或鼠标右击把手并从弹出菜单中选择编辑反复号
7	Display the Backward Repeat Bar Assignment dialog box	显示起始反复号分配的对话框	双击反复号小节线把手。或鼠标右击把手从弹出菜单中选择编辑反复号编辑
8	Display the Ending Repeat Bar Assignment dialog box	显示终止反复号分配对话框	双击一个反复号结尾数把手，或鼠标右击把手并从弹出菜单选择编辑反复号分配
9	Display the Repeat Assignment dialog box	显示反复号分配对话框	Shift＋双击文字反复号把手，或鼠标右击把手并从弹出菜单选择编辑反复号分配
10	Reset bracket/ending text position	重设反复括号/结束文本的位置	Backspace
		缩放工具（RESIZE TOOL）	
1	Reduce or enlarge a notehead	缩放一个音符符头	单击符头或鼠标右击，在出现的菜单中选择"改变符头大小"
2	Reduce or enlarge an entire note or beam group	缩放整个音符或符杠组	单击符干或鼠标右击，在出现的菜单中选择"改变音符和休止符大小"
3	Reduce or enlarge a staff	缩放五线谱	在页浏览模式下，单击五线谱。或用鼠标右击五线，在出现的菜单中选择"改变行尺寸"
4	Reduce or enlarge a system	缩放行组	在页浏览模式下，单击任何两行五线谱之间或用鼠标右击五线，在出现的菜单中选择"改变行组尺寸"

序号	英文	中文	快捷键
5	Reduce or enlarge a page, or a range of pages	缩放页或页范围	在页浏览模式下，单击该页的左上角。或用鼠标右击，在出现的菜单中选择"改变页尺寸"
选择工具（SELECTION TOOL）			
1	Switch to Selection Tool	切换到选择工具	Esc 或 Ctrl＋Shift＋A
2	Select an item	选择项目	单击选择项目
3	Select the appropriate tool to edit item	选择适当的工具以编辑项目	选择项目后双击或按 Enter 键
4	Select between overlapping items	在重叠项目中切换选择	选择项目后按正"＋"或负"－"。切换重叠项目
5	Display the Fit Measures dialog box	显示设置'每行小节数'对话框	Ctrl＋M（页浏览）
6	Lock currently selected systems	锁定选中的行组	Ctrl＋L 或 L(选择工具)
7	Unlock currently selected systems	解锁选中的行组	Ctrl＋U 或 U(选择工具)
8	Extend a selection of measures vertically	竖向延伸选择小节	Shift＋↑（向上延伸选择）或 Shift＋↓（向下延伸选择）；Shift＋Page Up 向上延伸选择至行组的最上行；Shift＋Page Down 延伸选择至行组的最下行
9	Extend a selection of measures horizontally	横向延伸选择小节	Shift＋®或¬延伸选择至下一个或前一个音符；Shift＋Ctrl＋®或¬延伸选择至下一个或前一个小节；Shift＋End 选择所有小节至结尾；Shift＋Home 选择所有小节至开始小节
10	Select a staff or staves	选择行/多行	单击行的左侧；Shift＋单击（延伸选择）
11	Move or copy and paste a selected section of music	移动或复制粘贴选中的音乐片段	拖拉选中区域叠入其他区域，或 Ctrl＋单击目标区域
12	Move or copy and insert a selected section of music	移动或复制插入选中的音乐片段	Alt＋拖拉区域直到一个红/绿色的插入光标出现在新区域

序号	英文	中文	快捷键
13	Move or copy and paste specific items from a selected section of music	移动或复制粘贴选中的音乐片段（特定项目－可选）	拖拉选中区域叠入其他区域，或 Ctrl＋Shift＋单击目标区域，选择想要复制的项目按"确认"
14	Move or copy and paste a selected section of music multiple times	移动或复制粘贴选中的音乐片段（多次）	按 Ctrl＋C 选择源区域来复制，接着选择目标区域按 Ctrl＋Alt＋V，输入粘贴次数按确认
15	Select all (measure stack in all measures)	全选（所有小节）	Ctrl＋A
16	Clear selected music	清除选中音乐区域	选择区域后按 Backspace
17	Delete selected measures	删除选中小节	选择小节（双击）后按 Backspace
18	Move selected measures to the previous or next staff system	移动选中小节去上/下行	↑ 或 ↓
19	Cancel an operation	取消一项操作	Esc
20	Implode Music (displays the Implode Music dialog box)	压缩多声部至一行谱	选择区域后按键盘上的 1 键
21	Drag-Implode Music for multiple staves (displays the Implode Music dialog box)	拖拉－压缩音乐（多行）	按住 I，拖拉选中小节至目标区域
22	Drag-Explode Music for multiple staves (displays the Explode Music dialog box)	拖拉-分布音乐（多行）	按住 E，拖拉选中小节至目标区域
23	Respace notes, lyrics, and accidentals (Apply Beat Spacing command)	重组音符、歌词和临时变化音的间距（按节拍）	5（选择工具选中时）；Ctrl＋5（其他工具）
24	Respace notes, lyrics, and accidentals (Apply Note Spacing command)	重组音符、歌词和临时变化音的间距（按音符数）	4（选择工具选中时）；Ctrl＋4（其他工具）

序号	英文	中文	快捷键
25	Show elapsed time based on current tempo (displays the Elapsed Time dialog box)	显示运行时间(按设定的速度)	3(选择工具选中时);Ctrl+3(其他工具)
26	Transpose (programmable)	移调(可设置)	6－9(选择工具选中时);Ctrl+6+9(其他工具)
27	Program Transpositions	设置移调	Ctrl+Shift+6～9
28	Select or deselect the SmartFind Source Region	选/撤销选择智能搜索源区域	Ctrl+F
29	Display the Apply SmartFind and Paint dialog box	显示执行智能搜索对话框	Ctrl+Shift+F
简单输入工具(SIMPLE ENTRY TOOL)			
1	Accidental：Double Flat	临时变化音:重降号	Shift+－(减)(键盘上的"－")
2	Accidental：Double Sharp	重升号	Shift+＝(键盘上的"＝")
3	Accidental：Flat	降号	－
4	Accidental：Sharp	升号	＝
5	Accidental：Half Step Up	升半音	Numpad +
6	Accidental：Half Step Down	降半音	Numpad －
7	Accidental：Natural	还原记号	N
8	Accidental：Show/Hide courtesy accidental	显示/隐藏提醒作用的临时变化音记号	Ctrl+Shift+－(minus)
9	Add Interval：Unison through octave above	往上添加一度到八度音程	1～8 时值选择
10	Add Interval：Ninth above	往上添加9度音程	Ctrl+Shift 9
11	Add Interval：Second through ninth below	添加音程:加下至2－9度音程	Shift+2 向下到9
12	Add Pitch：A－G	添加音符:A－G	Shift+A 至 G
13	Add Pitch：At caret pitch	添加音符:在音符输入光标处插入音符	Ctrl+Enter
14	Add/Change Items：Articulation	添加/改变项目:演奏记号	Alt+A or Numpad *
15	Add/Change Items：Articulation-Sticky	添加/改变项目:演奏记号(固定)	Ctrl+Alt+Shift+A 或 Numpad *

序号	英文	中文	快捷键
16	Add/Change Items：Clef	添加/改变项目：谱号	Alt＋C
17	Add/Change Items：Key Signature	添加/改变项目：调号	Alt＋K
18	Add/Change Items：Time Signature	添加/改变项目：拍号	Alt＋T
19	Add/Change Items：Expression	添加/改变项目：表情记号	X or Alt＋X
20	Change Pitch（caret or selected note）：Step Down Diatonically	向下一个自然音移动音高	↓
21	Change Pitch（caret or selected note）：Step Up Diatonically	向上一个自然音移动音高	↑
22	Change Pitch：Octave Down Diatonically	音高下移8度	Shift＋↓
23	Change Pitch：Octave Up Diatonically	音高上移8度	Shift＋↑
24	Change duration：128th through Double Whole	改变音符时值：128分音符至二全音符	Alt＋Numpad 0－8 或 Alt 0－8
25	Change duration：Augmentation Dot	添加附点	.（在小键盘选择小数点）
26	Change duration：Tuplet-Create Default	添加默认连音	9 或数键 9
27	Change duration：Tuplet-Create User-Defined	添加自定义连音	Alt＋9
28	Enter Note：At Caret Pitch	在光标处输入音符	Enter
29	Enter Note：A－G	输入音符 A－G	A－G
30	Enter Rest	输入休止符	Numpad 0，0，Alt＋Enter，Shift＋Enter 或 Tab
31	Modify：Beam-Break	符干横梁（连/断）	/
32	Modify：Beam-Flat	符干横梁－平	Alt＋/
33	Modify：Beam-Use Default	符干横梁－默认	Shift＋/
34	Modify：Change Pitch Enharmonically	切换同音异名的音符	\ 或 Alt＋E
35	Modify：Delete	删除	Delete or Shift＋Backspace
36	Modify：Grace Note	切换装饰音	Alt＋G

序号	英文	中文	快捷键
37	Modify：Show/Hide	显示/隐藏	H
38	Modify：Stem-Flip	符杆反转	L
39	Modify：Stem-Use Default	恢复符杆朝向至默认	Shift＋L
40	Modify：Tie to Next Note	延音线（与下一个音符）	T or Numpad /
41	Modify：Tie to Previous Note	延音线（与上一个音符）	Shift＋T or Ctrl＋Numpad /
42	Modify：Flip Tie	延音线上下翻转	Ctrl＋F
43	Modify：Auto Tie	自动延音线	Ctrl＋Shift＋F
44	Modify：Move note just entered with caret up diatonically	向上一个自然音移动刚输入的音高	Alt＋↑
45	Modify：Move note just entered with caret down diatonically	向下一个自然音移动刚输入的音高	Alt＋↓
46	Toggle note to rest (selected note or note just entered with caret)	切换选中的音符为休止符	R
47	Navigation：Caret/Selection-Clear	输入光标选择/清楚	Backspace
48	Navigation：Caret-Step Down	输入光标下行一级	↓
49	Navigation：Caret-Step Up	输入光标上行一级	↑
50	Navigation：Caret-Octave Down	输入光标下行八度	Shift＋↓
51	Navigation：Caret-Octave Up	输入光标上行八度	Shift＋↑
52	Navigation：Selection-Down	选择向下行谱移光标	Ctrl＋↓
53	Navigation：Selection-Up	选择向上行谱移光标	Ctrl＋↑
54	Navigation：Selection-One Entry Left	向左选择	←
55	Navigation：Selection-One Entry Right	向右选择	→
56	Navigation：Selection-One Measure Left	向左选择一小节	Ctrl＋←
57	Navigation：Selection；One Measure Right	向右选择一小节	Ctrl＋→
58	Navigation：Selection；Select All	全选	Ctrl＋A
59	Navigation：Switch Tool (and clear other selections)	切换工具并取消其他选项目	双击工具或快速连按工具快捷键

序号	英文	中文	快捷键
60	Selection：Select a note within a chord without clearing previous selection（in entry）	在不取消选中项目下选择和弦中的一个音符	Ctrl+shift－单击音符或休止
61	Tool：Accidental-Flat	工具：降号	Alt+-'减'
62	Tool：Accidental-Natural	工具：还原记号	Alt+N
63	Tool：Accidental-Sharp	工具：升号	Alt+=
64	Tool：Augmentation Dot	工具：附点	Ctrl+Numpad.（小数点）或 Shift+.（句点）
65	Tool：Eraser	工具：擦除器	Alt+Enter 或 Alt+Delete
66	Tool：Grace Note	工具：装饰音	Ctrl+G
67	Tool：64th Note through Double Whole Note	工具：64分音符至二全音符	Numpad 1~8（or Ctrl+Alt+Shift 1~8）
68	Tool：128th Note	128分音符时值	Ctrl+Alt+Shift 0
69	Tool：64th Rest through Double Whole Rest	选择64分休止符时值	Ctrl+Numpad 1~8
70	Tool：Repitch	工具：重设音高	Shift+' or Ctrl+R
71	Tool：Toggle Note/Rest	工具：切换音符/休止符	Alt+R
72	Tool：Tuplet	工具：连音工具	Ctrl+9 or Ctrl+Numpad 9
73	Tool：Tie	工具：延音线	Alt+Numpad / 或 Ctrl+Shift+T
74	TAB-Add Note on String：At Caret Pitch	吉他谱：在光标处输入弦上音高	Ctrl+Enter
75	TAB-Add Note at Caret String	吉他谱：输入音至弦(光标)	Enter
76	TAB-Change Pitch：Increment Fret Number	吉他谱：加指板数	= 或 Numpad +
77	TAB-Change Pitch：Decrement Fret Number	吉他谱：减指板数	－ 或 Numpad －
78	TAB-Change String：Down One	吉他谱：切换至下一弦	Alt+↓
79	TAB-Change String：Up One	吉他谱：切换至上一弦	Alt+↑
80	TAB-Change to Fret Number：0~9	吉他谱：改变指板数字0~9	Ctrl+Shift 0~9 或 Alt+Numpad 0~9（十位数以上需快速按键）
81	TAB-Duration：64th through Double Whole	吉他谱一时值：64分音符至二全音符	Ctrl+Alt+1~8

序号	英文	中文	快捷键
82	TAB-Duration：128th Note	吉他谱-时值：128 音符时值	Ctrl＋Alt＋'
83	TAB-Duration：Augmentation Dot	吉他谱-时值：附点	. 或 Numpad．（小数点）
84	TAB-Duration：Tuplet-Create Default	吉他谱—时值：连音（默认）	Alt＋0 or Ctrl＋Alt 9 or Ctrl＋Alt＋Numpad 9
85	TAB-Duration：Tuplet-Create User Defined	吉他谱—时值：连音（自定义）	Shift＋0
86	TAB-Enter Note on Fret 0～9 or A～K	吉他谱：指板上输入 0～9/A～K	Numpad 0～9 or A～K
87	TAB-Enter Note on Fret 10－19 or L－U	吉他谱：指板上输入 10～19/L～U	Ctrl＋numpad 0～9 or L～Q
88	TAB-Enter Rest	吉他谱：输入休止符	Tab 或 Shift＋Enter 或 Alt＋Enter
89	TAB-Modify：Delete	吉他谱：删除	Delete 或 Shift＋Backspace
90	TAB-Modify：Grace Note	吉他谱：装饰音	Alt＋G
91	TAB-Modify：Show/Hide	吉他谱：显示/隐藏	Ctrl＋H
92	TAB-Modify：Tie to Next Note	吉他谱：延音至下一个音	T or Numpad /
93	TAB-Modify：Tie to Previous Note	吉他谱：延音至前一个音	Shift＋T or Ctrl＋Numpad /
94	TAB-Modify：Toggle Note/Rest	吉他谱：切换音符/休止	R or Shift＋Spacebar
95	TAB-Navigation：Caret/Selection-Clear	吉他谱：光标的选择/撤销选择	Backspace
96	TAB-Navigation：Move caret to string 1－9	吉他谱：移动光标至1～9弦	1～9
97	TAB-Navigation：String Up	吉他谱：上弦	↑
98	TAB-Navigation：String Down	吉他谱：下弦	↓
99	TAB-Tool：Augmentation Dot	吉他谱-工具：附点	Ctrl＋Numpad．（小算盘）或 Shift＋．（period）
100	TAB－Tool：Eraser	吉他谱-工具：橡皮擦	Alt＋Backspace or Alt＋Delete
101	TAB-Tool：Grace Note	吉他谱-工具：装饰音	Ctrl＋G
102	TAB-Tool：Note-64th through Double Whole	吉他谱-工具：64 分音符至二全音符	Ctrl＋Alt＋Shift 1～8 or Ctrl＋Alt＋Numpad 1～8
103	TAB-Tool：Repitch	吉他谱-工具：重设音高	Ctrl＋R or Shift＋'（Accent）

序号	英文	中文	快捷键
104	TAB-Tool：Tie	吉他谱-工具：延音线	Ctrl＋Shift＋T or Alt＋Numpad /
105	TAB-Tool：Toggle Note/Rest	吉他谱-工具：切换音符/休止	Alt＋R
106	TAB-Tool：Tuplet	吉他谱-工具：连音	0 or Ctrl＋Alt＋Numpad 0

简单的输入在笔记本电脑上的操作表（SIMPLE ENTRY LAPTOP SET）

Laptop users：To use this set，from the Simple Menu，choose Simple Entry Options and then click Edit Keyboard Shortcuts. In the Edit Keyboard Shortcuts dialog box，from the Name drop-down menu，choose "Laptop Shortcut Table"

笔记本型电脑使用者：在简单的菜单中，选择"简单进入"选项然后单击"编辑"按钮。在编辑快捷键会话框里，选择"笔记本电脑快捷键表"

序号	英文	中文	快捷键
1	Accidental：Half Step Up	临时变化音：半音向上	＝
2	Accidental：Half Step Down	临时变化音：半音向下	—
3	Accidental：Natural	临时变化音：还原记号	N
4	Accidental：Show/Hide courtesy accidental	临时变化音：显示/隐藏	Ctrl＋Shift＋−（minus）
5	Add Interval：2nd through octave above	添加音程：往上添加 2～8 度音程	F2 through F8
6	Add Interval：Ninth above	添加音程：往上添加 9 度音程	Ctrl＋Shift＋F9
7	Add Interval：Second through ninth below	添加音程：往下添加 2～9 度音程	Shift＋F2 through F9
8	Add Pitch：A—G	添加音：A—G	Shift＋A through G
9	Add Pitch：At caret pitch	添加音（在光标处）	Ctrl＋Enter
10	Add/Change Items：Articulation	添加/修改项目：演奏记号	'（accent）
11	Add/Change Items：Articulation-Sticky	添加/修改项目：演奏记号-固定	Alt＋'（accent）
12	Add/Change Items：Clef	添加/修改项目：谱号	Alt＋C
13	Add/Change Items：Key Signature	添加/修改项目：调号	Alt＋K
14	Add/Change Items：Time Signature	添加/修改项目：拍号	Alt＋T
15	Add/Change Items：Expression	添加/修改项目：表情记号	Alt＋X (or X)
16	Change Pitch（caret or selected note）：Step Down Diatonically	改变音高：下移一个自然音	—

序号	英文	中文	快捷键
17	Change Pitch（caret or selected note）：Step Up Diatonically	改变音高：上移一个自然音	-
18	Change Pitch：Octave Down Diatonically	改变音高：下移8度	Shift＋-
19	Change Pitch：Octave Up Diatonically	改变音高：上移8度	Shift＋-
20	Duration：128th through Double Whole	时长：128th 至二全音符	Alt＋0 through 8
21	Duration：Augmentation Dot	时长：增加附点	.
22	Duration：Tuplet-Create Default	时长：添加默认连音	9
23	Duration：Tuplet-Create User－Defined	时长：添加自定义连音	Alt＋9
24	Enter Note：At Caret Pitch	输入音符：在光标处	Enter
25	Enter Note：A－G	输入音符：A～G	A 至 G
26	Enter Rest	输入音符：休止符	Alt＋Enter（或 Shift＋Enter 或 Tab）
27	Modify：Beam-Break	更改：符干横梁连/断	/
28	Modify：Beam-Flat	更改：符干横梁—平	Alt＋/
29	Modify：Beam-Use Default	更改：符干横梁—默认	Shift＋/
30	Modify：Change Pitch Enharmonically	更改：切换同音异名音	\
31	Modify：Delete	更改：删除	Delete
32	Modify：Grace Note	更改：装饰音	Alt＋G
33	Modify：Show/Hide	更改：显示/隐藏	H
34	Modify：Stem-Flip	更改：符干：翻转	L
35	Modify：Stem-Use Default	更改：符干：默认	Shift＋L
36	Modify：Tie to Next Note	更改：延音线至下一个音	T
37	Modify：Tie to Previous Note	更改：延音线至前一个音	Shift＋T
38	Modify：Flip Tie	更改：翻转延音线	Ctrl＋F
39	Toggle note to rest (selected note or note just entered with caret)	切换音符至休止符	R
40	Navigation：Caret/Selection-Clear	光标/选择—清除	Backspace

序号	英文	中文	快捷键
41	Navigation：Caret-Step Down	光标一下移一级	—
42	Navigation：Caret-Step Up	光标一上移一级	-
43	Navigation：Caret-Octave Down	光标一下移八度	Shift+—
44	Navigation：Caret-Octave Up	光标一上移八度	Shift+-
45	Navigation：Selection-Down	选择一向下	Ctrl+—
46	Navigation：Selection-Up	选择一向上	Ctrl+-
47	Navigation：Selection-One Entry Left	选择一向左一单位	←
48	Navigation：Selection-One Entry Right	选择一向右一单位	→
49	Navigation：Selection：Select All	全选	Ctrl+A
50	Navigation：Switch Tool（and clear other selections）	切换工具（清除其他选项）	双击工具或快速连按键盘捷径键
51	Selection：Select a note within a chord without clearing previous selection (in-entry)	选择和弦里的某个音（不清除之前的选中项目）	Ctrl+shift—单击音符或休止符
52	Tool：Accidental-Flat	工具：临时变化音一降号	Alt+—（minus）
53	Tool：Accidental-Natural	工具：临时变化音一还原记号	Alt+N
54	Tool：Accidental-Sharp	工具：临时变化音一升号	Alt+=
55	Tool：Augmentation Dot	工具：附点	Shift+.
56	Tool：Eraser	工具：擦除器	Alt+Backspace
57	Tool：Grace Note	工具：装饰音	Ctrl+G
58	Tool：128th Note through Double Whole Note	工具：128音符至二全音符	0~8
59	Tool：Repitch	工具：重设音高	Ctrl+R or Shift+'
60	Tool：Toggle Note/Rest	工具：切换音符/休止符	Alt+R
61	Tool：Tie	工具：延音线	Ctrl+Shift+T
	可变图形工具(SMART SHAPE TOOL)		
1	Flip a selected Slur or Bend	翻转连线方向	F
2	Flip a selected Slur or Bend（Reverse linking behavior）	翻转连线方向（反转连接点）	Ctrl+F

序号	英文	中文	快捷键
3	Change a selected Slur or Bend back to Automatic	自动改变连线的朝向	Ctrl＋Shift＋F
4	Display handles on all smart shapes	显示智能图形的把手	单击"可变图形工具"的图标按钮
5	Edit or Delete a Smart Shape	编辑或删除智能图形	单击可变图形的把手，按Delete
6	Select all Smart Shapes on the page	选择页所有智能图形	Ctrl＋A
7	Change the slur's ending or starting note	改变连线的始点与终点音	拖动连线两端的菱形把手
8	Change the slur's arc height	改变连线的弧高度	拖动连线中央的菱形把手
9	Move from any secondary (diamond) handle to another	切换任意副（菱形）把手移到另外一个	Tab
10	Hide secondary handles	隐藏副把手	Esc
11	Move between primary Smart-Shape handles	切换智能图形的主把手	Tab
12	Change the slur's arc height and angle	改变连线的弧高度和角度	Shift＋拖拉一个中央曲线柄
13	Change the slur's arc and inset asymmetrically	不对称地改变插入连线的弧度	拖拉或轻推一个内部的曲线柄
14	Change the slur's arc and inset symmetrically	对称地改变插入连线的弧度	Ctrl＋拖拉一个内部的曲线柄
15	Create an inverted bracket with the hook pointing away from the staff instead of toward the staff. It will also change the text for an 8va or 15ma below the staff or 8vb or 15mb above the staff	制作朝外反转的括弧（同时改变8va或15ma文本至五线谱下和8vb或15mb至五线谱上	Alt＋双击和拖拉
16	Display the Smart Line Selection dialog box	显示智能线选择对话框	Ctrl＋单击自定义线工具
17	Add an artificial harmonic (A.H.)	添加人工泛音（A.H.）	按住A＋双击拖拉
18	Add a bend curve	增加一个弯曲曲线	按住B＋双击拖拉
19	Add a dashed line	增加一条虚线	按住D＋双击拖拉
20	Add a trill extension	增加颤声延长线	按住E＋双击拖拉

序号	英文	中文	快捷键
21	Add glissando without text	增加没本文的滑奏法	按住F+双击拖拉
22	Add a glissando with text	添加一个带文本的滑奏法	按住G+双击拖拉
23	Add a Hammer-on（H）	添加击弦泛音(吉他)	按住H+双击拖拉
24	Add a Pull-off（P）	添加勾弦(吉他)	按住3+双击拖拉
25	Add a release（R）	添加放弦记号(吉他)	按住5+双击拖拉
26	Add a Bend（B）	添加推弦(吉他)	按住4+双击拖拉
27	Add a Hammer-on above slur or tie	在延音线或连线上添加捶弦(吉他)	按住2+双击拖拉
28	Add a solid line	添加实线	按住L+双击拖拉
29	Add a Palm Mute（P.M.）	添加掌静音记号	按住M+双击拖拉
30	Add a Natural Harmonic（N.H.）	添加自然泛音	按住N+双击拖拉
31	Add a slur	添加连线	按住S+双击拖拉
32	Add a trill	添加颤音	按住T+双击拖拉
33	Add a dashed slur	增加一条虚连线	按住V+双击拖拉
34	Add a TAB slide	增加吉他谱滑弦	按住X+双击拖拉
35	Add a single-hooked dashed line	添加单钩的虚线	按住Y+双击拖拉
36	Add a double hooked dashed line	添加双钩的虚线	按住Z+双击拖拉
37	Add a 15ma or 15mb marking	添加15va 或 15vb 记号线	按住1+双击拖拉
38	Add a bend hat	添加一个弯曲括弧线	按住6+双击拖拉
39	Add an 8va or 8vb marking	添加8va 或 8vb 记号线	按住8+双击拖拉
40	Add a single hooked line	添加单钩的线	按住K+双击拖拉
41	Add a double-hooked line	添加双钩的线	按住O(字母)+双击拖拉
42	Add a crescendo	添加渐强记号	按住"<"+双击拖拉
43	Add a pedal down/pedal up marking	添加踏板起始和终止标记	按住P+双击拖拉
44	Add a custom line (as defined)	添加自定义线样式	按住C+双击拖拉
45	Add a decrescendo	添加渐弱记号	按住>+双击拖拉
快速输入工具(SPEEDY ENTRY TOOL)			
1	Navigation：previous note	前一个音	←
2	Navigation：next note	下一个音	→
3	Navigation：move to first note or rest in measure	移动至小节内第一个音或休止符	Ctrl+←

Finale 实用宝典

序号	英文	中文	快捷键
4	Navigation：move just beyond last note or rest in measure	移动至小节内最后一音或休止符	Ctrl+®
5	Navigation：jump to previous measure	移至前小节	[或 Shift+⌐
6	Navigation：jump to next measure	移至后小节	] 或 Shift+®
7	Navigation：move editing frame down a staff	移动编辑框至下行	Shift+-
8	Navigation：move editing frame up a staff	移动编辑框至上行	Shift+-
9	Navigation：voice 1/2	声部 1/2	'
10	Navigation：move to next layer	切换下一声部	Shift+'
11	Navigation：crossbar down a step	跨小节往下一级	-
12	Navigation：crossbar up a step	跨小节往上一级	-
13	Navigation：exit measure and redraw/re-enter measure	退出或重新进入小节	0
14	Toggle insert mode	切换插入模式	Insert 或 Shift+0（仅数字键盘）
15	Entry with MIDI：enter note	MIDI 输入：输入音符	按住 Midi 键盘音后按 1~8,Ctrl+0
16	Entry with MIDI：enter rest	MIDI 输入：输入休止符	1~8,Ctrl+0
17	Entry with MIDI：change note/rest duration	MIDI 输入：切换音符/休止符时值	1~8,Ctrl+0
18	Entry with MIDI：(insert mode)：insert note	MIDI 输入：插入模式：插入音符	按住 Midi 键盘音后按 1~8,Ctrl+0
19	Entry with MIDI：(insert mode)：insert rest	MIDI 输入：插入模式：插入休止符	1~8,Ctrl+0
20	Entry without MIDI：enter note	非 MIDI 输入：输入音符	选定位置后按 1~8,Ctrl+0
21	Entry without MIDI：enter rest	非 MIDI 输入：输入休止符	Ctrl+shift+1~7（仅数字行键盘）
22	Entry without MIDI：change note/rest duration	非 MIDI 输入：切换音符/休止符时值	1~8,Ctrl+0
23	Entry without MIDI：(insert mode)：insert note	非 MIDI 输入：插入模式：插入音符	选定位置后按 1~8,Ctrl+0
24	Entry without MIDI：(insert mode)：insert rest	非 MIDI 输入：插入模式：插入休止符	Ctrl+shift+1~7（仅数字行键盘）

序号	英文	中文	快捷键
25	Step-time entry with MIDI (caps lock): enter note	间隔 MIDI 输入（caps lock 键）：输入音符	按 1~8 和弹奏音符
26	Step-time entry with MIDI (caps lock): enter rest	间隔 MIDI 输入（caps lock 键）：输入休止符	按 1~8 和弹奏三个半音群音符
27	Step-time entry without MIDI (caps lock): specify pitch, high C－B	间隔非 MIDI 输入（caps lock 键）：指定音域，高音 C－B	Q－W－E－R－T－Y－U
28	Step-time entry without MIDI (caps lock): specify pitch, middle C－B	间隔非 MIDI 输入（caps lock 键）：指定音域，中音 C－B	A－S－D－F－G－H－J
29	Step-time entry without MIDI (caps lock): specify pitch, low C－B	间隔非 MIDI 输入（caps lock 键）：指定音域，低音 C－B	Z－X－C－V－B－N－M
30	Step-time entry without MIDI (caps lock): raise all pitch keys an octave	间隔非 MIDI 输入：上移所有音高一个八度	,
31	Step-time entry without MIDI (caps lock): reset all pitch keys octave	间隔非 MIDI 输入：回复所有音高至原位置	K
32	Step-time entry without MIDI (caps lock): lower all pitch keys an octave	间隔非 MIDI 输入：下移所有音高一个八度	I
33	Step-time entry without MIDI (caps lock): enter note	间隔非 MIDI 输入：输入音符	1~8, Ctrl+0
34	Step-time entry without MIDI (caps lock): enter rest	间隔非 MIDI 输入：输入休止符	Ctrl+shift+1~7（仅数字行键盘）
35	Edit: add augmentation dot	添加附点	.
36	Edit: begin a tuplet (duplet-octuplet)	添加连音（二连音－八连音）	Ctrl+2 至 Ctrl+8
37	Edit: define a tuplet	定义一个连音	Ctrl+1
38	Edit: change to/from a grace note	切换装饰音	;或 G

序号	英文	中文	快捷键
39	Edit：change to/from a slashed grace note（Note：this requires that Always Slash Flagged Grace Notes is deselected in the Document Options-Grace Notes dialog box）	切换普通/带斜杠装饰音（注：需关闭'添加斜杠至装饰音'选项）	`
40	Edit：add a note to a chord at crossbar	在跨小节出为一个和弦添加音符	Enter
41	Edit：change a rest to a note	切换一个休止符去音符	Enter
42	Edit：remove note from chord	从和弦中删除音	Backspace
43	Edit：change single note to rest	切换一个音符去休止符	Backspace
44	Edit：change entry to rest	切换单位去休止符	R
45	Edit：remove note, rest or chord	移除音符、休止或和弦	DELETE
46	Edit：hide/show note or rest	隐藏/显示音符或休止符	O 或 H
47	Edit：double－sharp	重升号	X
48	Edit：sharp note	升号	S
49	Edit：natural note	还原记号	N
50	Edit：flat note	降号	F
51	Edit：double－flat note	重降号	V
52	Edit：raise by a half step	升半音	＋ 或 Shift＋S
53	Edit：lower by a half step	降半音	－ 或 Shift＋F
54	Edit：show-hide any accidental	显示/隐藏任意临时变化音	*
55	Edit：show-hide a courtesy accidental	显示/隐藏一个（提醒作用的）临时变化音	Shift＋A
56	Edit：restore courtesy accidental to optional status	回复（提醒作用的）临时变化音为可选状态	Ctrl＋*
57	Edit：change single note's pitch enharmonically	切换单个音符同音异名	9
58	Edit：change pitch enharmonically throughout measure	全小节切换同音异名	Ctrl＋9
59	Edit：add or remove accidental parentheses	添加/移除带括弧的临时变化音	P

序号	英文	中文	快捷键
60	Edit：flip stem in opposite direction	翻转符干方向	L
61	Edit：restore stem direction to "floating" status	回复符干方向	Ctrl+L
62	Edit：break/join beam from previous note	断/连符干横梁（从前一个音）	/ 或 B
63	Edit：restore default beaming	回复默认符干组合	Shift+B
64	Edit：flatten a beam	符干横梁-平	\ 或 Shift+M
65	Edit：tie/untie to next note	添加/取消延音线至下一个音	= 或 T
66	Edit：tie/untie to previous note	添加/取消延音线至前一个音	Ctrl+= 或 Shift+T
67	Edit：flip a tie	翻转延音线方向	Ctrl+F
68	Edit：restore tie direction to automatic	回复延音线方向为自动	Ctrl+Shift+F
69	Edit：return a rest to its default position	回复休止符至默认位置	*
特殊工具（SPECIAL TOOLS TOOL）			
1	Display handles in the measure	在小节内显示把手	单击你想使用的特殊工具然后在小节内单击。
2	Select a handle or handles	选择一个把手或多个把手	单击，Shift－单击或拖选，或 Ctrl+A
3	Reset the note to its original state	重设音符到他的原始状态	按 delete 或退格键 或 Shift+Delete
4	Move selected items very slightly (nudge)	细微移动选择的项目	用箭头键
5	Flip a selected tie	反转选择的延音线	Ctrl+F
6	Restore tie direction to automatic	恢复延线线方向到自动	Ctrl+shift+F
7	Remove manual adjustments	移除手动调整	Backspace
谱行设置工具（STAFF TOOL）			
1	Display the Staff Menu and handles	显示五线谱菜单和把手	单击五线谱工具

序号	英文	中文	快捷键
2	Select a staff (or staves).	选择一个五线谱(多个五线谱)	单击一个五线谱或一个五线谱把手,或拖选五线谱把手
3	Add the staff to the selection. If a staff is already selected, remove the staff from the selection.	选择或撤销选择五线谱	Shift+单击一个五线谱或一个五线谱把手
4	Display the Staff Attributes dialog box.	显示五线谱属性对话框	双击五线谱或一个五线谱把手,或双击一个全或缩写五线谱名把手,或鼠标右击把手并从弹出菜单选择编辑五线谱属性
5	Add a staff without repositioning the lower staves to make room for the new staff.	加一个五线谱(不重分配较低的五线谱之间的距离)	在谱内双击(卷帘浏览方式)
6	Insert a staff between staves, repositioning the lower staves to make room for the new staff.	在两行五线谱之间插入一个五线谱(重分配比较低的五线谱之间的距离)	在谱内Shift+双击一个五线谱下方(卷帘浏览方式)
7	Display the Group Attributes dialog box.	显示组属性对话框	双击一个组或括号把手,或右击菜单中选择编辑组属性
8	Delete the selected staves without repositioning the remaining staves.	删除选中的五线谱(不重分配其余的五线谱的间距)	选中五线谱把手,按Shift+delete
9	Delete the selected staves and reposition the remaining staves.	删除选择的五线谱(重分配其余的五线谱的间距)	选中五线谱把手,按delete
10	Adjust the staff's position only in the current staff system (drag the top handle to adjust the position of the staff in all staff systems in Page View).	仅在当前五线谱行组内调整五线谱位置(在页浏览模式拖拉顶部把手调整所有五线谱到适当的位置)	单击五线谱把手后拖拉(页浏览)
11	Adjust the staff's position for all systems	为所有五线谱行组调整五线谱位置	双击五线谱把手后拖拉(页浏览)
12	Adjust the staff's position without affecting other staves	调整五线谱位置(保留其他五线谱不动)	Alt+拖拉五线谱把手
13	Select a group (or groups).	选择一组(或多组)	单击组把手,或拖选多个组把手

序号	英文	中文	快捷键
14	Add the group to the selection. If a group is already selected, remove the group from the selection.	加组到选择。如果一个组已被选择，取消该组的选择	Shift+单击一组把手
15	Edit a full or abbreviated group name using the Edit Text window.	用编辑文字窗口编辑一个全名或缩写组名	Ctrl+单击组把手，或鼠标右击把手并从弹出菜单选择编辑组全名或组缩写名
16	Position a group name using the Position Full Group Name or Position Abbreviated Group Name dialog box.	用全组名或缩写组名对话框定位一个组名	Ctrl+shift+单击一个组名把手，或鼠标右击把手并从弹出菜单中选择定位组全名或组缩写名
17	Revert the position of the group names to their default position.	恢复组名的位置到他们的默认位置	选中组后按 Backspace
18	Remove the selected group definitions.	取消选中的组定义	选中组后按 Delete，或鼠标右击把手并从弹出菜单选择删除组
19	Adjust the position of a group name.	调整组名位置	拖组名把手
20	Select a staff name (or names).	选择一个五线谱名（多个名）	单击一五线谱名把手，或拖选多个五线谱名把手
21	Add the staff name to the selection. If a staff name is already selected, remove the staff name from the selection.	加五线谱名到选择，如果一个五线谱名已经被选择，取消选择该五线谱名	Shift+单击全名或缩写五线谱名把手
22	Edit a full or abbreviated staff name using the Edit Text window.	用编辑文字窗口编辑一个全或缩写五线谱名。	Ctrl+双击五线谱全名或缩写名把手，或鼠标右击把手并从弹出菜单选择编辑全五线谱名或编辑缩写五线谱名
23	Position the selected staff name using the Position Full Staff Name or Position Abbreviated Staff Name dialog box.	用定位全五线谱名或缩写五线谱名对话框来定位选中的五线谱名	Ctrl+shift+单击五线谱全名或缩写名把手或鼠标右击把手并从弹出菜单中选择定位五线谱全名或缩写名

序号	英文	中文	快捷键
24	Revert the position of the full or abbreviated staff name to its default position.	恢复全名或缩写五线谱名至默认位置	选中五线谱名把手后按 Backspace
25	Adjust the position of the selected staff name.	调整选中的五线谱名的位置	拖拉五线谱全名或缩写名把手
26	Select a bracket (or brackets).	选择一个括号(或多个)	单击一个括号把手,或拖选几个括号把手
27	Add the bracket to the selection. If a bracket is already selected, remove the bracket from the selection.	加括号到选择。如果一个括号已经被选择,取消选择该括号	Shift+单击一个括号把手
28	Remove the selected brackets.	删除选中的括号	选中括号把手按 delete,或鼠标右击把手并从弹出菜单选择删除
29	Revert the selected brackets to their default length	恢复选中的括号到他们的默认长度	选中括号把手按 Backspace
30	Make a bracket taller or shorter.	使一个括号变高或矮	垂直拖一个括号的把手
31	Move a bracket closer to or away from bracketed staves.	调整括号离五线谱的距离	水平拖一个号的把手
32	Select a clef for the staff.	为五线谱选择谱号	右击五线谱把手并从弹出菜单选择"选择谱号"
33	Remove Staff Styles from selected region.	在选中区域中移除五线谱样式	Backspace
文本工具(TEXT TOOL)			
1	Left Justify text in a text block	在文本块内居左调整文字	Ctrl+[
2	Right Justify text in a text block	在文本块内居右调整文字	Ctrl+]
3	Center Justify text in a text block	在文本块内居中调整文字	Ctrl+'
4	Full Justify text in a text block	在文本块内填满文字	Ctrl+;
5	Forced Full Justify text in a text block	在文件块内强制填满文字	Ctrl+Shift+;
6	Bold	加粗体	Ctrl+Shift+B
7	Italic	斜体	Ctrl+Shift+I

序号	英文	中文	快捷键
8	Underline	下划线	Ctrl+Shift+U
9	Increase Point Size by one	字号大小加一	Ctrl+Shift+.
10	Decrease Point Size by one	字号大小减一	Ctrl+Shift+,
11	Page Number Text Insert	页码插入	Ctrl+Shift+P
12	Sharp sign Text Insert	升号文字插入	Ctrl+Shift+S
13	Flat sign Text Insert	降号文字插入	Ctrl+Shift+F
14	Natural sign Text Insert	还原号文字插入	Ctrl+Shift+N
15	Display Character Settings dialog box	显示字体设置对话框	Ctrl+T
16	Display Line Spacing dialog box	显示线间距对话框。	Ctrl+Shift+L
17	Align Text block to the Left	居左文本块	Ctrl+Shift+[
18	Center Text block Horizontally	居中文本块	Ctrl+Shift+'
19	Align Text block to the Right	居右文本块	Ctrl+Shift+]
20	Align Text block to the Top	居顶文本块	Ctrl+－（减）
21	Center Text block Vertically	居垂直中心文本块	Ctrl+Shift+=
22	Align Text block to the Bottom	居底文本块	Ctrl+Shift+－（减）
23	Display the Standard Frame dialog box	显示标准框架对话框	Ctrl+M
24	Display the Custom Frame dialog box	显示自定义框架对话框	Ctrl+Shift+M
25	Display the Frame Attributes dialog box	显示框属性对话框	Ctrl+Shift+T。shift+双击文字块。或则用鼠标右击把手,在出现的菜单中选择"编辑框属性"
26	Display the Text Menu	显示文本菜单	单击文字工具
27	Display handles on text blocks	在文本块上显示把手	单击文字工具
28	Select a text block or text blocks	选择文本块或多个文本块	单击一个文字块把手或拖选文字块把手,shift+单击一个文字块把手
29	Create an unbounded frame that expands as you enter text	创建一个无边界框架,随着输入的文字扩展	双击乐谱的页面
30	Create a bounded, fixed-size frame for text	为文字创建一个有边界,固定框架	双击后拖拉乐谱的页面

序号	英文	中文	快捷键
31	Edit the text block	编辑文字块	双击一个文字块把手把手,或鼠标右击把手并从弹出菜单中选择编辑文本
32	Delete the selected text blocks	删除选中的文字块	选中一个或多个文字块后按 delete,或鼠标右击把手并从弹出菜单选择删除
33	Adjust the text block's position in the score	在谱中调整文字块位置	拖拉选中的文字块把手
多连音工具(TUPLET TOOL)			
1	Display positioning handles	显示位置把手	单击第一个多连音音符
2	Position tuplet	定位多连音	拖一个位置把手
3	Delete tuplet	删除多连音	按 delete 为选择的多连音,或鼠标右击把手并从弹出菜单中选择删除
4	Display the Tuplet Definition dialog box	显示多连音定义对话框	双击想定义为多连音的第一个音符,或鼠标右击把手并从弹出菜单选择编辑多连音定义
5	Display the Document Options-Tuplets dialog box	显示多连音对话框(文件选项)	Ctrl+单击多连音工具
6	Reset all manual bracket and number adjustments	回复所有手动括号和数字样式的调整	Backspace
缩放工具(ZOOM TOOL)			
1	Zoom in	放大	单击谱或 Ctrl+ +
2	Zoom out	缩小	Ctrl+单击谱或 Ctrl+ -
3	Temporary switch to Zoom Tool: zoom in	临时转换到放大工具:放大	Shift+右键
4	Temporary switch to Zoom Tool: zoom out	临时转换到放大工具:缩小	Ctrl+shift+右键
5	Fill the screen with the selected area	用选择区域满屏	拖选一个区域
6	Temporary switch to Zoom Tool: fill the screen with the selected area	临时切换到放大工具:用选择区域满屏	Shift+右键拖选一个区域
播放工具(PLAYBACK)			

序号	英文	中文	快捷键
1	Begin/stop playing	开始/暂停播放	Alt+D-P 或 Alt+D-O
2	Begin playing from the measure clicked	从当前小节开始播放	Spacebar+单击五线谱
3	Begin playing from the clicked measure in the clicked staff only	从当前小节开始播放该五线谱行	Shift+spacebar+单击五线谱
4	Begin playing from measure one in all staves	从第一小节开始播放所有的五线谱行	Spacebar+单击五线谱的左侧
5	Begin playing from measure 1 for the clicked staff	单击所选声部第一小节开始播放	Spacebar+shift+单击五线谱的左侧
6	"Scrub" onscreen music-all staves	播放鼠标位置的音符-所有五线谱行	Ctrl+spacebar 拖选区域
7	"Scrub" onscreen music-clicked staff only	播放鼠标位置的音符-点中的五线谱行	Ctrl+Shift+spacebar 拖选区域

后　记

《Finale应用宝典》的写作就此搁笔，因一人编写，精力、体力和水平有限，用了大半年的时间才得以完成。但这个"完成"是相对的，就是自己觉得作为一部书籍已讲解和罗列了众多读者将会遇到的打谱难题和需要应用到的制谱技术，以及按本人计划投入的时间、精力和计划编写的内容"完成"了。不过，要想写全Finale的应用，应该需要再写上几百页，才能算是差不多的"完成"。所以我把本书称之为《Finale实用宝典》的"1"。今后如果需求量大、呼声高或有资助，再考虑写其续集"2"。

本书是我从2003年春到现在向国内推出的第4部有关Finale应用与推广的书籍。由于人们对计算机打谱认识的升级和需求的提高等，本书的讲解也较之我以前编写的书籍深入了些。相信本书的出版，会给国人Finale打谱的应用、制作，带来较大的推动和提升，为繁荣民族音乐的创作、演出、作品交流、作曲比赛、音乐教育、乐谱出版，与发达国家接轨以及为实现中国梦等，做出自己力所能及的贡献。

本书内容主要依据Finale 2014 d版软件进行讲解。本书完成之日是2016年冬季，正赶上MakeMusic公司推出它最新版Finale version 25。依据我23年来对Finale软件的应用和跟踪经验等，我认为目前的Finale 2014 d版软件应该是Finale软件中比较稳定和好用的版本。Finale 2014版软件，始发布于2013年秋，经众多使用者的反馈，MakeMusic公司把该版软件研制方面存在的几大问题，甚至非常严重的问题，通过推出该版软件a、b、c、d 4款插件进行了弥补，这才得以完善至今Finale 2014 d的样子。

2010年秋MakeMusic公司推出了Finale 2011，时隔近3年的2013年秋MakeMusic公司才推出Finale 2012和Finale 2014两款软件。当年在日本市场上这两款软件是捆绑在一起销售的，买其中任何一款软件都附赠另一款软件。Finale 2012和Finale 2014设计的操作界面相同。从Finale 2014版软件开始，MakeMusic公司开始使用全新的.musx文件类型，最初的.mus文件类型停止在Finale 2012版。2016年底推出Finale version 25版软件，它是MakeMusic公司创立25周年的纪念版，所以称为Finale version 25，它是该公司一款较大改进版软件。它的最大变动就是由原来的32位版改为64位版，其他较明显的变动，可见本书附录中的几项介绍，期望 Finale version 25 会是好用的。但根据我对 Finale 的使用经验看，不太确定 Finale version 25 的好用程度。Finale version 25 刚推出不到 1 个月就发布了补丁。而 Finale 2014 d 版软件则经过了 3 年的应用检验、完善，已确立其目前安全、可靠、稳定的地位。

本书虽是依据 Finale 2014 d 版编写的，但 100% 适用于 Finale 2012，99% 适用于 Finale version 25，98% 适用 Finale 2011。有些操作的讲解可以此类推，一直活用下去。相信本书在未来的 10~20 年都会有较高的使用价值。本书对软件打击乐器组中 300 多种打击乐器名称的翻译、对软件附加字符的列表展示以及对快捷键的全盘翻译等，会让使用者爱不释手。在本书出版之际，我要感谢人民音乐出版社理论部原主任徐德最初的约稿，感谢北京航空航天大学出版社的剧编辑对本书的审校，感谢中国音乐学院科研处的支持，感谢北京市教育委员会的资助，感谢作曲家王世光先生和学生刘瀚泽、余云轩、丁晨以及我家人给予的鼓励、支持和帮助。

高松华

2016 年冬于北京丝竹园

参考文献

[1] 肯尼迪,布尔恩.牛津简明音乐词典[M].茅于润,曹炳范,孟宪福,等,译.北京:人民音乐出版社,1991.
[2] 霍华德.新音乐语汇[M].苏澜深,杨衡展,罗新民,译.北京:人民音乐出版社,1992.
[3] 秋山公良.Finale User's Bible.东京:日本音乐之友社,2005.